趨勢是你的朋友！ 順勢投資獲利！

技術分析原理

應用技術指標 決定市場趨勢

保歷加走勢通道

移動平均線趨勢

RSI, MACD 實戰

買賣系統設計

人工智能測市原理

即市買賣技巧

隨機指數周期

黃栢中 著

緒論

在投資世界中，辨認市場趨勢，順勢買賣，是投資獲利的不二法門。然而，如何把市場的趨勢辨認出來，卻難有一個公認的方法。

其實，問題並不在於方法，而是在於投資者的心態。心態一日不正，任何買賣方法都可能以失敗告終。

投資者必須對市場走勢摒除成見，力求客觀以大膽嘗試、小心求證的方式研究市場的波動，從而找出市場最可能的發展模式，按既定的策略入市買賣。

我們不應將個人研究的結果看為絕對，一成不變地應用。要知道，一切市場研究分析只是將現實化繁為簡，以助了解，並非市場的真像，當入手方法稍有偏差，所得出的結論可能與市場的現實背道而馳。因此，昨日有效的方法今日未必適用，分析者必須經常抱著「覺今是而昨非」的態度去面對每一個交易日，才不致被瞬息萬變的市場所淘汰。

套用在投資買賣上，有三個重要原則必須謹記：

一、趨勢是你的朋友

二、讓利潤滾存

三、趁早止蝕

「萬種行情歸於市」，市場價格是判斷成敗的唯一標準。每一種分析方法都有它的盲點，因此不要太過拘泥於某套分析方法，最重要是趁早掌握市場的變化，投資獲利。

不少投資者往往將投資買賣失利歸咎於所使用的分析方法沒有效用。可是，筆者要提醒每一位正在埋怨的投資者：分析方法只是一種工具，未認識清楚所選擇的工具便胡亂應用，是投資者自己不可推卸的責任。

在我們應用每一種分析工具之前，必須小心了解它的應用範圍、專長以及盲點所在，經過多次模擬操練，證實可行後才投入應用。當應用後，應經常檢討分析方法的有效性；更進一步，分析者應將之力求改良，以突破既有的框框。

市場走勢分析是一個不斷更新的過程，無人可以一成不變而坐享市場之利，惟有不斷自我完善，才可在金融市場上縱橫馳騁，知己知彼，投資獲利。

本書介紹現代技術分析方法的最新發展及應用，希望能促進最新投資技術及市場分析的普及。為學者都知道，一個正確的開始是邁向成功的踏腳石；沒有基本「心法」，胡亂操練極可能浪費精力而一事無成。希望本書出版能幫助在此基礎上更上一層樓，繼而走出自己的路。

作者序

本書自 1995 年初版以來，經歷數個市場大周期，惟本書所介紹過的技術分析原理，在市場上的應用仍然相當廣泛。由此看來，自上世紀七十年代開始發展出來的一系列技術分析方法已經成為傳統，是市場人士不可或缺的分析工具。

本書經過大幅修訂，務求例子及內容更清晰，可以應用於投資市場。

黃栢中

2023 年 6 月

聲明

本書資料力求準確，但作者對其全部或任何部分內容的準確性或完整性不承擔任何責任。

本書內容亦不構成任何投資建議，投資者入市買賣前，務請審慎獨立思考始作決定。倘有任何損失，概與出版社及作者無關。

本書在尊重版權之原則下，討論當代各種分析理論及引用市場資料，盡量列出資料來源及原創者資料，惟仍不能排除掛一漏萬之可能性，如有錯漏，敬請包涵。

目錄

01

投資技術鳥瞰

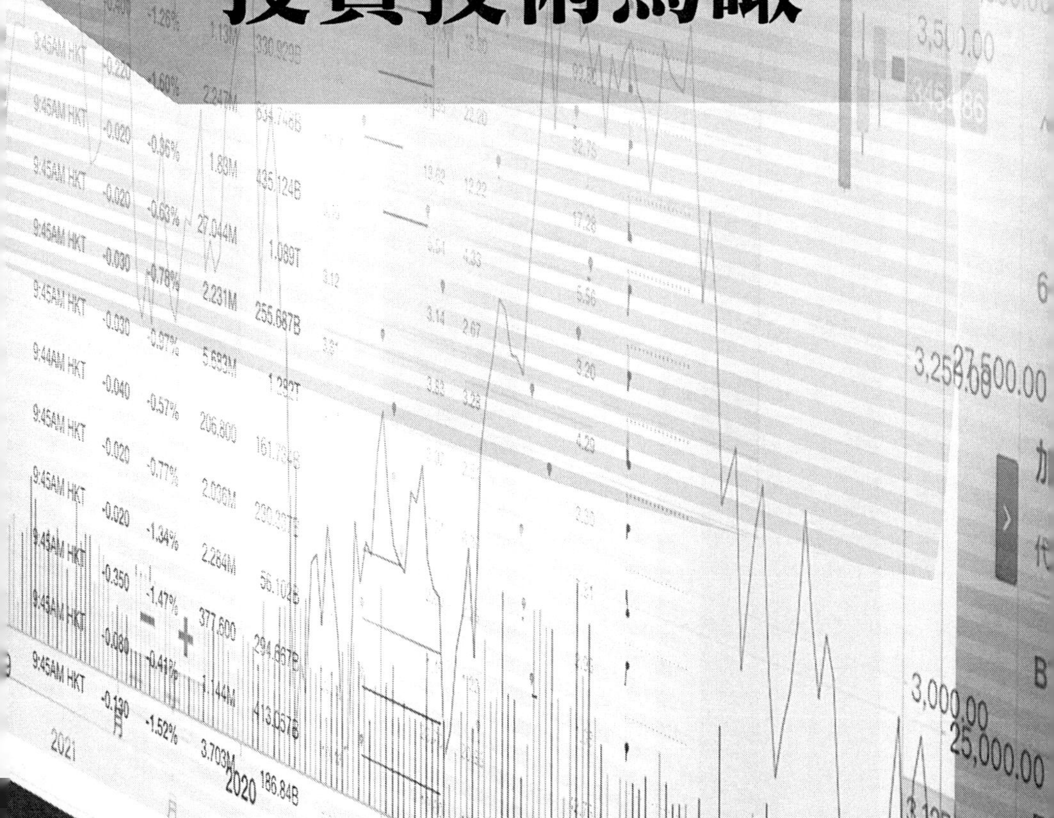

在投資技術的範疇裡，百多年來各方豪傑都施展渾身解數，嘗試從不同的角度分析市場走勢，繼而將之系統化，創立了不同的分析學派，希望能藉此走在市場之先。

可是，不同的分析方法都必然有其長處及短處，了解分析方法形成的過程，便能更有效地將之應用出來。

在了解眾多不同的分析方法之前，先來一次籠統的分類，這對於我們以後的討論將甚有裨益。

總的來說，我們可以從幾個角度去了解不同的分析方法：

1） 原始資料的應用；

2） 市場結構的適用性；

3） 市場觀念的分野；

4） 時間序列。

1）原始資料的應用

以分析方法所用的資料分類，大致可以歸納出以下幾個範疇：

(a) 趨勢指標 (Trend Indicators)

這類分析方法力圖捕捉市場將會出現的趨勢。

(b) 循環指標 (Cyclic Indicators)

這類分析方法是從市場的循環周期入手，從而捕捉周期浪頂及浪底。

(c) 動量類指標 (Momentum Indicators)

這類分析方法的焦點集中於價位在某個特定時間檔窗之內的變化，以衡量市場將出現的趨勢傾向。

(d) 成交量指標 (Volume Indicators)

這類分析方法亦稱為「人氣指標」，用以了解投資者參與市場的程度。所選用的原始數據包括成交量 (Volume) 及未平倉合約數量 (Open Interest)。

(e) 市場廣度指標 (Breadth Indicators)

這類分析方法主要應用在股市上，包括股票升跌數目的比例、新高與新低的股票比率等。總的來説，是探討股市指數上升 / 下跌時是否有實質的市底配合。

(f) 市場情緒指標 (Sentiment Indicators)

這類分析方法試圖從投資者中的好淡比例去了解市場走勢的趨向，例如：當市場好友太多時，顯示市場有可能出現調整；市場淡友太多，顯示市場的拋售力量已經用盡，市價有可能見底回升。

上述六種指標都是目前金融市場中最常見的分析方法。不過有經驗的分析家都知道，每一種指標都只可以在某些特定的市況中應用，當市場的結構轉變時，不少指標都會失去應有的功效。因此，我們在應用上述不同種類的指標前，必須清楚界定其適用於哪種市場結構。

2）市場結構的適用性

市場原本是一個整體，並無個別分割的市場結構，但為了方法上易於處理，在概念上我們可以用兩個截然不同的類型分辨出兩種不同的市場環境。

(a) 趨勢市 (Trending Market)

市場方向感明顯，動量充足，有持續的趨勢。

(b) 上落市 (Trading Market)

市場無趨勢可言，長期在某些價位之間上落，動量不足。

在選擇分析方法時，上述兩種市場結構必須清楚考慮。在大趨勢之中，很多超買 / 超賣技術指標都會失去效力；在上落市之中，應用追隨趨勢的買賣方法只會吃力不討好。

3）市場觀念的分野 (Market Concepts Dichotomy)

在傳統的經濟學理論中，分析家都希望為市場的供求找到平衡點，從而決定市場的交易價格。但在市場的走勢分析之中，我們加入了時間的因素，市場的平衡便不如教科書所述的靜態平衡，而是經常因應市場供求關係改變而變化的動態平衡。換句話說，當市場的兩股對立力量──買方與賣方出現此消彼長時，市場價格便會由一個平衡點調節至另一個平衡點，產生價格的升跌。

在技術分析的領域中，我們常見有多種對立觀念，舉例解釋如下：

(a) **超買 / 超賣** (Overbought / Oversold)

在超買階段，市價已被過分抬高，市場隨時會出現獲利回吐。在超賣階段，市場已被過分摧殘，市場隨時會出現反彈。

(b) **支持 / 阻力** (Support / Resistance)

在某些市場價格水平，價格會出現反作用的現象，因此這些水平比其他水平重要。在下跌的趨勢中，市場到達「支持」位會出現反彈，相反，在「阻力」位前，市場的上升趨勢會受到障礙。因此，這些價格水平通常在圖表上會出現密集區。

(c) **反彈 / 回吐** (Rebound / Retracement)

在下跌的趨勢中，市場會出現逆市的短暫回升，稱為「反彈」。反彈過後，市場仍會繼續它的下跌趨勢。在上升的趨勢之中，市場會出現短暫的調整回落，稱為「回吐」。但這個觀念意味著市場調整過後仍會繼續它的上升趨勢。

(d) **收集 / 派發** (Accumulation / Distribution)

在下跌的趨勢中，有份量的市場人士會在市場趨低時吸納直至令市場見底回升，稱為「收集」。在上升的趨勢中大戶趁高出貨，逐步將所持倉盤獲利回吐，稱為「派發」。

大部分市場分析方法，都根據上述其中一些觀念而建構出來。分析者若了解那些觀念背後的暗示，將會更清楚明白這些方法背後的局限，以達致有效的應用。

4) 時間序列

每一種分析方法其實都有時間性，那些具有前瞻作用的，稱為領先指標（Leading Indicator），那些具有反映趨勢作用的，稱為落後指標（Lagging Indicator）。此外，尚有一些分析方法，將市場的走勢化繁為簡，稱為同步指標（Coincident Indicator）。

一般來說，領先指標泛指一些具有預測性的分析方法，例如：成交量指標、市場情緒指標等。落後指標是指一些跟隨趨勢的分析方法，它的買賣訊號是後於市勢的。至於同步指標，是指一些反映當時市場狀況的分析方法，例如市場廣度指標、金融類指標等。

上述兩種指標名稱——「領先」、「落後」，無褒貶之意，並非指「領先」指標優於「落後」指標。上述的分析方法分類，主要是基於不同的買賣方法，前者含有預測性，後者則用以作機械性系統買賣。

至於同步指標，則能使分析者更加透徹了解市場，從而達致更有效的市場分析。

因此，分析者在應用分析方法時，必須清楚了解其系統的分析目的，若將落後指標當作領先指標來作為後市的預測評估，往往會適得其反。

1.1 分析系統訊號

討論過各種投資技術的分析方法後，筆者最希望讀者留意一點，就是小心釐定分析系統的各種訊號。一般情況，有以下幾種訊號必須分辨清楚：

(a) **警覺訊號**：這類訊號通常以超買或超賣的波動指標為基礎，由 0 至 100 作為指標的波幅，以衡量市況的超買或超賣狀態。我們會以這類指標所發出的買賣訊號為警覺性訊號，即這類訊號可作為後市發展的指示，但未足以作為入市買賣的根據。金融類指標、市場成交量指標市場廣度指標或市場情緒指標所發出的訊號都屬於這一類型。

(b) **入市訊號**：在警覺訊號出現後，通常分析者都會等候入市訊號的出現。入市訊號通常都會跟隨趨勢的買賣訊號。大部分這類入市買賣訊號都會等到市勢出現逆轉，才會指示投資者跟隨其趨勢入市，並不是逆市摸頂或摸底的訊號。

(c) **平倉或反倉訊號**：一般買賣系統都會有特定的平倉或反倉訊號，以指示分析獲利或止蝕，其表示方式大部分與入市訊號相若。

1.2 正確投資心態

在金融市場投資買賣，可謂各師各法，不同投資者會側重不同的投資分析方法，並以此為入市的基礎，因此並無絕對或必然的方法可言。在同一時間，有投資者會根據金融數據的變化而入市買賣，亦有人根據圖表形態的分析——波浪理論、江恩理論、周期理論而入市，更有人利用機械式的系統作中長線或即市買賣。即使單靠對市場情緒的感應而入市的買賣者亦大有人在。因此，無論你是何種投資者，你所用的方法都不會是整個市場都接受的方法。無論在任何水平，都有人看好，有人看淡。在活躍的市場中，不愁沒有買賣的對手。

因此，投資者應努力不懈地學習不同的分析方法，知己知彼，亦不時將自己的看法逆轉過來，用不同的角度看市場的變化，投資買賣才會更靈活。

認識分析方法的原理，掌握分析方法的竅門，將分析化為買賣策略，利用分析方法作為有效的資金風險管理機制，是四個不同層次的學問，倘若這「四重天」的其中一層未能打通，投資買賣仍不免功敗垂成。

説到底，投資者的目標應該只有一個，就是在市場買賣中獲利，切忌本末倒置地利用買賣去證明自己的眼光，又或體現分析方法的真確性。

投資者如能做到撇除成見，讓市場告訴你投資買賣的方向，配合有效的風險控制，則投資者已經走了大半之路。

「投資七分靠分析，兩分靠運氣，一分靠個人的信心與耐力。」可是，「行百里者半九十」，即使投資者完全掌握市場分析的技術，又有過人的運氣，但有一半人仍無法走完應走之路，原因就是個人信心與耐力的不足，不能克服自己的心理障礙。

上述各點雖是老套之言，但投資者必須時刻提醒自己，以免落得「一子錯，滿盤皆落索」的境地。

02

市場趨勢指標

2.1 移動平均線（Moving Average）

美國投資界流行一句座右銘：「趨勢是你的朋友。」(Trend is your friend) 當投資的方向與市勢相同，趨勢自然是你的朋友。相反，當你的投資方向與市勢相反，趨勢便是你的敵人。此情況亦即中國人說的：「順勢者昌，逆勢者亡。」這句說話，應為中國人最容易明白的投資哲學。

怎樣才能有效而客觀地判別趨勢呢？相信會有很多人告訴你：利用移動平均線。

不錯，移動平均線是一種最基本而又有效的趨勢判別方法。移動平均線的意思是將過往某段時間內的收市價相加，計算其平均數，如是者每日計算，接連起來，便形成一條移動的平均線。

換句話說，如果市價走在平均線之上，市勢較平均為高，表示有上升的趨勢。相反，如果市價走在平均線之下，市勢較平均為低，表示有下跌的趨勢。

移動平均線有以下幾個特性：

(a) 移動平均線的斜度愈大，表示市勢上升/下跌的速度愈急。

(b) 移動平均線的斜度愈小，表示市勢上升/下跌的速度愈慢。

(c) 移動平均線橫向發展，市價在其上下擺動，表示市場並無趨勢出現。

(d) 對於較長線的移動平均線而言，平均線見頂回落或見底回升，都有轉勢的意味。

恒生指數長線平均線趨勢

香港恒生指數自七十年代經濟起飛開始，月線平均線一直向上，但中間遇到政治經濟的衝擊，指數大上大落，難以判斷趨勢。

自七十年代，恒指一直可以守在 120 個月 (10年) 的平均線之上。1998 年的亞洲金融風暴衝擊都守有其上。

到 2003 年科技股熊市，支持的平均線下移至 180 月 (15年) 平均線支持。

2008 年銀行業次按危機的底部再下移至 240 月 (20年) 平均線支持。

2016 年的危機，恒指並守在 240 月 (20 年) 平均線上。

直至 2022 年俄烏戰爭及新冠疫症全球流行，指數一舉下破 300 月 (25年)，360 月 (30年) 平均線，直到 420 月 (45年) 平均線才找到支持。

儘管危機每 7 至 8 年出現一次，整體趨勢仍然向上。每次熊市到底，其後出現的都是再現新高。祇要經濟活力維持，總帶來新的一波牛市。

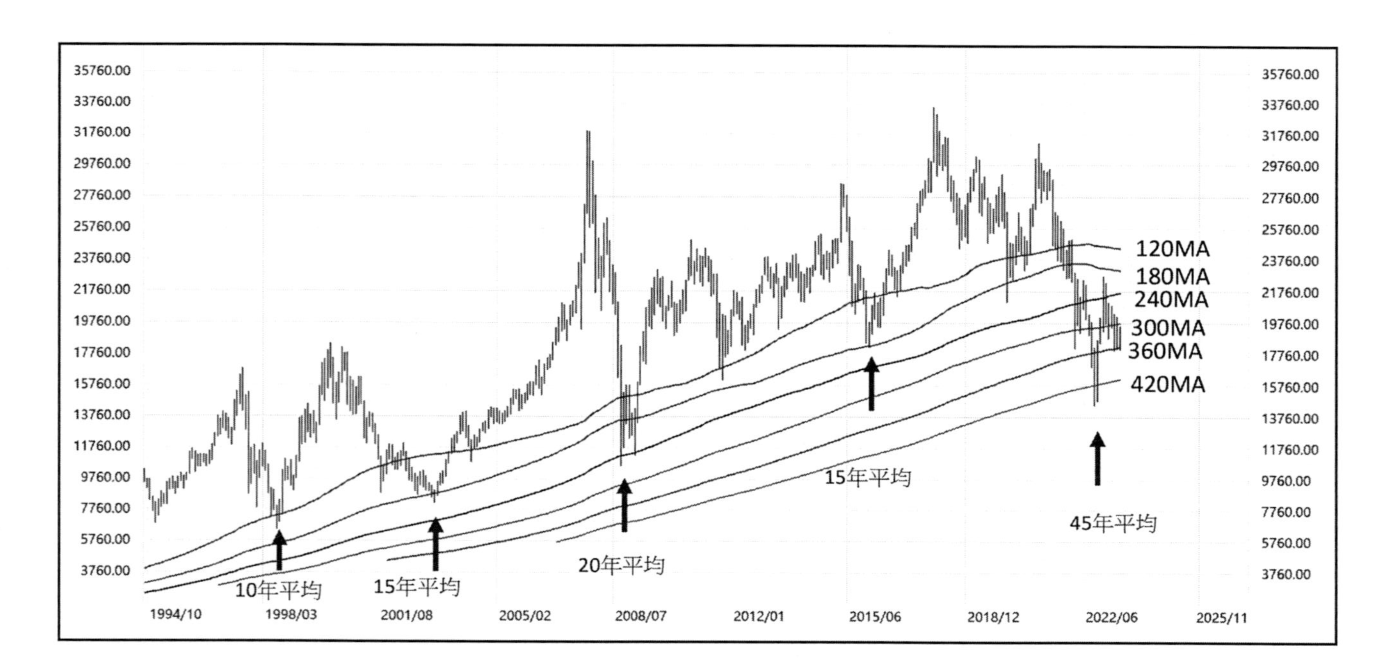

圖 1A：恒生指數月線圖 120月(10年)/180月(15年)/240月(20年)/300月(25年)/360月(30年)/420月(45年)的平均線趨勢

上證指數長線平均線趨勢

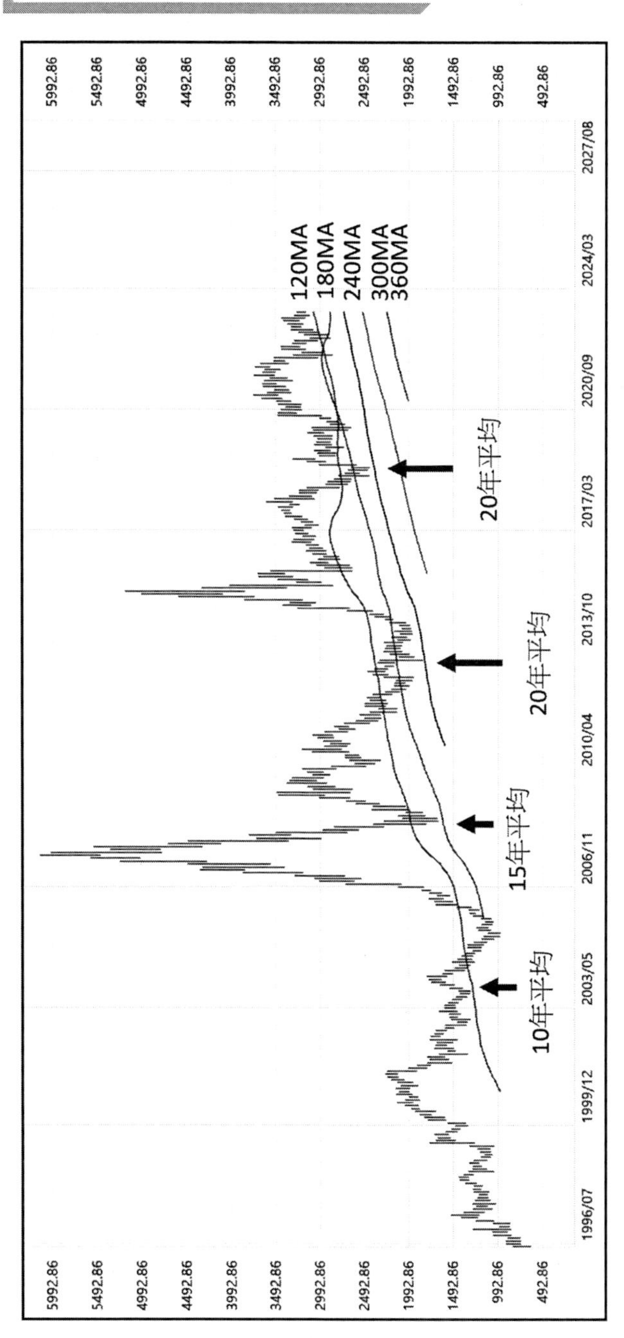

圖 1B：上證指數月線圖 120月(10年)/180月(15年)/240月(20年)/300月(25年)/360月(30年)的平均線趨勢

250 天平均線牛熊分水嶺

從長線來看，250 天移動平均線一直被業界認定為牛、熊的分水嶺 (見圖 1)。

圖 1C：恒生指數日線圖 250 天平均線

圖 1D：上證指數日線圖 250 天平均線

在 250 天線上，基本上市場仍被看為牛市，若市場下破 250 天線，則市場便可能進入熊市。但在我們判斷牛熊市況前，仍然需要看 250 天平均線究竟是上升還是下降才可作決定。

無可否認，250 天平均線只可用作為一種粗略的市場評估，其背後的理念是以一年 250 個交易日的平均數為基礎。換言之，其背後的假設是，市場處於一年收市價平均數之上為牛市，而處於一年收市價平均數之下為熊市。至於為何選擇一年平均數而非年半或兩年，則只屬市場習慣，有相當大的隨機因素在內。

仔細研究之下，大家必會發覺，在大市上升趨勢的起步或中途，間中市價會跌低於 250 天平均線，製造「熊市陷阱」，然而從平均線的趨勢來看，市勢仍然屬於上升。上述兩者的分歧，經常為分析者帶來十分大的困惑。

因此，有分析者提出，與其利用市價與平均線之間的差距作為市勢的衡量標準，經常受市場價格的波動而影響判斷，不如改以一長一短的移動平均線作為趨勢的指標，將更有利於市勢的判斷。

於是，在判斷中長期牛熊市道之時，除 250 天平均線外，我們引入了較短的 50 天平均線。其分析方法是：當 50 天平均線上破 250 天平均線時，大市上升，當 50 天平均線下破 250 天平均線時，大市下跌。50 天與 250 天平均線的分析法相當著名，50 天平均線上破 250 天平均線相交之處，我們稱之為「黃金交叉」(Golden Cross)。(見圖 2A，2B)

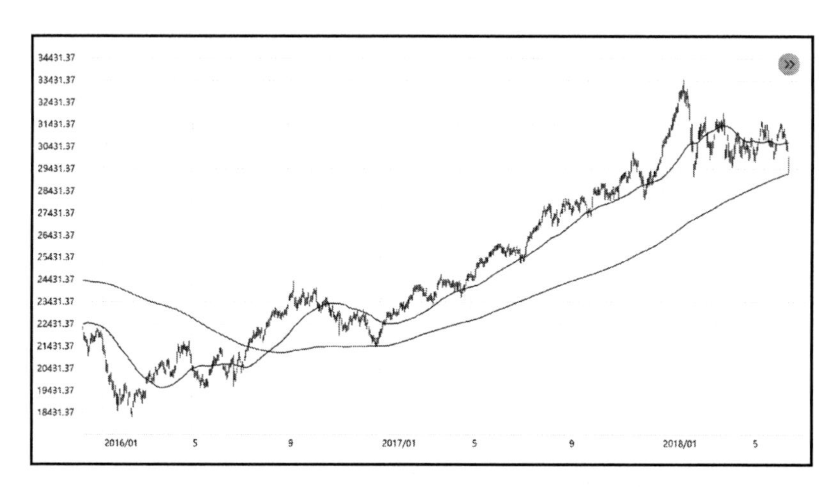

圖 2A：恒生指數日線圖 50 天及 250 天平均線

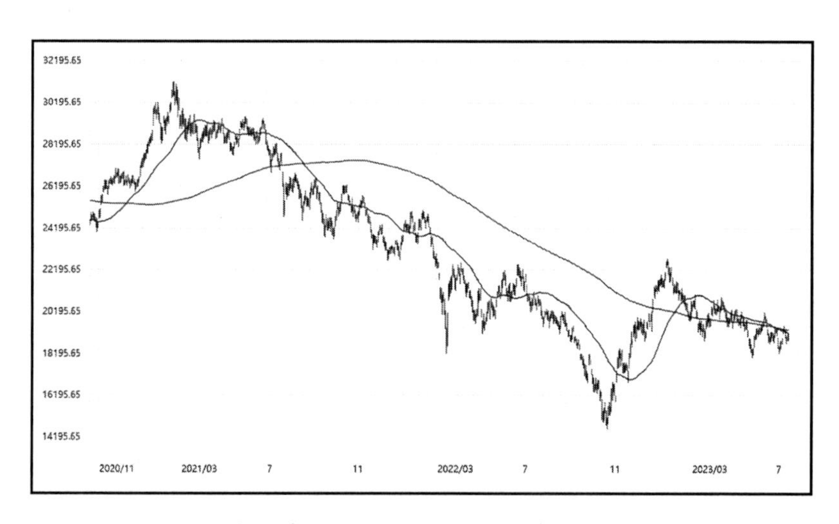

圖 2B：恒生指數日線圖 50 天及 250 天平均線

50 天與 250 天平均線分析主要應用於中長期的走勢圖上，我們亦可以將它們應用於香港恒生指數。（見圖 3A，3B）

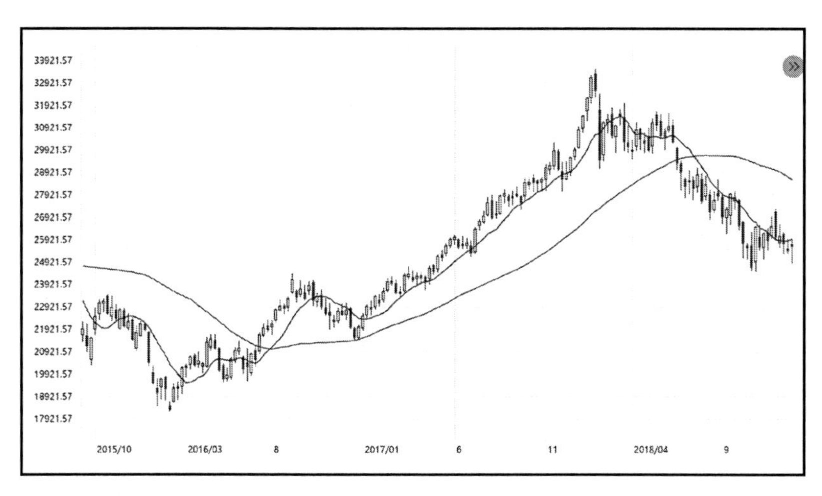

圖 3A：恒生指數周線圖 50 天及 250 天平均線

圖 3B：恒生指數周線圖 50 天及 250 天平均線

總的來説，使用兩條移動平均線作為入市買賣的策略如下：

(a) 當短線平均線上破長線平均線時買入；

(b) 當短線平均線下破長線平均線時沽出。

至於使用的參數方法，常用者包括：

(a) 長線走勢：50 天與 250 天平均線；

(b) 中線走勢：20 天與 50 天平均線；

(c) 短線走勢：10 天與 20 天平均線。

2.1.1 移動平均數公式

隨著分析技術的發展，不少分析家都就移動平均線加以改良，以下簡單介紹移動平均數及幾種改良後的計算方式：

(a) 簡單移動平均數 (Simple Moving Average, SMA)

這種方法最簡單，是將某段時間內的收市價相加，再計算其平均值，公式如下：

$$SMA = (C_1 + C_2 + \ldots\ldots + C_n) \div n$$

(b) 加權移動平均數 (Weighted Moving Average, WMA)

這種方法將不同時間的收市價的相對重要性分別出來，使愈近期的收市價在計算的比重上愈重要，公式如下：

$$WMA = [(1)C_1 + (2)C_2 + \ldots + (n)C_n] \div (1+2+3+\ldots+n)$$

(c) 指數移動平均數 (Exponential Moving Average, EMA)

這種移動平均數的特點與 WMA 類似，但 WMA 的加權比例是固定的，以 1、2、3、4……疊進。EMA 所用的加權比例則以指數形式 (Exponential) 級數疊進，其計算公式如下：

第一個 EMA (1) 等於第一個收市價，第二個 EMA 開始，將前一個 EMA 的部分加上新的收市價的部分而成，公式為：

$$EMA(2) = (1-S) \times EMA(1) + S \times C$$

S 是平滑化因數 (Smoothing Factor)，即對上一個 EMA 與新收市價 C 之間的相對比重。

不少技術指標都以 EMA 來決定指標趨勢。

(d) 改良指數移動平均數 (Modified Exponential Moving Average, MEMA)

MEMA 與 EMA 類似，但第一個 MEMA 定為 SMA，而非收市價 C，公式如下：

$$MEMA(2) = (1 \div n) C + (1-1 \div n) \times MEMA(1)$$

2.1.2 各種移動平均線比較

EMA 與 MEMA 之分別在於，計算 EMA 時，公式會將所有收市價數據的影響都計算在內。分析只需要輸入一個平滑化因數即可。MEMA 的設計不需要平滑化因數，但卻需要知道所探討的時間櫥窗 (Time Window)，即多少天 MEMA。若所探討的是 n 天的 MEMA，則第一個 MEMA 會是 n 天的 SMA，之後是每次更改 n 分之一的 MEMA 的價值，加入最新收市價的 n 分之一的成分，公式如下：

$$MEMA(2)=(1 \div n) C + (1-1 \div n) \times MEMA(1)$$

圖 7 是香港恒生指數日線圖與三種移動平均線，最接近價位的是 10 天加權移動平均線，中間的是指數移動平均線，平滑因數為 0.1，而最周邊的是 10 天簡單移動平均線。由圖可見上述三種移動平均線的特點，WMA 對價位變化最敏感，而 EMA 的反應則中庸，較能反映趨勢。

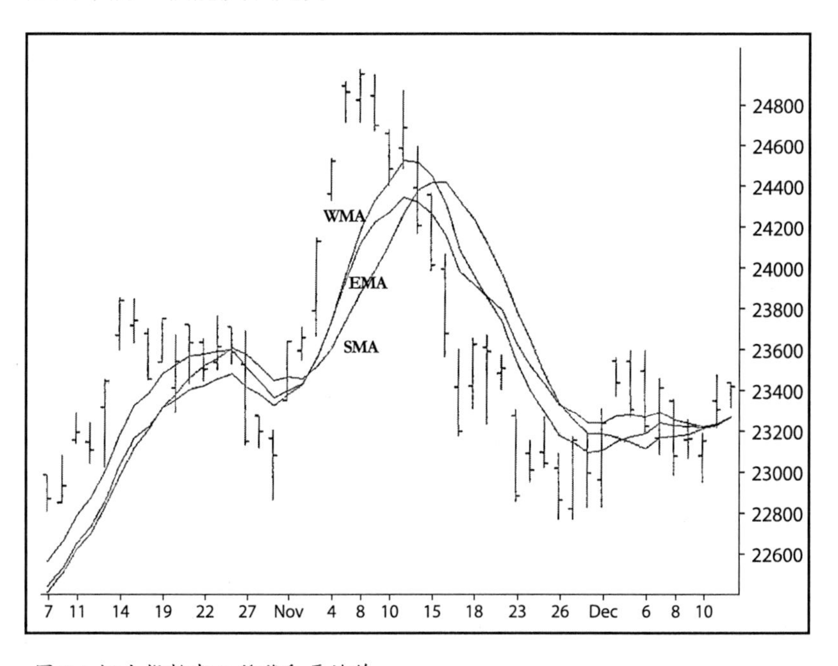

圖 7：恒生指數與三種移動平均線

2.1.3 移動平均線的缺點

以下簡單總結移動平均線的入市方法：

(a) 單條移動平均線 (Single Moving Average, SMA)
當收市價上破或下破移動平均線後，順勢入市買賣。

(b) 雙條移動平均線 (Double Moving Average, DMA)
當短期移動平均線上破或下破長期平均線後，順勢入市買賣。

作為一種分析方法，使用移動平均線最少有以下四個缺點：

(a) 後於大市

移動平均線所發出的轉勢訊號，是在見頂後才發出的。要等見頂後，第一個下跌浪結束時，訊號才出現。至見訊號入市沽貨時，市況已隨時出現反彈，對投資者相當不利。

(b) 入市訊號太少

由於移動平均線是跟隨趨勢的指標，而一年的大趨勢只有兩、三個，一旦入市機會錯失，移動平均線便難再提供入市訊號。

(c) 難以估計市場升跌的支持及阻力

雖然不少分析家用長短移動平均線作為支持阻力位，但當一個上升大趨勢出現後，長短移動平均線通常都落後於價位，因此分析者只可得到支持位，而無法評估阻力位。

(d) 難以捕捉中期浪頂

在上升趨勢中，平均線只可作為價位回落的支持線，但無法滿足中線投資者捕捉中期浪頂的要求。理論上，若投資者可在接近移動平均線時買入，在上升中期浪頂時獲利，然後再在市場調整至平均線上時買入，是最理想不過的。

有鑑於移動平均線有上述缺點，不少分析家其後將移動平均線發展而成移動平均線通道。

2.2 移動平均線通道 (Moving Average Channel)

移動平均線通道的出現，改良了移動平均線在使用時所出現的一些缺點，特點包括：

(a) 將移動平均線向前移，令買賣訊號提早發出；

(b) 在移動平均線上下加上某個百分比，形成上下限。

由於市價不能無止境地大幅偏離移動平均線，因此可以假設市價的波幅會在移動平均線的某個百分比之內上落。實際上，移動平均線通道可作為市況波動的支持及阻力位。

圖 8 是香港恒生指數日線圖的 10 天移動平均線通道，從附圖可見有一條通道，外圍是由 10 天移動平均線加減 5%。

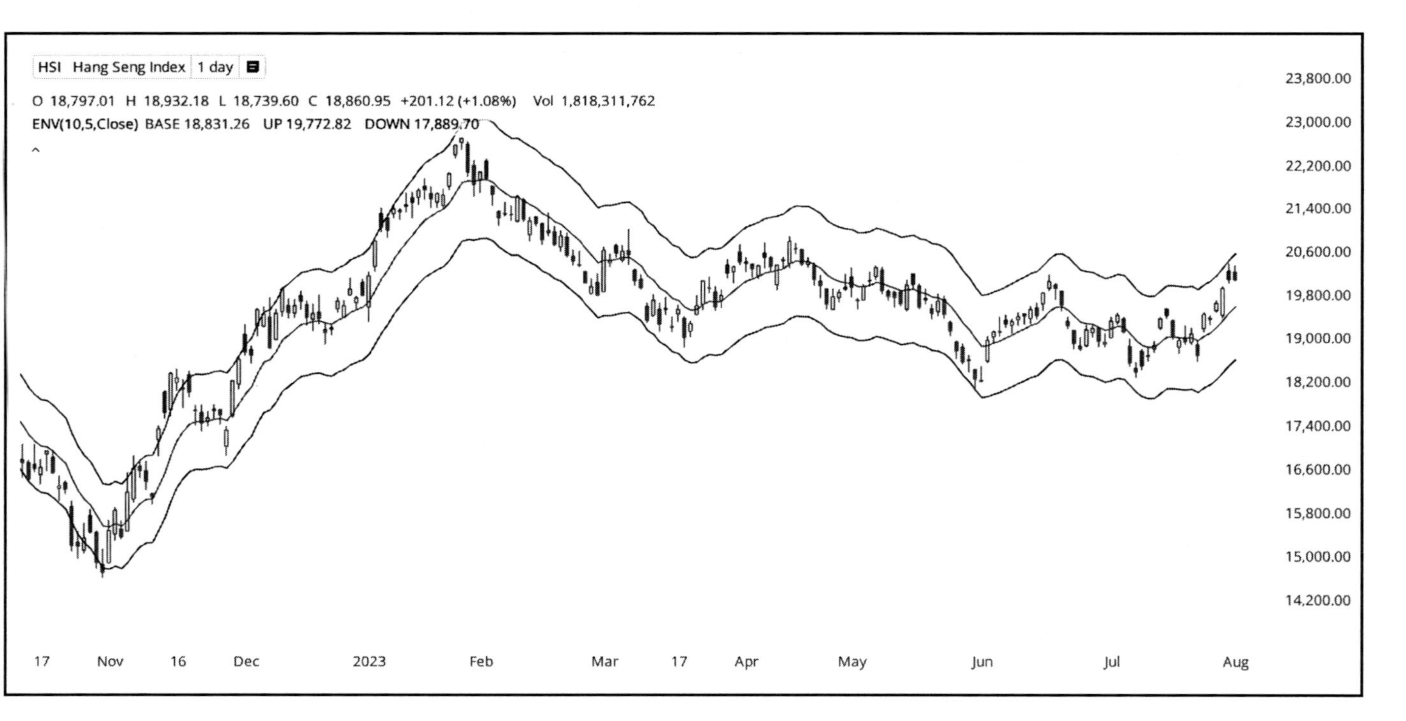

圖 8：香港恒生指數日線圖 10 天平均線及上下 5% 通道

2.2.1 利用移動平均線通道買賣

利用移動平均線通道分析市況或作為出入市的根據，有兩點要謹記：

(a) 順勢買賣，切忌到通道上限或通道下限時逆市買賣，因為一個大趨勢出現的話，市價可以連續數星期緊貼著通道外圍運行。相反，每次當市價回落至內圍通道時順勢入市，到外圍通道時平倉，買賣已有利可圖。

因此，外圍通道的作用是一種警覺訊號，當市況到達這些水平時避免新倉追市。

(b) 移動平均線只適用於趨勢明顯的市況，當遇到牛皮上落的局面時，便會完全失去效用，所發出的訊號亦錯漏百出。移動平均線通道則剛好相反，可在上落市中發揮測市的威力。當市況進入橫向調整時，一般波幅收窄，通常只會在內圍通道上下波動，投資者可以根據內圍通道的支持及阻力高沽低揸，賺取短線的利潤。

投資者如何判斷趨勢或上落市？筆者認為利用移動平均線通道亦可見端倪。當趨勢延續了一段時間後，通常中期浪頂都會到達外圍通道，若市價創出新高或新低後，浪頂受制於內圍通道而未能達到外圍通道，投資者便要特別小心，市況可能進入橫向調整，甚至見頂 / 底。

2.2.2 移動平均線通道優劣

移動平均線通道大致上可以解決使用移動平均線時的技術問題。不過移動平均線通道亦有它未臻完善的地方。

它的缺點是移動平均線通道的上下限是由固定的百分比計算而成，有時受季節性影響，市況的正常波幅未必一樣。

此外，當重要消息衝擊市場時，市場的平均波幅便會大增令通道的作用失效。

其實，移動平均線通道的問題在於假設市場波幅是固定的，當市況急轉直下時，移動平均線通道便無法反映市場現況。

對於上述問題，其中一種解決方法是以幾條不同百分比計算的通道去分析市況。這種方法雖可解決問題，但卻違反了精簡的原則。此外，即市買賣時，投資者同時面對幾條通道，將難以界定幾條通道的相對重要性。

基於上述問題，近年技術分析家亦對移動平均線通道進行改良，令通道的上下限波幅可以跟隨市勢的波動程度而自行調節。當市場波幅大時，通道上下限自行擴闊；當市場波幅收細時，通道上下限亦跟隨市況而收窄，令一條通道的效用可代替多條不同百分比的移動平均線通道。

通道上下限的擴闊與收窄，主要根據以下兩種指標計算：

(a) 標準差 (Standard Deviation)；

(b) 波幅率 (Volatility)。

2.3 保歷加通道(Bollinger's Band)

近年技術分析界十分流行使用保歷加通道以代替移動平均線通道(註:近年國內有譯作布林通道,以下筆者使用 1995 年所譯的名稱)。顧名思義,保歷加通道是由技術分析家約翰·保歷加(John Bollinger)所創。他主要的貢獻是改良移動平均線通道上下限的計算方法,以標準差(Standard Deviation, SD)取代固定百分比的計法,從而令通道上下限的波幅跟隨市況波動程度而改變。

標準差是衡量收市價偏離移動平均線的平均值。當市況大幅波動時,收市價會大幅偏離移動平均線。相反,市況牛皮時,收市價會較為接近移動平均線。若以某段時間內每天偏離新的通道上限為移動平均線加標準差的倍數,而新通道的下限為移動平均線減標準差的倍數,公式如下:

加權收市價 = (高 + 低 + 收)÷3

MA20 = 加權收市價的 20 天移動平均數

SD20 = 加權收市價的 20 天標準差乘參數 × 0.9747

通道上限 UB = MA20 + SD20 × 20

通道下限 LB = MA20 - SD20 × 20

(保歷加通道上下限是由加權收市價移動平均數上下加減 2 倍標準差而成。)

圖 9 是香港恒生指數的日線圖，以 10 天移動平均線（MA）上下加減 2 倍標準差（SD）製成保歷加通道。由圖可見，指數的波動都在接近通道上下限後回到中線位。

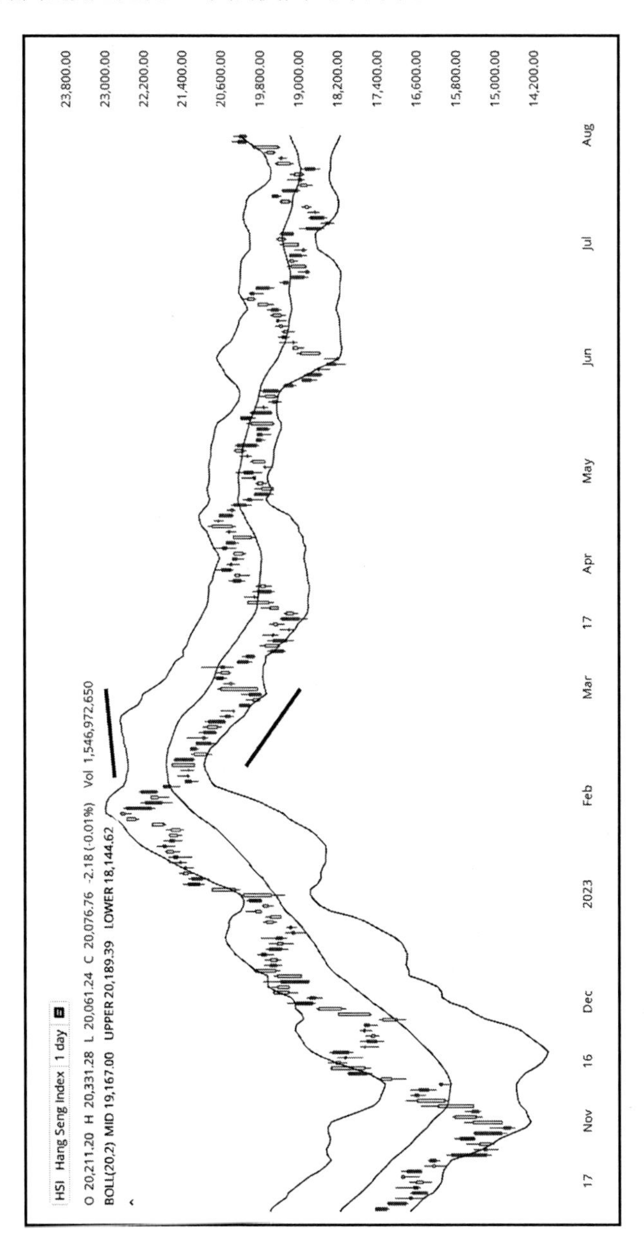

圖 9：香港恒生指數日線圖 20 天保歷加通道（2022 年 10 月至 2023 年 3 月）

2.3.1 %BB 指標

保歷加通道的特點是反映市況的超買或超賣狀況，令投資者對市況提高警覺。當市價到達或超越上下限時，表示市勢強勁，市況進入超買或超賣的狀況。不過，大家必須明白，超買 / 超賣並不代表市勢逆轉，短線或許會有反彈，但中長線投資者並不須急於將順勢的倉盤平掉。

對於市勢逆轉，保歷加通道有其獨特的一套分析。通常市勢逆轉之前，市況的頂或底會超越通道下限，若第二個頂或底乏力再次衝破上下限，將反映市場的弱勢，市況隨時會出現逆轉。

基於以上的分析，我們可以將市價與通道上下限的關係，轉變而成一個超買 / 超賣的波動指標。這種指標稱為%BB，以通道上下限的幅度為分母，而收市價至通道下限的幅度為分子，以得出市況與通道波幅的關係，這種技術指標的公式如下：

$$\%BB = (C - LB) \div (UB - LB) \times 100\%$$

圖 11 是恒指日線圖上的保歷加通道及 %BB 指標。當價位上破通道上限時，%BB 亦上破 1.00。若第二個頂部出現，但 %BB 未破 1.00，則一個背馳便出現，這種訊號反映市勢快將出現逆轉。相反，當價位下破通道下限時，%BB 亦下破 0.00。若第二個底部出現，但 %BB 未破 0.00，則一個底背馳便出現，這種訊號反映市勢快將出現反彈。

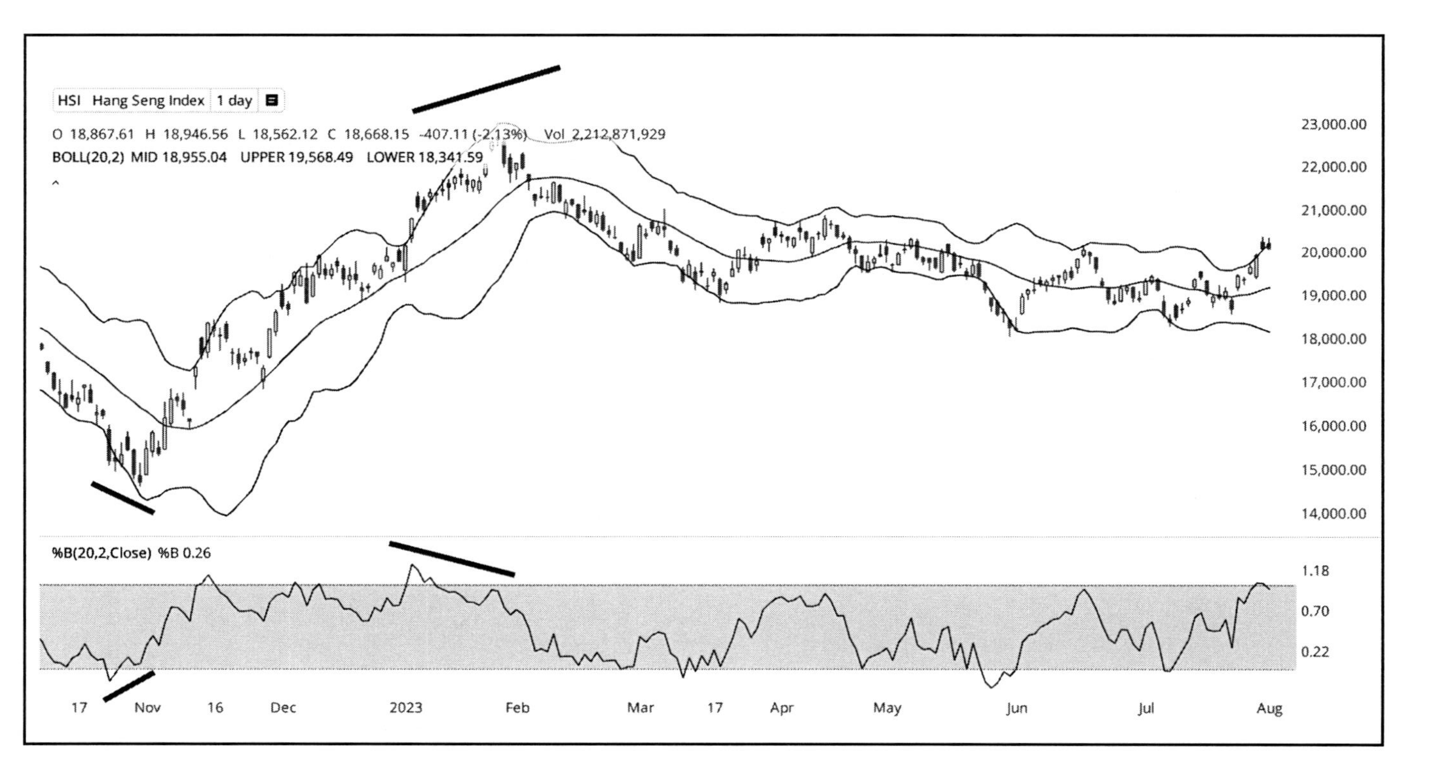

圖 11：香港恒生指數日線圖 20 天保歷加通道（2022 年 10 月至 2023 年 5 月）

2.3.2 通道波幅最重要

保歷加通道的另一個優點，是入市時間方面較準確，這點相信是分析家參考保歷加通道的主要原因。根據其理論：

在市況大幅波動之前，保歷加通道的上下限距離經常會大幅收縮。這點非常重要，可以幫助投資者選擇最適當的時候入市而不用被牛皮的市況所困。

試舉一例，圖 12 是恒生指數日線圖上的保歷加通道。大家可能看出，當保歷加通道出現大幅收窄現象，顯示山雨欲來，市況大幅波動在即。結果，其後指數出現大幅上升，由此可見保歷加通道的測市功能。

當見到保歷加通道收縮時，順勢的中線投資者應當趁機減磅，以避免市場風險大幅增加。至於短線的投機客，這將會是入市的黃金機會，因為資金投入的時間不會很久，便可以獲取巨大波幅的利潤，不過，若做錯邊的話，風險亦會相對大增。

2.3.3 參數優化

筆者已經先後討論過移動平均線通道及保歷加通道，兩者都是以移動平均線為基礎計算價位波動的幅度。價位波動的幅度是需要經過電腦測試以找出最理想的參數，是電腦技術分析指標不可或缺的程式，名為參數優化（Optimization）。參數的意思是指通道中軸移動平均線的日數或周數，以及標準差的倍數。由於市況不斷改變，利用這些通道分析，必須每隔一段時間便進行一次測試，以得出最理想的參數，否則對買賣便會產生一定的影響。

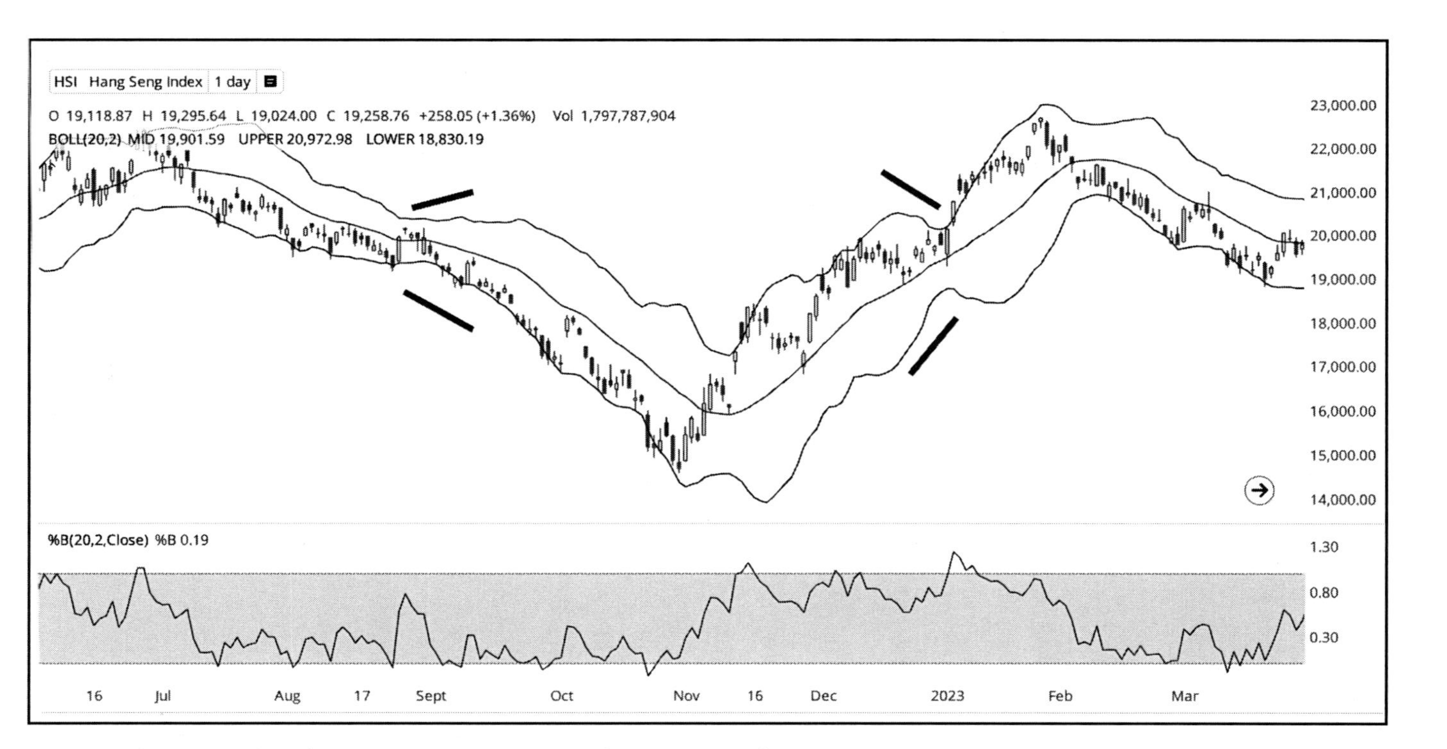

圖 12：香港恒生指數日線圖 20 天保歷加通道 (2022 年 9 月至 2023 年 3 月)

這點十分容易理解。市場的買賣活動不斷增加，市場交投的速度隨著科技的發展亦不斷加速，市場的波幅及流通性亦會不斷改變，某一套參數對於這種分析系統可能十分準確，但當市場因素慢慢改變時，這些參數便不能應付。因此，當我們的買賣系統出現問題時，我們便要分清楚，究竟是系統的程式有問題，還是參數本身有問題。若參數有問題，我們只須重新測試一次，便可改進系統的買賣訊號。

2.3.4 預測上落市

交易最難的地方，是決定甚麼時候是趨勢市，甚麼時候是上落市。在趨勢市時，追隨趨勢，破位入市，利潤手到拿來。但當市況轉變而成上落市時，投資者若未有充分心理準備，照樣破位入市的話，則往往自討苦吃。不少投資者在趨勢市中所累積的利潤，經常在上落市中便將其中大部分虧損掉。亦有另一種投資者，買賣方法獨孤一味，高沽低揸，通常上落市時可獲得美滿的成績，但當市場基本因素改變後，大趨勢出現，高沽低揸的策略便成為摸頂撈底，損失可以不菲。

總之，從事交易，必須先掌握一套界定趨勢市或上落市的方法。筆者認為保歷加通道是一種十分有用的指標。

當趨勢市繼續運行時，市價不會下跌至下限，若市況由上限回吐至下限時，投資者便要特別小心，市況可能已經轉變成上落市。

舉例說，圖 13 恒指於下跌至通道下限後，市況轉為上落市。之後，利用保歷加通道的上下限高沽低揸已有利可圖。

圖 13：香港恒生指數日線圖 20 天保歷加通道(2022 年 9 月至 2023 年 3 月)

2.3.5 捕捉單邊市

除了預計上落市的支持阻力位外，對於捕捉大單邊市，保歷加通道也是相當有用的，可提高投資者對市況發展的警覺。

圖 14 是恒指日線圖的保歷加通道，由圖可見，市場有幾個重要的轉捩點是可從保歷加通道預知得到。當日保歷加通道大幅收縮，顯示走勢山雨欲來，結果通道再次擴闊後，出現大單邊市。

2.3.6 保歷加通道與期權策略

保歷加通道收縮，表示市況幅度將會相當大，市場的波幅率（Volatility）將會上升，對於期權炒家來説，保歷加通道的訊號異常寶貴。當通道的上下限收窄，代表市況牛皮，波幅較細，通常對波幅敏感的期權費用亦會較低。在這個黃金機會，最適宜做一個持有馬鞍式（Long Straddle）的期權組合，即同時買入等價的好倉期權及淡倉期權，當波幅一旦擴大的時候，其中一種期權價格將大幅上升，足以抵銷另一種期權的損失。

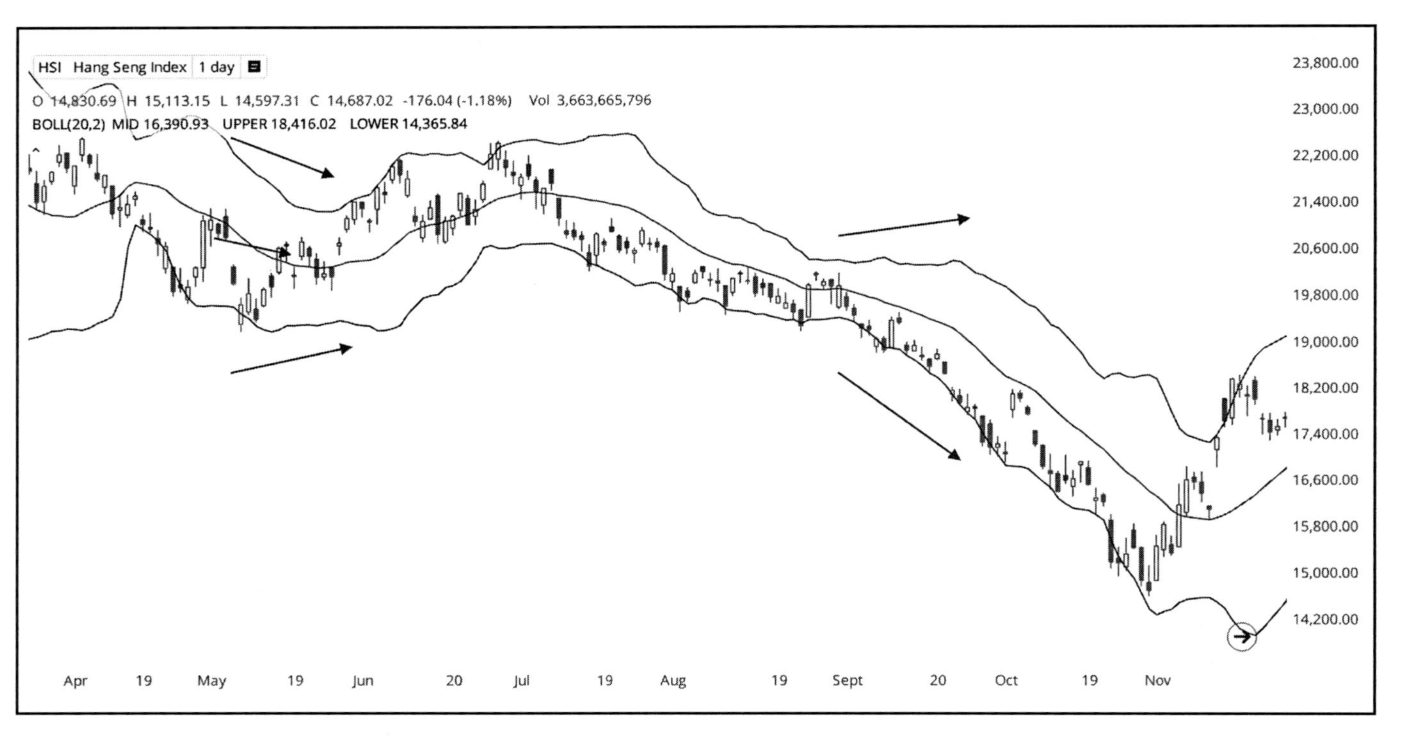

圖 14：香港恒生指數日線圖 20 天保歷加通道(2022 年 6 月至 2022 年 12 月）

2.4 波幅率與波幅通道 (Volatility & Volatility Band)

2.4.1 波幅率

走勢通道的上下限，主要以下述兩種指標計算：

(a) 標準差 (Standard Deviation)；

(b) 波幅率 (Volatility)。

標準差的計算方法已經介紹過，以下交代波幅率的計算方法。

波幅率的計算方法主要有兩種，第一種以收市價計算，第二種則以高低價的波幅為基礎。

第一種是收市價波幅 (Close-to-close Volatility)。這種指標與標準差的計算方法，分別在於標準差所用的是收市價與收市平均價的偏差幅度，而收市價波幅則衡量收市價的自然對數 (Natural Log) 的轉變與其平均值的偏差幅度。公式如下：

$$Y = \ln(C_2 \div C_1)$$
$$V = SD(Y) \times 100\%$$

第二種是高低價波幅（High-low Volatility）。這種計算方法並不以收市價的波動為主，而以某段時間之內的最高至最低價波幅 R 為基礎，因此理論上高低價波幅對市況的反應理應較前者為高，其公式如下：

$$Y = \ln(R_2 \div R_1)$$
$$V = SD(Y) \times 100\%$$

圖 15 是英鎊 20 天收市價波幅及高低價波幅，由圖可見，高低價波幅比收市價波幅更快反映出市場的趨勢市。

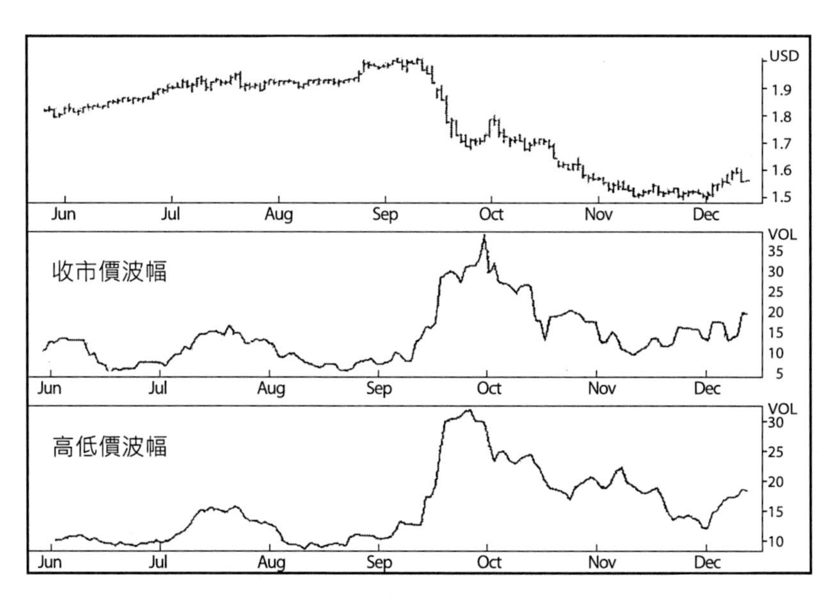

圖 15：英鎊 20 天收市價波幅與高低價波幅

2.4.2 波幅通道

保歷加通道計算上下限的方法，是以加權收市價的移動平均數上下，加減加權收市價的標準差的某個倍數 K 而成，其公式如下：

$$UB = MA + SD \times K1$$
$$LB = MA - SD \times K1$$

波幅通道則以波幅取代標準差，其公式如下：

$$UB = MA + V \times K2$$
$$LB = MA - V \times K2$$

以上的倍數 K 是調級因子（Scaling Factor），用以調校適當的通道上下限波幅。因此，保歷加通道與波幅通道（Volatility Band）所使用的倍數是不同的，至於何者為適當的倍數，分析者必須以參數優化（Optimization）的方法求得。

衡量上述兩種通道的優劣，主要視乎該指標對於市場波動的敏感程度及交易者的入市策略而定。

保歷加通道所使用的是以收市價波動計算，而波幅通道所使用的是以高低價波動來計算，因此理論上保歷加通道主要用於捕捉趨勢，而波幅通道則對市況波動較為敏感，是較適合用作中短線逆市買賣的分析工具。

市場有時會出現似升非升，似跌非跌的狀況，波幅大為收窄，技術走勢非常反覆。對於這種市況，筆者覺得利用波幅通道分析頗為有用，原因是波幅通道的上下限可跟隨市場的波動程度而變化，是十分靈活的分析工具。以下引用一個例子。

圖 16A 是上海證券綜合指數日線圖的 20 天波幅通道，指數處於通道下限附近，反映指數呈現超賣的現象。以波幅來看是處於低水平，市場的波動頗為一般，在這種市況下，基本的短買賣策略應為高沽低揸逆市買賣，並避免運用破位入市法。

上海證券綜合指數一共出現兩個底部，一浪低於一浪。不過，以 %VB 指標來看，其相應的指數底部則一浪高於一浪，出現十分嚴重的底背馳狀態，是一個利淡的訊號。

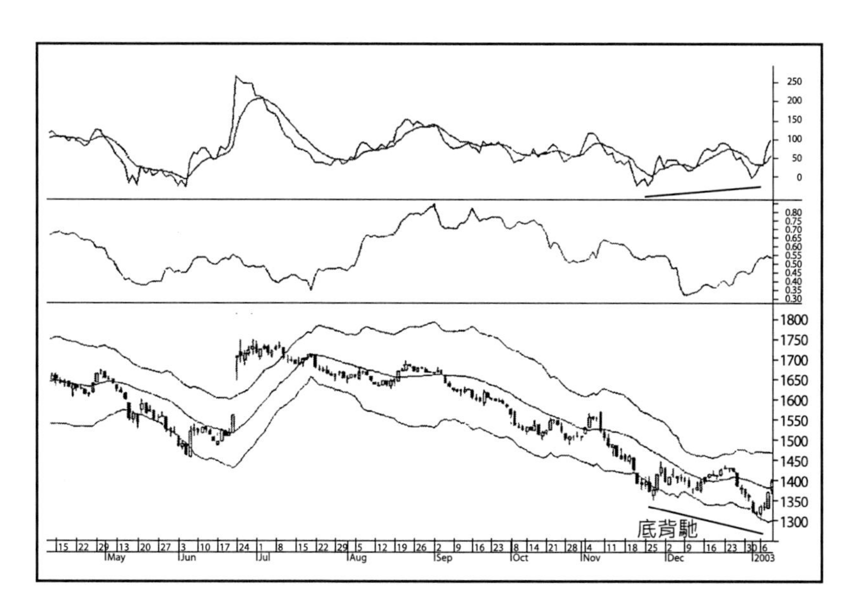

圖 16A：上證指數日線圖 20 天波幅通道

從圖 16B 可見，上海證券綜合指數出現大幅反彈。與此同時，波幅率大幅回升，以 %VB 指標來看，亦出現買入趨勢的訊號。

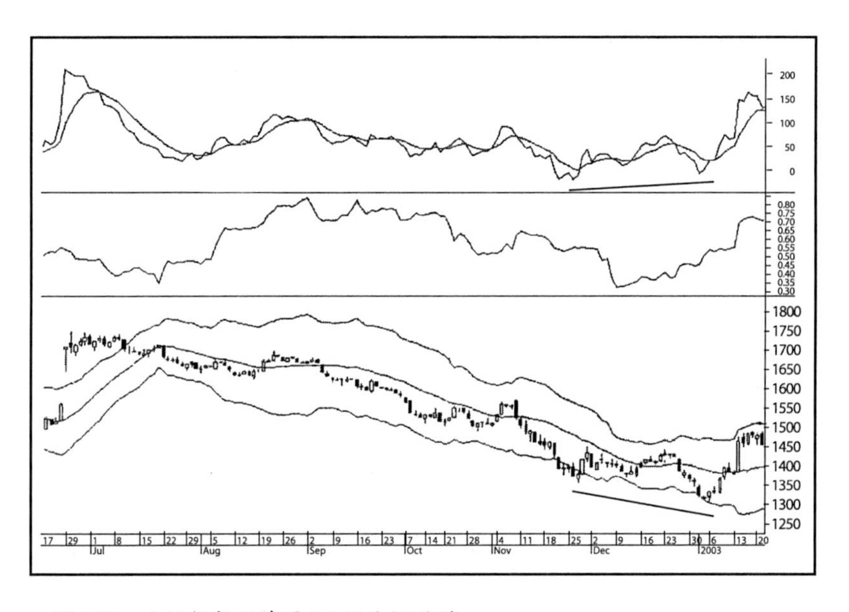

圖 16B：上證指數日線圖 20 天波幅通道

從圖 16C 可見，上海證券綜合指數反覆上創新高。但以 %VB 指標來看，卻見一浪低於一浪，波幅率亦停滯不前，反映市勢未出現突變，滬指處於橫向整固的階段，最後市場進入調整局面。

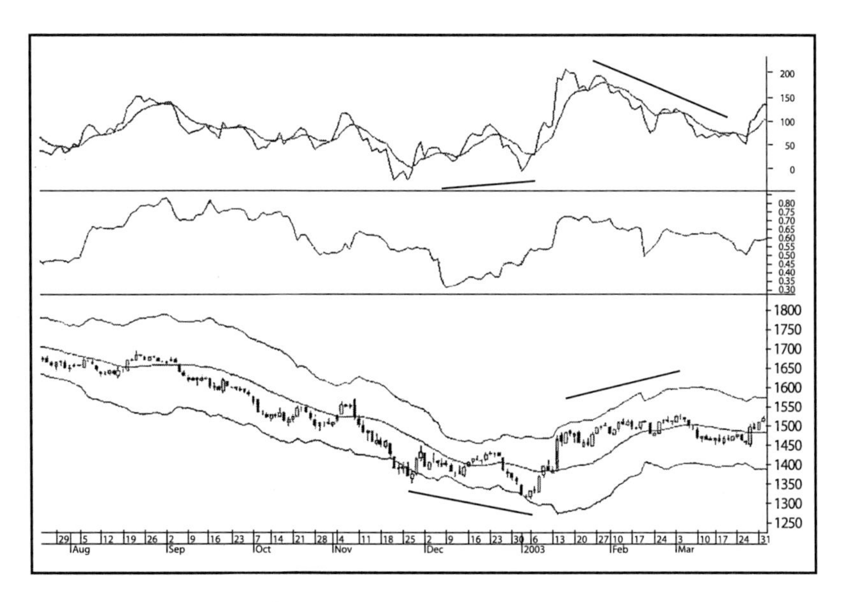

圖 16C：上證指數日線圖 20 天波幅通道

2.5 米奇基數通道 (Mike Base)

2.5.1 加權收市價與米奇基數通道

如果要用一個價位去有效地代表一天的市況波動，該如何選擇呢？這點人言人殊，有人認為是：

(a) 收市價。但收市價往往受到尾市的倉盤買賣所左右，並不能真正反映全日買賣的情況。

(b) 移動平均數。但移動平均數是反映某段時間內收市價的平均值，而不是交易日本身。理論上移動平均數應該放在該段時間的中央，而不是最近的一個交易日。

(c) 高低位之間的中央價位。這種方法較為接近市況，但無法反映市況的取向。這種取向通常可透過收市價得見端倪。

基於以上問題，有分析家提出加權收市價 (Weighted Close) 的方法。這種方法是將全日最高、最低及收市價相加，然後除以 3，得出當日的平均價。公式如下：

$$\text{加權收市價} = (H + L + C) \div 3$$

此外，亦有人認為雖然收市價不能全面代表當日的市況，但由於對後市較有啓示作用，因此，收市價應比全日最高及最低價佔較重要的地位。收市價在公式中應有兩倍影響，改良後的公式如下：

加權收市價 = (H + L + 2C) ÷ 4

利用上述的公式，可以真正作為計算市況波動的基礎。

「加權收市價」近年在技術分析指標裡已被廣泛應用。移動平均線通道以及保歷加通道都以加權收市價取代實際收市價，作為計算移動平均線的基礎。

在最新的技術分析指標裡，有一種走勢通道名為米奇基數(Mike Base)，亦以加權收市價作為公式計算的基礎。

米奇基數通道完全使用公式計算，並不需要經過電腦測試的參數。這種通道利用三條不同的公式，以計算強、中、弱的支持及阻力位，對於短線買賣用處非常大。這種通道在觀念上有嶄新之處，就是完全撇除了移動平均線的方法，利用某段時間的高低及收市位來決定支持及阻力位。上述三條通道以加權收市價為基礎：

B = (H + L + C) ÷ 3

第一條窄通道的上下限公式如下：

UB1 = B +(B - L)
LB1 = B - (H - B)

第二條通道的上下限公式如下：

$$UB2 = B + (H - L)$$
$$LB2 = B - (H - L)$$

第三條闊通道的上下限公式如下：

$$UB3 = H + (H - L)$$
$$LB3 = L - (H - L)$$

上述 B 是加權收市價，H 是某一段時間內的最高價，L 是某一段時間內的最低價。

圖 17 是香港恒生指數的 5 天米奇通道。

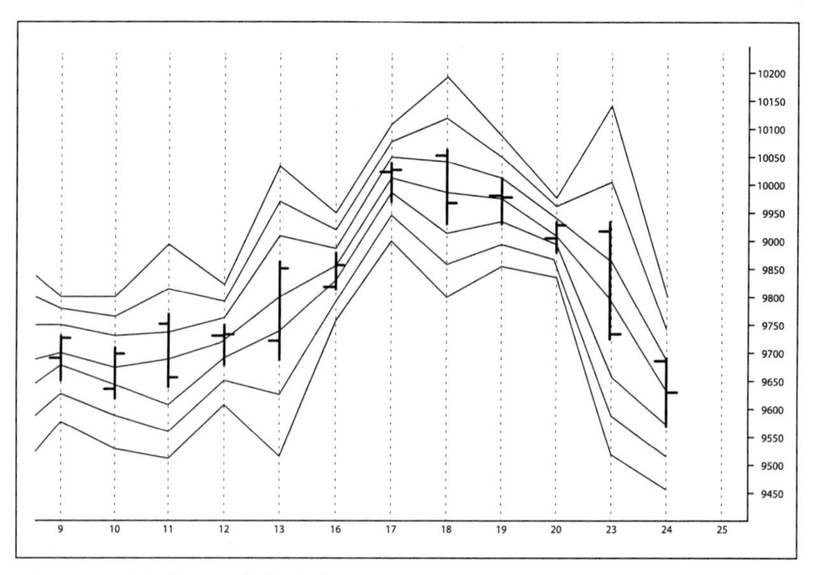

圖 17：恒生指數 5 天米奇通道

2.5.2 米奇通道的含意

米奇基數通道的公式看似複雜，但細心了解將不難明白其意義：

第一，內通道的公式是將某段時間內的高低位，與當天的加權收市價比較，若加權收市價較接近該段時間內的最低價，則假設市勢傾向下跌，市價應無力返回該段時間的最高價水平。這條公式假設反彈的幅度約為加權收市價至最低價的幅度，將這幅度加在加權收市價之上，便成為反彈阻力。相反，由於市勢下跌，跌幅應會超越過往一段時間的最低價，公式假設跌幅為過往一段時間的最高價至加權收市價的幅度，加權收市價減這個幅度便成為支持。若市況上升，支持及阻力亦可依此計算。

第二，中間通道的公式假設市況的波幅完全與對上一次時間的波幅一樣，因此，若市況上升，阻力位將會是加權收市價加對上一段時間波幅的水平。若市況下跌，支持位則為加權收市價減去對上一段時間波幅的水平。一般情況下，市況波動只會向一邊走，不會上下阻力支持都達到。

第三，最外面的通道可説是市況波動的極限，價位甚少走出這個範圍。這條公式假設波幅增加，將對上一段時間的波幅加在最高價上，成為阻力。而支持則是將最低價再減去對上一段時間波幅的水平。在一般市況下，價位難以達到這些水平。

03

市場動量指標

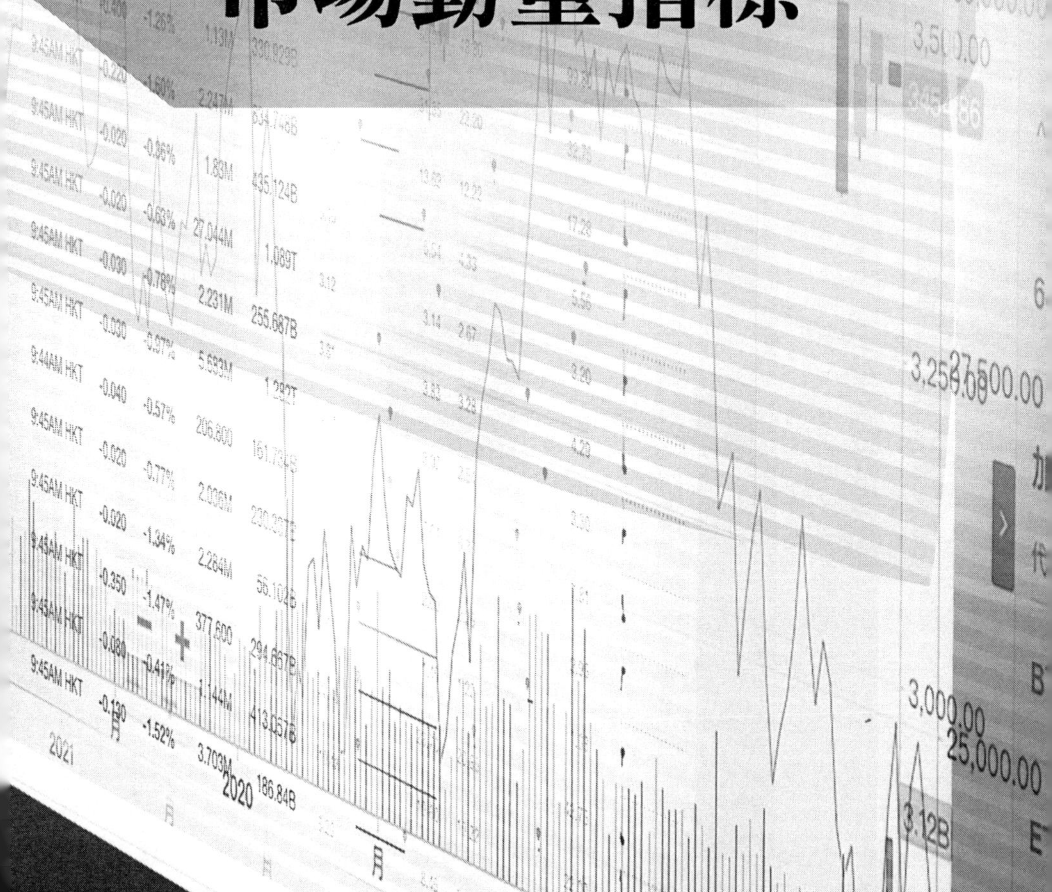

3.1 動量指標與變速率 (Mom & ROC)

「動量」(Momentum)是技術分析指標最好的概念之一，它給我們兩項市場的重要數據；第一是市場的方向，第二是市場轉變的幅度。不過，若將動量應用在以下的走勢分析，上述第二項數據──市場轉變的幅度，數據的波動便會相當大。此外，由於各種市場的單位不同，亦難以利用動量比較，以及釐定超買及超賣水平。

對於長期的「動量」，市場分析家會選擇變速率(Rate of Change, ROC)代替動量。變速率所量度的是收市價轉變的「比例」，相對於動量所量度的是收市價轉變的「幅度」。

以下是動量與變速率的公式比較：

$$Mom = C_1 - C_2$$
$$ROC = C_1 \div C_2 \times 100$$

變速率與動量比較，雖然波幅較細，但以中長線的走勢來看，變速率卻是一個十分良好的循環指標，可用以分析中長期市場趨勢及其轉勢。

圖 18 是恒生指數日線圖與 20 天動量指標，當動量指標出現背馳時，反映市場創新高，但動量不足，往往是市勢逆轉的時候。

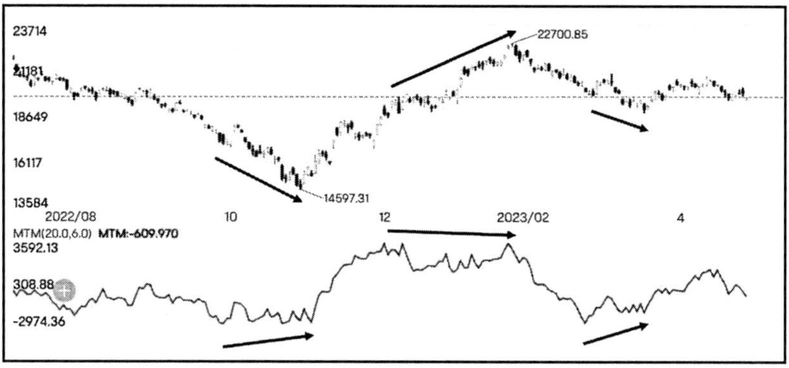

圖 18：恒生指數日線圖與 20 天動量指標

圖 19 是恒生指數日線圖與 20 天變速指標，變速指標出現背馳時，亦反映市場創新高，但動量不足，亦同樣預示是市勢逆轉的時候。

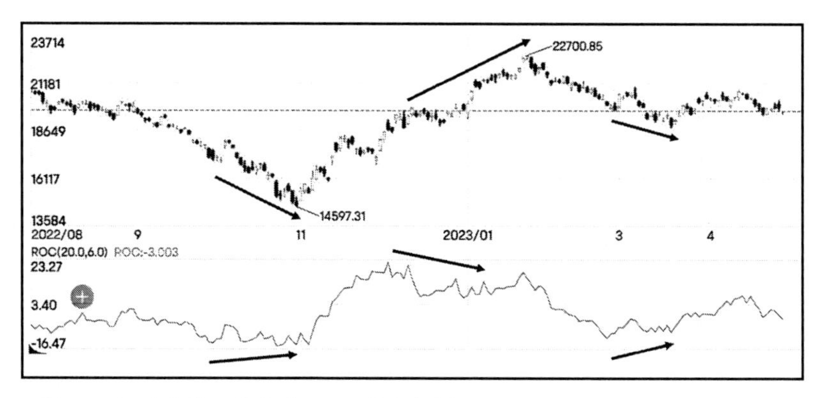

圖 19：恒生指數日線圖與 20 天變速指標

不過，變速率並非完美指標，它有以下缺點：

(a) 指標太多短線波動；

(b) 在趨勢市中太早發出超買 / 超賣訊號。

處理變速率的問題有以下方法：

(1) 對於指標的短期波動 (Whipsaws)，可以利用移動平均數將之平滑化 (Smoothing)，只反映其趨勢；

(2) 著名技術分析家馬丁‧普林 (Martin Pring) 對於變速率在趨勢市之中，有時會過早出現超買或超賣的訊號，或發出背馳或轉勢的訊號這個問題有獨到的分析。他認為技術指標過早發出超買或超賣訊號，是由於指標所選擇的時間櫥窗 (Time Window) 未能與市場的周期配合所致。一般來說，一個短期的指標過早地發出一個超買或超賣的訊號，是由於市場短期周期的影響被長期周期的影響蓋過所致。

雖然如此，由於長線變速率所發出的轉勢訊號較短線變速率為慢，因此亦不可完全放棄短線變速率。

馬丁‧普林認為，在分析走勢時可同時參考長、中、短期的變速率，以確定長、中、短期循環周期的影響。

若長、中、短期的變速率發出見頂或見底的訊號，將會是十分可靠的轉勢訊號。相反，若短期變速率見頂回落，但長線變速率則由底回升，投資者要特別小心短線指標見頂充其量只屬調整，可作趁低吸納的買賣策略。

讀者可參考圖 20 指數 20 天及 100 天變速率之間的關係。在圖中，20 天變速率出現背馳，但 100 天變速率動量仍然存在，並無見頂的現象，反映市況繼續上升的長線動力仍在。

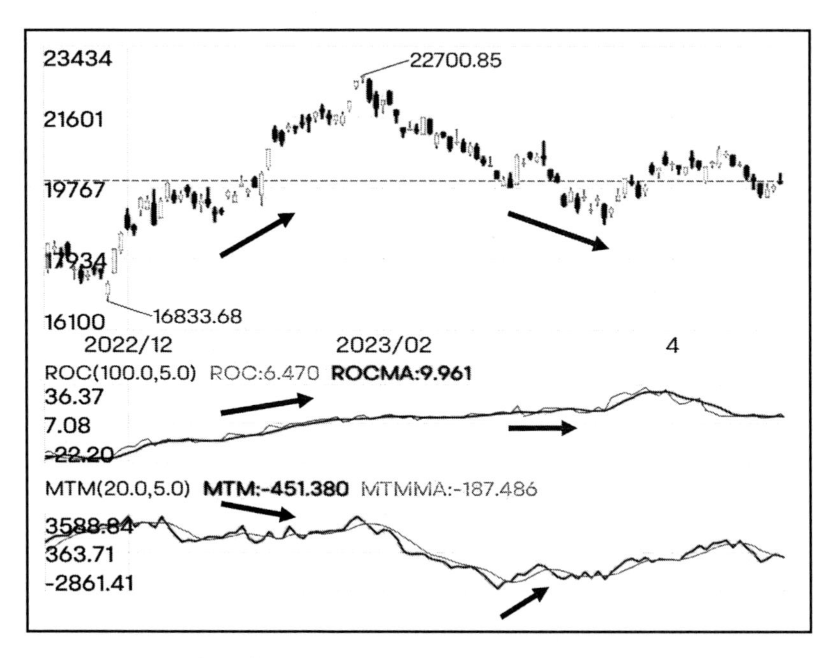

圖 20：恒生指數日線圖 20 天動量指標與 100 天變速指標

3.2 亞歷山大過濾指標（ALF）

亞歷山大過濾指標（Alexander's Filter, ALF）是類似變速率的一種動量類的指標。這種指標的分析功能是記錄市價在某段時間內升跌的百分比，其公式如下：

$$ALF = (C_1 \div C_n - 1) \times 100$$

以上 C_1 為收市價，而 C_n 是 n 天之前的收市價。

這種指標的基本理解方法為：

(a) 指標的上升速度快，表示市場上升力度強，可作為一種買入的訊號；

(b) 若指標的下跌速度快，表示市場下跌力度強，可視為一種沽出的訊號。

圖 21 是指數日線圖與 ALF 的指標分析，指數初見新低，但 ALF 指標出現底背馳，無法確認其跌勢，之後指數大幅反彈。指數其後見新高，但 ALF 指標出現頂背馳，無法確認其升勢，之後指數大幅回落。

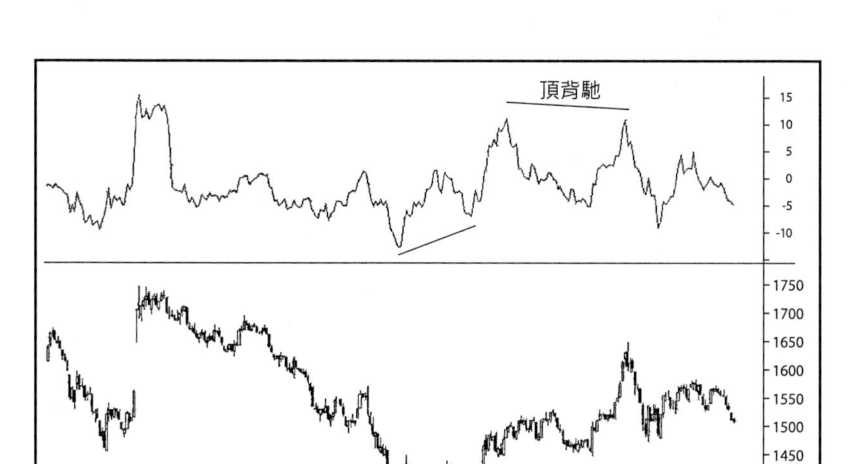

圖 21：上證指數日線圖與 ALF 指標

3.3 完全肯定指標(KST)

前文提及技術分析家馬丁·普林一針見血地指出技術指標的缺點所在，就是當選擇短線的時間橱窗，例如 10 天或 20 天時，分析者所看到的只是市場短線的循環，卻看不到長線循環的影響。相反，當分析者選擇長線的時間橱窗，例如 20 星期或 50 星期時，指標所顯示的循環便不能反映短期市場走勢。因此，技術指標「顧此失彼」，是必然的事。

對於上述問題，馬丁·普林設計了一個解決方案，就是參考長、中、短期的變速率，以了解不同時間循環對市場的影響。有以下兩點必須留意：

(a) 當長、中、短期指標同時逆轉，市場通常亦會出現轉勢；

(b) 當長、中、短期指標處於不同循環階段時，市場經常處於上落市的階段。

不過，上面的缺點是，若不同指標出現互相矛盾的訊號時，投資者將會感到無所適從。因此，馬丁·普林進一步創製一種指標，將長、中、短期的變速率，根據其相對的重要性，以加權方法綜合為一種指標(Summed Rate of Change)，馬丁·普林名為 KST。KST 是英文「Know Sure Thing」的縮寫，意即「知道肯定的事」。

KST 的公式是將四條不同時期的變速率，經移動平均數平滑化後，加權綜合而成：

KST= MA (ROC1) + 2MA (ROC2) + 3MA (ROC3) +4MA (ROC4)

圖 22 是恒指日線圖及 KST 指標。由圖可見，指數大幅反彈前出現買入訊號；同樣，在進入調整，KST 指標亦出現頂背馳。

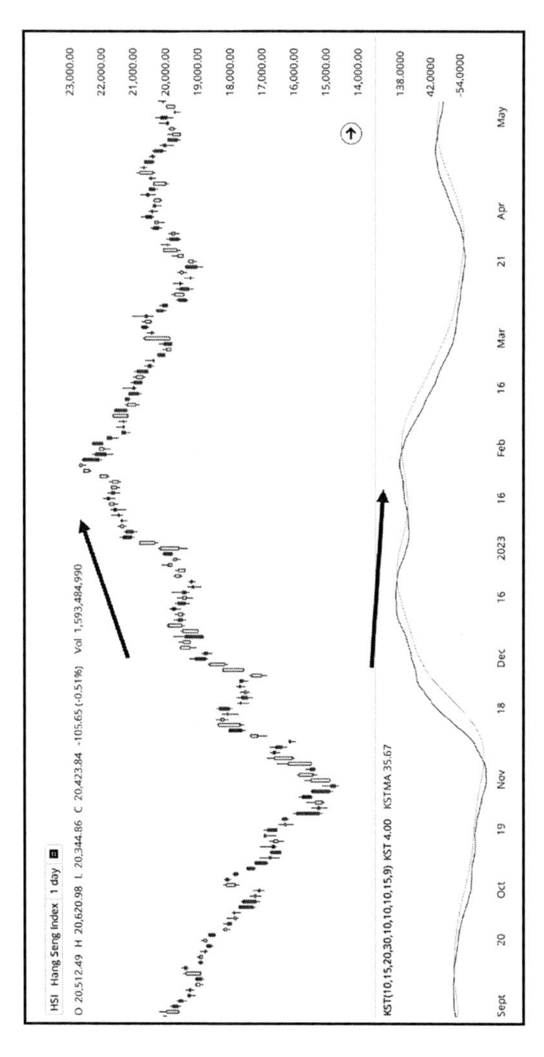

圖 22：恒生指數日線圖 KST 指標

以圖 22B 的指數周線圖為例，KST 用的參數是中線周期的參數，即：

	中線周期的參數
ROC1	10
MA	10
WT	1
ROC2	13
MA	13
WT	2
ROC3	15
MA	15
WT	3
ROC	4
MA	20
WT	4

指數在創出新高後，中線 KST 出現了與價位背馳的現象，KST 拒絕確認其強勢，其後，指數便進入大幅下跌的階段。之後，指數見嚴重超賣，中線 KST 上破移動平均線，展開一個中期的反彈。

3.3.1 KST 的應用

在 KST 的公式裡，馬丁・普林利用四條長、中、短期的變速率去綜合計算一種指標。在各種變速率的比重中，馬丁・普林認為愈長線的指標，比重應該愈大。這可令該指標更能反映大趨勢的影響。

此外，各種變速率都必須經過移動平均數的平滑化作用，以減少短期的波動（Whipsaws）。當 KST 計算完畢後，亦應以移動平均數將 KST 平滑化，以反映其趨勢。

另一主要的考慮點是參數，在這方面，不可能有肯定的答案，分析者應該根據各市場的特點以選擇最適切的參數，並利用電腦計算最佳的參數。以下的參數以供參考：

KST= MA (ROC1) + 2MA (ROC2) + 3MA (ROC3) + 4MA (ROC4)

應用馬丁・普林的 KST 指標時，有幾個特點必須謹記：

(a) KST 是一種綜合動量指標，該指標的目的在於反映市場大勢，適合中長線的走勢分析，以捕捉市場轉角市；

(b) KST 經過多種移動平均線的平滑化作用，因此短期波動甚少，其轉勢的訊號會較為可靠；

(c) KST 本身亦是一種超買 / 超賣的指標，只要參考該指標的平均轉勢水平，便大約可知該市場的超買 / 超賣狀況；

(d) KST 的基本分析方法亦與其他技術指標相同。當 KST 上破其移動平均線時，為買入訊號；當 KST 下破其移動平均線時，則為沽出訊號；

(e) 當市場即將進入轉勢階段時，KST 與價位的走勢亦會出現背馳的現象。

以圖 23 為例，中線 KST 反映趨勢之餘，頂背馳現象亦反映著大轉勢的可能性；而長線 KST 則有效反映趨勢的方向。

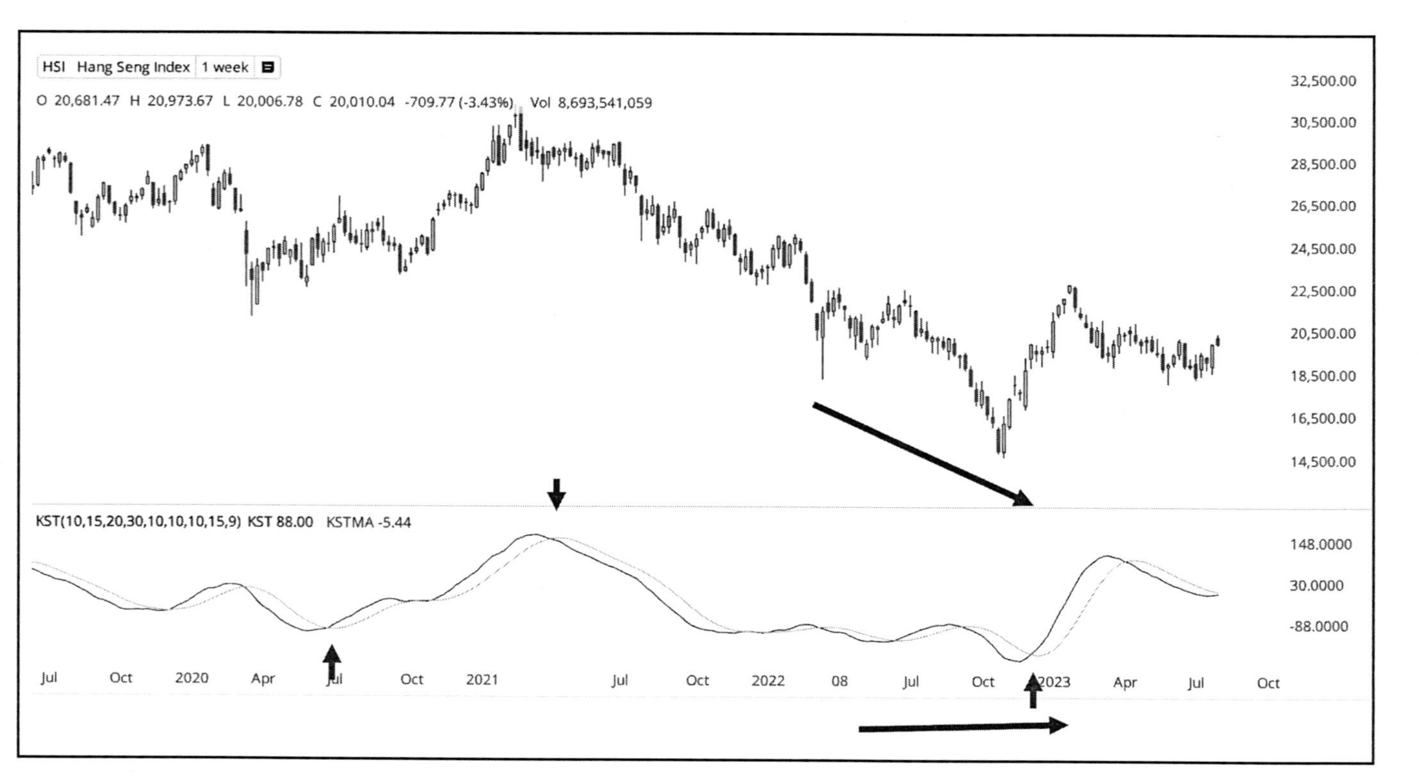

圖 23：恒生指数周線圖 KST 指標

3.4 動向指標與商品選擇指數 (DMI & CSI)

3.4.1 動向指標

分析家韋爾斯·衛奕達(Welles Wilder)的技術分析系統的主要假設，是將市場分為上落市和趨勢市，其中的盲點，其實衛奕達本人亦充分了解。應付這些盲點的方法十分簡單就是將市場的動向加以數量化，只選擇那些處於趨勢市的市場買賣，從而迴避上落市與趨勢之間的灰色地帶。衛奕達用以界定市場動向的指標稱為動向指標(Directional Movement Index, DMI)。

這個指標將市場由完全上落市至完全趨勢市的整個連續體，由 0 至 100 加以數量化。衛奕達認為，當指數高於 25 時，市場才有趨勢可言，適合入市買賣。

動向指標的觀念頗為複雜，涉及多種指標，以下逐一介紹。

首先，我們可將兩個交易日形態歸納為四種市況：

(a) **向上趨勢市**：當天的高低位較對上一個交易日高低位為高；
(b) **向下趨勢市**：當天的高低位較對上一個交易日高低位為低；
(c) **擴大波幅市**：當天高低位波幅較對上一個交易日為大；
(d) **收縮波幅市**：當天高低位波幅較對上一個交易日為小。

衛奕達將前三種市況界定為有方向的市況，而第四種為無方向的市況。他首先界定一個概念將量度在兩天形態中所出現的市況動向（Directional Movement, DM）分為正動向（+DM）和負動向（-DM）。

衛奕達量度市場動向的方法，是量度當天波幅超出昨日波幅較大一部分的價位幅度為基礎。換言之，衛奕達對於市場動向的量度，主要以當天波幅突破昨天高低位的幅度為主。

在兩天市場形態的四種市況下，量度動向的方法如下：

(a) **向上趨勢市**：這種市況是當天高低位比昨天高低位為高。當天高位突破昨日高位的幅度為正動向（+DM）。

(b) **向下趨勢市**：這種市況是當天高低位比昨天高低位為低。當天低位突破昨日低位的幅度為負動向（-DM）。

(c) **擴大波幅市**：這種市況是當天高低位均突破了昨日高低位。計算「動向」時，我們便需要衡量上下突破的幅度，若向上突破較向下突破的幅度大，則取向上突破的幅度為「正動向」（+DM），而不用理會「負動向」（-DM），相反亦然。

(d) **收縮波幅市**：這種市況是當天高低位未能突破昨日高低位。由於未有突破出現，這種市況將沒有動向。我們所得到的「動向」數據暫時沒有甚麼意義，因為不同市場有不同的價格單位。因此我們必須計算「動向」的相對值，相對於其日常波幅而言。

在這裡，我們可選擇以每日的高低波幅為基礎，但考慮到每天高低波幅可能遺漏「開市裂口」，我們可以利用「真實波幅」(True Range, TR) 為基礎。真實波幅是以下三者最大的一項：

(a) 當天最高至最低的幅度；

(b) 當天最高與昨天收市價之間的幅度；

(c) 當天最低與昨天收市價之間的幅度。

圖 24 及圖 25 為量度動向方法圖。

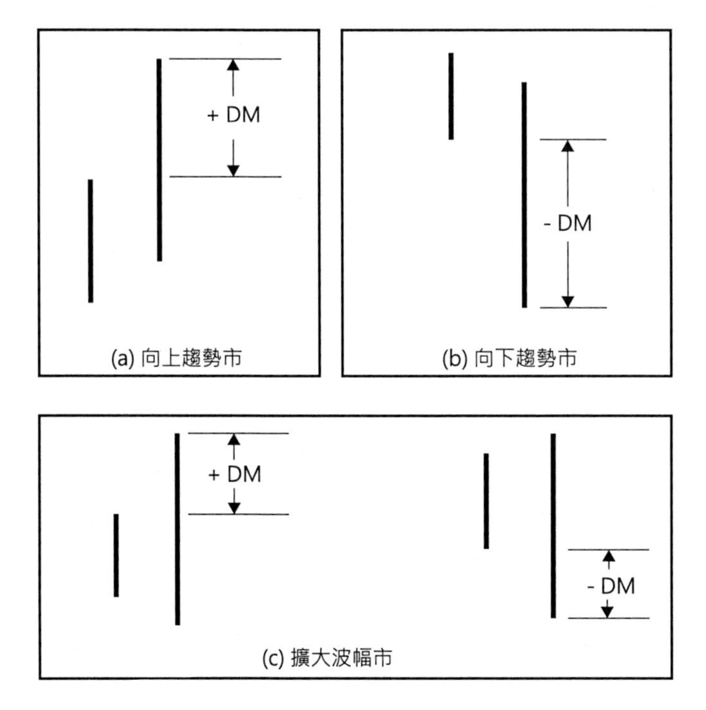

圖 24：量度動向方法圖 I

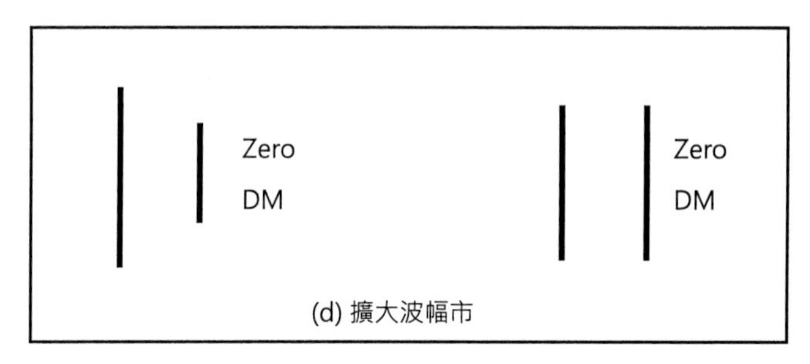

圖 25：量度動向方法圖 II

實質上，衛奕達量度市場動向的方法，是計算當天高低位突破昨天高低位的幅度所佔當天真實波幅的百分比。衛奕達以此製成方向指標（DirectionalIndicator, DI），其公式如下：

$$+DI = +DM \div TR$$
$$-DI = -DM \div TR$$

上述公式是一天的方向指標，若要上述數字能反映某段時間內的平均市況，可用移動平均（Moving Average）的方法，計算方向指標的平均值。衛奕達特別建議使用 14 天的移動平均值，原因是 14 天是半個市場周期時間的長度。

方向指標的實質意義是甚麼呢？正方向指標（+DI）是計算真實波幅內有多少百分比是上升；負方向指標（-DI）則是計算真實波幅內有多少百分比是下跌。將正方向指標加上負方向指標，我們便得到這個市場有多少百分比是有趨勢，餘下的百分比自然是無方向市。

舉例說，若某市場的 14 天正方向指標是 0.20，而 14 天負方向指標是 0.36，則該市場有百分之五十六有方向，而百分之四十四無方向。

那麼，真正的市場動向就是正方向指標 (+DI) 減去負方向指標 (-DI)。

買賣策略亦十分清楚：

(a) 當 +DI 高於 -DI 時揸貨；

(b) 當 +DI 低於 -DI 時沽貨。

到現階段，我們可以探討衛奕達的動向指標 (DMI) 的最重要部分。這部分是將焦點放在有方向的市場上。

在介紹方向指標時，筆者先舉例：若正方向指標 (+DI) 為 0.20，負方向指標 (-DI) 為 0.36 時，表示在 14 天的平均真實波幅裡，0.56 的市場時間是有方向的，而 0.44 的市場時間是無方向的。

此外，由於市場的正方向指標與負方向指標有互相抵銷的作用，市場的實質方向是上述兩者相減。在上述例子中，市場的實質方向是 0.16 (0.36-0.20)。

若我們要計算在有方向的市場時間中，市場實質方向的比例，可以利用方向指數 (Directional Index, DX) 求得，公式如下：

$$DX = [(+DI)-(-DI)] \div [(+DI)+(-DI)] \times 100\%$$

上述公式將市場的活動指數化為 0 至 100。若數字愈高，表示市場趨勢愈明顯，數字愈低，市場愈趨上落市。

若希望減少 DX 的波動而反映其趨勢，可計算 DX 的移動平均值，稱之為平均方向指數（Average Directional Index, ADX）。

若要反映 ADX 的主要趨勢，可利用以下公式計算平均方向指數評估（Average Directional Index Rating, ADXR）：

ADXR = (當天 ADX + 14 天前 ADX) ÷ 2

討論過一連串動向指數的計算方法後，以下交代動向指數買賣訊號的產生：

(a) 當+DI 升破 -DI 時入市持好倉，當+DI 跌破 -DI 時，持淡倉；

(b) 當 ADXR 處於 25 之上時，可使用動向指標的入市方法。若 ADXR 處於 20 之下時，跟隨趨勢買賣的方法將會失效，可轉而使用其他上落市的方法，例如反作用趨勢系統或趨勢平衡點系統；

(c) 利用動向指數買賣時，要根據高低位破位入市法（Extreme Point Rule）。此方法的意思如下：

(i) 若所持的是好倉，而 +DI 跌破 -DI，反倉的引發點應為 +DI 跌破 -DI 當天的全日最低位。若 +DI 跌破 -DI 後，價位仍未跌破當天低位，則好倉仍可持有，而不用反倉。

(ii) 若所持的是淡倉，而 +DI 升破 -DI 反倉的引發點應為 +DI 升破 -DI 當天的全日最高位。換言之，若 +DI 升破 -DI 後，價位未升破當天高位，則淡倉仍可持有，不用反倉。+DI 與 -DI 相交，表示市場升跌進入平衡點，市勢往往出現逆轉。

以圖 26A 上海證券綜合指數的日線圖為例，14 天 +DI 與 -DI 相交，往往發生市勢逆轉，例如 2003 年 1 月 9 日及 3 月 27 日，兩次 +DI 上破 -DI，兩次都出現大升的趨勢市，值得參考。

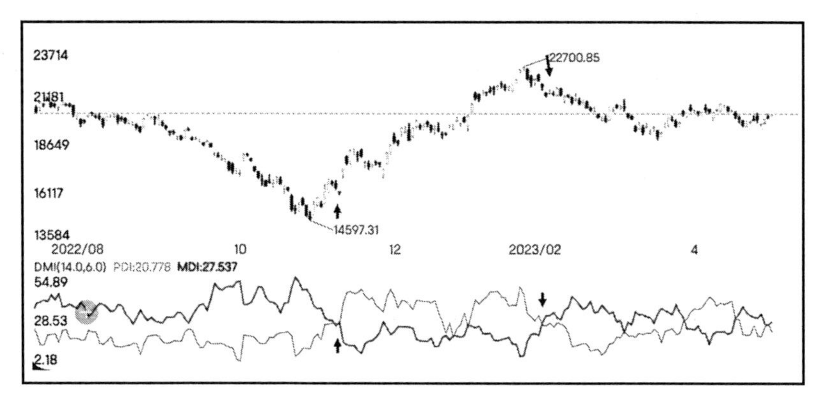

圖 26A：指數日線圖 +DI, -DI 指標

以圖 26B 恒生指數的日線圖為例，14 天 ADX 上破 14 天 ADXR，往往發生大升的趨勢市。

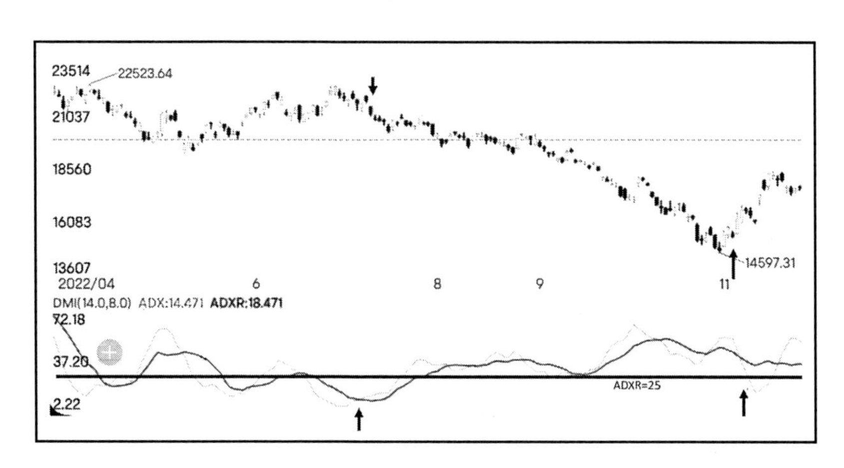

圖 26B：指数日線圖 ADX , ADXR 指標

留意 ADX 與 ADXR 的關係，大家可發現兩個規則：

(a) 若 ADX 上破 ADXR 時，市場的趨勢將十分明顯，ADX 抛離 ADXR 愈高，市場趨勢運行得愈快；

(b) 相反，ADX 愈接近 ADXR，市場的趨勢便愈模糊，這種情況往往出現在 ADXR 在 25 之下時。

總括以上所述，當我們利用跟隨趨勢買賣系統的時候，最好選擇 ADXR 在 25 之上，而 ADX 上破 ADXR 的市場。

3.4.2 商品選擇指數

利用跟隨趨勢買賣的方法有利有弊。利者，是可以跟隨趨勢，坐順風車，讓利潤滾存；弊者，是市場趨勢可遇不可求，趨勢市只佔全部市場時間的百分之三十，但上落市則佔市場時間的百分之七十。換言之，利用跟隨趨勢買賣的方法，有百分之七十是處於「捱打」階段，所盼望者，就是等待市場的百分之三十的趨勢市來臨，以吐氣揚眉。

分析家衛奕達認為，若利用跟隨趨勢買賣的方法，最好選擇適當的市場買賣，這些市場可以根據以下四個條件為選擇的依據：

(a) 市場動向 (Directional Movement)；

(b) 市場波幅 (Volatility, V)；

(c) 按金要求 (Margin Requirement, M)；

(d) 經紀佣金 (Commission Cost, C)。

總的來說，理想的市場應該是：

(a) 平均方向指數評估 (ADXR) 高；

(b) 平均真實波幅 (Average True Range, ATR) 闊；

(c) 市場波幅大，即每點子的價值高；

(d) 按金要求低；

(e) 經紀佣金少。

根據上述的幾個條件，衛奕達設計了一條公式，以評估各個市場之間的趨勢傾向及可獲利的機會，該指數名為商品選擇指數 (Commodity Selection Index, CSI)，其公式如下：

$$CSI = ADXR \times ATR \times [V \times \sqrt{M}] \times [1 \div (150 + C)] \times 100$$

選擇技術指標須知

衛奕達的動向指標 (Directional Movement Index, DMI) 包括：

(a) 正負方向指標 (DirectionalIndicator, +DI, -DI)；

(b) 平均真實波幅 (Average True Range, ATR)；

(c) 平均方向指數 (Average DirectionalIndex, ADX)；

(d) 平均方向指數評估 (Average Directional Index Rating, ADXR)；

(e) 商品選擇指數 (Commodity Selection Index, CSI)。

以上五種主要指標已經先後介紹過，可作為分辨趨勢市及上落市的主要工具。工欲善其事，必先利其器，利用動向指標作為過濾，當面對不同市況時，便可選擇適當的買賣系統從容入市，這是衛奕達研究的最大貢獻。衛奕達在編寫《技術性買賣系統的嶄新觀念》(*New Concepts in Technical Trading Systems*) 的時候，字裡行間亦流露出這份喜悅。他指出，設計動向指標 (DMI)，就好像尋找天虹的盡頭一樣，你知道它就在那裡，亦已看到它，但走得愈近，你卻愈迷惑。

分析市場走勢亦一樣，當你以為快要找到一套無懈可擊的買賣系統時，你愈覺得可望而不可即。

事實上，我們應用動向指標時，會參考其他的指標互相確認以補其不足。但有一點要特別注意的就是要選擇不同類別的技術指標才有意義。例如相對強弱指數及動量指標，都是同一類利用收市價升跌為計算基礎的指標，因此只需選擇其中一種指標便已足夠，以免重複。此外，與成交量有關的指標如 OBV 等，亦有其參考價值。

3.5 相對強弱指數 (RSI)

自衛奕達於 1978 年著成《技術性買賣系統的嶄新觀念》(*New Concepts Technical Trading Systems*) 後，相對強弱指數 (Relative Strength Index, RSI) 便風行投資界。初涉技術分析者，皆以 RSI 為最基本的分析工具，甚至人們經常使用 RSI，仍不知衛奕達是何許人。

無疑，RSI 是衛奕達分析系統之中最廣為人知的指標，其重要性不言而喻。

不過對於 RSI，不少投資者既愛且恨。對於某些分析者而言，RSI 是最重要的走勢指標，每天未曾觀察過 RSI，亦未敢對市場走勢作出判斷。

不過對另一批分析者而言，RSI 則成為山埃毒藥，並極力貶低其測市能力。由這兩批人的反應，大約可以了解 RSI 的訊號有時十分準確，令人愛不釋手，但有時卻誤導分析者，令投資失利。

持平地看，RSI 只屬一種市場分析工具，完全視乎分析者如何運用，如何看待 RSI 的訊號及其重要性。迷者自迷，運用 RSI 不得法者，自招損失在所難免。

對於篤信 RSI 的投資者，筆者建議要清楚了解 RSI 的意義及特性，它的優點及缺點，以避免掉進技術陷阱之內，難以自拔。

以下筆者根據過往經驗嘗試重新詮釋 RSI 的意義及其應用。

要了解 RSI 的正確使用方法，我們須首先回到原設計者衛奕達的論述裡去。當筆者閱讀衛奕達在《技術性買賣系統的嶄新觀念》的論述時，感到 RSI 並非衛奕達的主要分析及買賣系統。在整本百多頁的著作中，RSI 的討論只佔 9 頁；在其他買賣系統的討論之中，亦甚少提及 RSI，比較衛奕達在討論動向指標 (DMI) 時所洋溢的喜悅之情，反映 RSI 並非衛奕達最鍾愛的傑作。RSI 之大行其道，相信衛奕達亦意想不到。

首先，對於衛奕達來説，RSI 並非一個完整的技術買賣系統，在文章中未曾提及入市、止蝕、反倉等訊號的釐定。他開章明義地指出，相對強弱指數是一種輔助圖表分析的工具。以下五點可供參考：

(a) 當 RSI 升上 70 或跌破 30 時，頂 / 底便會經常展現。這點指市勢逆轉、市勢調整或反彈的中期頂 / 底；

(b) 當 RSI 在 70 之上出現高低頂或 RSI 低於 30 時出現高低腳 (Failure Swing) 時，將強烈暗示市勢逆轉；

(c) 當 RSI 與價位出現背馳現象 (Divergence) 時，將強烈暗示市場轉捩點即將出現；

(d) 一些圖表形態，例如頭肩頂 / 底或三角形等，在價位圖表上十分模糊，但在 RSI 上卻經常清晰可見，可幫助分析，及早辨認圖表形態；

(e) 一些支持或阻力位在圖表上難以劃分，但在 RSI 上，支持及阻力線卻時常較容易畫出，可作為圖表上破線的確認訊號。

例子可參考圖 27 指數日線圖。

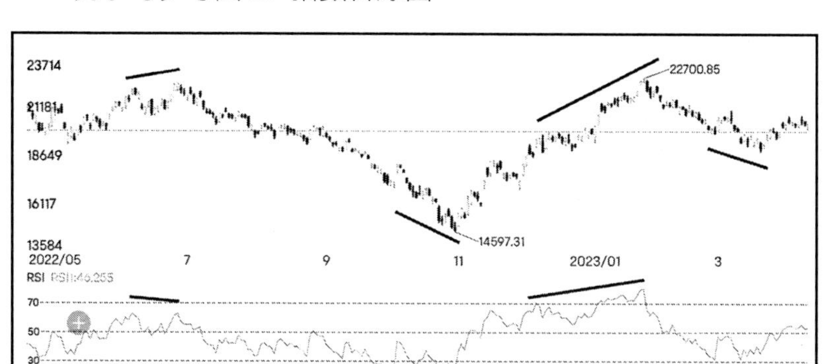

圖 27：指數日線圖與 RSI 指標

3.5.1 RSI 並非出入市指標

在下雨之前，天空必定出現黑雲；但天空出現黑雲時，卻不表示必然下雨。這個邏輯，每一位技術分析者都必須謹記。

在我們利用技術指標分析市場走勢時，種種的觀察，例如：RSI 高於 70 或低於 30，頂背馳或底背馳出現，都只可當作是「黑雲」看待，這是一種警覺性的訊號，隨時準備「開傘」，但並不表示要立即開傘或走避。同理，當投資者見到 RSI 超買 / 超賣或出現背馳時，都並不表示要立即入市買賣，上述的觀察只可作為需要警惕的訊號，市場趨勢隨時會出現逆轉，而非「立即」進行逆轉。

衛奕達設計相對強弱指數時，目的並非要制訂一個買賣系統，因為一個買賣系統的基本元素──止蝕位，是無法在 RSI 上設定的。不少技術分析書籍或技術分析軟件説明書編寫有關 RSI

的買入或沽出訊號，例如在 RSI 由超買區跌破 70 時沽空，或由超賣區升破 30 時買入，這些訊號皆有誤導成份。這個原因十分簡單，因為 RSI 是一種警覺性的訊號，而非一種入市的訊號。更為重要的是，將這類對 RSI 的論述變成一種入市的訊號，卻無相應地提供「出市」的訊號，難怪不少初涉技術分析的投資者都會因為 RSI 而招致損失。

因此，RSI 只可算是一種圖表分析的輔助性工具，主要功能是作為一種領先指標（Leading Indicator），但能領先多少時間，則難以確定。

3.5.2 相對強弱指數與動量指標

那相對強弱指數究竟分析些甚麼？

首先，大家可能不知道，相對強弱指數實質上是一種動量指標，因此，若你的分析系統包括動量指標及相對強弱指數兩種指標，則你的分析系統嚴格來說其實只有一種技術指標。

相對強弱指數是一種經改良後的動量指標，其主要功能是取動量的領先指標作用。動量指標的公式如下：

$$Mom = C_1 - C_2$$

上述公式是衡量某段時間內收市價的變化。當市價下跌幅度減慢，動量指標上升的速度最快；若市價上升幅度減慢，則動量指標將快速下跌。

不過，動量指標亦不無缺點：

(a) 個別極端市況，可令動量指標波動很大，未能有效反映趨勢；

(b) 動量指標的上下限並無限制，難以界定何者水平才是超買或超賣。此外，不同市場的尺度均有不同，難以互相比較；

(c) 分析者需要儲存大量數據以計算動量指標。

衛奕達設計相對強弱指數，主要目的是要改良動量指標的缺點，使指數不會受個別交易日的極端市況影響。此外，他將相對強弱指數限制在 0 至 100 之內，以協助分析。最後，計算 RSI 只須保留兩天的數據。

3.5.3 相對強弱指數公式釋義

衛奕達設計相對強弱指數的公式時，主要考慮點是反映市場動量情況，並將動量的情況設置在 0 至 100 的尺度之內。

14 天 RSI 的公式如下：

$$\text{相對強弱 RS} = AU \div AD$$

AU=14 天內收市價上升的平均幅度

AD=14 天內收市價下跌的平均幅度

AU 的意思是，若當天收市價較昨天的收市價為高，其收市價的升幅為 C_1 減 C_2，亦即是一天的動量指標。將 14 天內的正動量指標相加除以 14，便得到 14 天內收市價上升的平均幅度。

AD 方面，若當天收市價較昨天的收市價下跌，其跌幅亦即是一天的動量指標，其價值是負數，將 14 天內的負動量指標相加並除以 14，取其絕對值，便得到 14 天內的收市價下跌的平均幅度。

RSI 的公式是將正動量與負動量的關係設置在 0 至 100 的尺度內，其公式如下：

$$RSI = 100 - 100 \div (1 + RS)$$

將 AD 及 AU 代入 RS，RSI 的實際公式為：

$$RSI = 100 - 100 \times AD \div (AD + AU)$$

亦即：

$$RSI = AU \div (AU + AD) \times 100$$

換句話說，RSI 是衡量上升動量在市場升跌總動量中的相對比例。

從相對強弱指數的公式，大家可以了解 RSI 的本質是一種改良後的動量指標，其測市的主要基礎是「動量」。在衛奕達的論述裡，他將頗大的注意力放在相對強弱指數的形態上以作分析。幾個主要參考的重點分別為：

(a) 相對強弱指數有否出現高低頂或高低腳，或他所説的失敗擺動 (Failure Swing)，意思是要觀察指數在見頂後有否出現一浪低於一浪的形態，或見底後有否出現一浪高於一浪的情況。這種觀察與傳統道氏理論 (Dow Theory) 對市勢的觀察如出一轍，不同者是衛奕達將之應用在相對強弱指數上；

(b) 衛奕達亦將相對強弱指數的趨勢與價位的圖表形勢互相比較。他指出，當市場快將轉勢時，經常會出現價位與指數趨勢的背馳現象，通常是，價位創新高，而相對強弱指數則一浪低於一浪。相反，價位續創新低，指數卻一浪高於一浪。以下試舉一例。

圖 28 的指數日線圖可見，指數進入下跌趨勢，但 14 天相對強弱指數已出現底背馳，當價位上破下降軌，而相對強弱指數上破新高，即確認升市的開始。此外，當其後價位出現下降，相對強弱指數亦出現下降趨勢，指數一旦下破下限支持，而相對強弱指數亦下破下限支持時，一個大跌市亦再次出現。

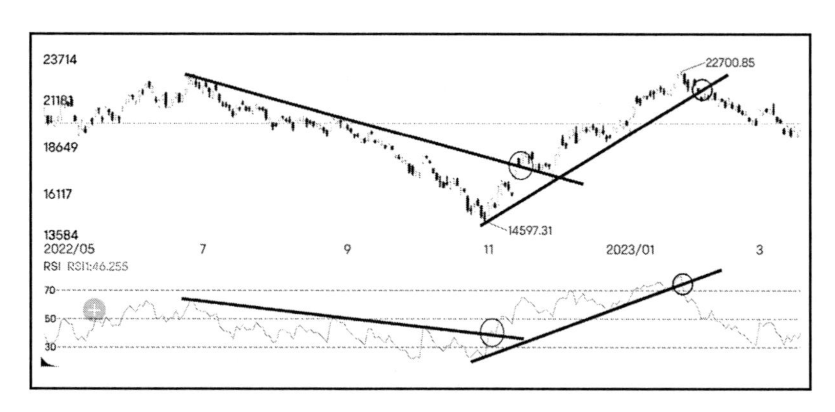

圖 28：指數日線圖 14 天 RSI 指標及趨勢線

3.5.4 RSI 的正確使用方法

對於技術指標，筆者一直指出，背馳的出現並不表示立即轉勢，相對強弱指數升上 70 之上，亦不表示轉勢，只可預期市場可能有一個調整而已。利用相對強弱指數摸頂撈底，是極之吃力而不討好的事。

那麼，怎樣才是相對強弱指數的正確用法？筆者認為：

(a) 相對強弱指數的超買或超賣區域，是用作參考市勢的強弱，頂多只可作為警覺性訊號，絕不應以此作為入市的訊號；

(b) 價位與相對強弱指數背馳，是重要的轉勢警覺性訊號，但入市的主要根據，是以價位突破趨勢線作決定。若 RSI 亦同樣突破趨勢線，則市勢逆轉便得到了確認。

換言之，相對強弱指數主要是用於輔助圖表分析，以確認圖表上的突破點，並以相對強弱指數的動量作為突破的確認，以避免陷入走勢陷阱之中。

3.5.5 相對強弱指數與超買 / 超賣

對於相對強弱指數的使用方法，筆者傾向以輔助圖表分析為主，這種使用方法是將相對強弱指數的分析看為一種藝術，正如圖表分析一樣，因此有頗大的主觀因素在內。

不過，不少分析家並不滿足於將相對強弱指數局限於圖表分析的藝術裡面，他們認為，必須將相對強弱指數科學化，將相對強弱指數發展成為一種能夠清楚發出買賣訊號的入市工具。這種發展雖然與原設計者的想法不同，但只要出入市及止蝕訊號能夠清楚釐定，有良好的買賣成績，這種發展也是無可厚非的。

這種出入市訊號通常是根據超買或超賣的水平釐定。

(a) 好倉策略

若 RSI 下破超賣水平 30 後，回升上 30 之上，可入市持好倉。若入市後，RSI 回落至 30 之下時止蝕；

(b) 淡倉策略

若 RSI 上破超買水平 70 後，回落至 70 之下，可入市持淡倉。若入市後，RSI 回升至 70 之上時止蝕。

衛奕達在設計 RSI 時，指出超賣及超買的水平在 30 及 70，不過，若應用在個別的市場，最理想的超買及超賣水平未必劃一為 30 和 70，這些水平必須經過一個電腦測試的過程。

此外，衛奕達建議 RSI 的日數為 14 天，因為這是一個短線周期 28 天的一半。不過，對於個別市場，這個日數仍然需要經過電腦測試去決定。

3.5.6 加權相對強弱指標

自相對強弱指數流行一段時間後，有分析家開始將之改良為「加權相對強弱指數」，加權 (Weighted) 的意思是將時間的重要性，按比例排列。例如：9 天加權，意思是將昨天的比重增至最大，而 9 天前的影響再調至最低。

若以 9 天加權移動平均線來說，其公式是：

$$WMA = (1C_1 + 2C_2 + 3C_3 + ... + 9C_9)\ (1 + 2 + 3 + ... + 9)$$

套用在相對強弱指數方面，相對強弱指數的公式為：

$$RSI = MA(U) \div [MA(U) + MA(D)] \times 100$$

其中，MA (U) 是上升交易日中收市價升幅的移動平均數，而 MA (D) 是下跌交易日中收市價跌幅的移動平均數。

9 天加權相對強弱指數的意思是將上述 MA (U) 及 MA (D) 兩個移動平均數加以加權移動平均數取代之。

另一種計算方式，則以相對強弱指數的數據，以加權移動平均數的方式平滑化，以反映 RSI 的趨勢，其公式為：

$$WRSI = (1RSI_1 + 2RSI_2 + 3RSI_3 + ... + 9RSI_9) \div (1 + 2 + 3 + ... + 9)$$

3.6 相對動量指數 (RMI)

自相對強弱指數於 1978 年面世以來，風行投資界，成為不可或缺的技術分析工具。在這三十多年來，市場發展迅速，不少分析家都對相對強弱指數作出改良。以下介紹分析家羅杰・阿特曼（Roger Altman）的改良，稱之為相對動量指數（Relative Momentum Index, RMI）。

首先我們回顧相對強弱指數的公式：

$$RS = AU \div AD$$

AU 等於一天正動量的移動平均數，而 AD 則等於一天負動量移動平均數。14 天的 AU 及 AD 可用以下公式代表：

$$AU = MA\,(+Mom\ (1), 14)$$
$$AD - MA\,(-Mom\ (1), 14)$$

在衛奕達的設計裡，AU 及 AD 內的正負動量的量度設定為一天。但分析家阿特曼則指出，上面一天的動量可以修改為數天的動量。在他的電腦測試上，他得到的結果是 4 天動量最為有效。其公式如下：

$$MU = MA\,(+Mom\ (4), 14)$$
$$MD = MA\,(-Mom\ (4), 14)$$

RSI 的公式是：

RSI= 100 -〔100 ÷ (1 + RS)〕，將 RS = AU ÷ AD 代入，可得：

$$RMI = AU \div (AU + AD) \times 100$$

若將阿特曼的改良代入，RMI 公式為：

$$RMI = MU \div (MU + MD) \times 100$$

據阿特曼研究，RMI 的獲利能力約比 RSI 高出三分之一。

由圖 29 可見，指數的 14 天相對強弱指數波動甚窄，很少機會出現超買或超賣的訊號，但若參考 14 天的相對動量指數，其波動則大增，市場的超買及超賣狀態可以清楚反映出來。RMI 的波幅擴大，將有利於將該分析指標改變而成根據超買 / 超賣入市的買賣系統。

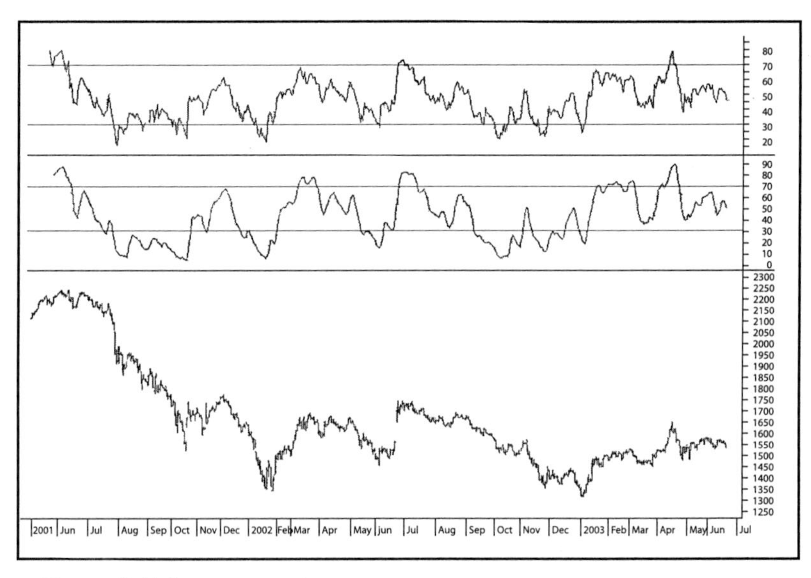

圖 29：指數與 14 天 RSI 及 RMI

3.7 RSI與RMI比較

討論過相對強弱指數及相對動量指數的公式後，相信讀者都會明白，分析家阿特曼改良 RSI 的意義，重點是：

(a) 將 RSI 所量度的每天動量修改為某段時間的動量，會令動量的波幅擴大，因而可以令 RMI 的指數上落大增；

(b) 由於 RSI 是量度每天的動量升跌，因此 RSI 的波動 (Whipsaws) 較多，這種細小的波動，可能會令分析者產生錯覺，經常以為 RSI 轉勢。RMI 則改正了這種缺點，將所量度的每天動量增加至數天的動量，除了令 RMI 指數的上落幅度增加外，亦消除每天動量起跌的短線波動，產生類似移動平均數的平滑化作用 (Smoothing)。因此，RMI 在超買或超賣區域轉勢，可信的程度較高；

(c) 由於 RMI 的波動程度較高，超賣及超買的區域可設在較為接近 0 及 100 的水平。一般而言，14 天 RSI 的超賣及超買區域為 30 及 70，若用在 14 天 RMI，則可設在 20 及 80，以適應 RMI 的上落情況。

3.8 真正強弱指數 (TSI)

除了阿特曼的相對動量指數 (RMI)，以下介紹另一位分析家威廉．伯歐(William Blau)的改良方法，他稱為「真正強弱指數」(True Strength Index, TSI)。

真正強弱指數實質上是將相對強弱指數 (RSI) 及移動平均數匯聚 / 背馳 (MACD) 整合而成的一種技術指標。在討論真正強弱指數之前，首先仍要回到動量 (Momentum) 的最基本概念。動量公式是：

$$Mom = C_1 - C_2$$

若為一天動量，則當天的動量便是當天收市價減去昨天的收市價。所得出的數據主要記錄兩個市場資料：

(a) 市場的方向 (Direction)；

(b) 市場的幅度 (Magnitude)。

真正強弱指數所要顯示的，是上述方向與幅度之間的比例。14 天相對強弱指數 (RSI) 的公式是：

$$RSI_{14} = AU \div (AU + AD) \times 100$$

由於分母的 AU 及 AD 都是取絕對值，所以 (AU + AD) 實質上亦即是取 14 天動量絕對值的移動平均數。AU 則為正動量的移動平均數。其公式可化為：

$$RSI_{14} = MA\,(+Mom) \div MA\,(|Mom|) \times 100$$

真正強弱指數 (TSI) 的改良，是取分母不變，而分子則取正負動量相抵銷後的淨動量的移動平均數，因此稱之為「真正」強弱指數。

$$TSI = EMA\,[\,EMA\,(Mom)\,] \div EMA\,[\,EMA\,(\,|Mtm|\,)\,] \times 100$$

3.8.1 真正強弱指數的應用

分析家伯歐在設計真正強弱指數時，主要希望：

(a) 應用動量 (Momentum) 的領先指標作用以捕捉頂底；

(b) 如相對強弱指數一樣，將動量的尺度局限在既定的波幅內，以界定超買和超賣；

(c) 不過，又要留意撇除相對強弱指數的短線上落波動 (Whipsaws)。

真正強弱指數的公式解決了上述問題：

(a) 伯歐將 TSI 的分子稱為背馳指標（Divergence Indicator, DI），以反映動量情況，可以捕捉市場的頂底：

$$DI = EMA〔EMA (Mom)〕$$

背馳指標用了兩次指數移動平均數（Exponential Moving Average, EMA）以平滑動量的曲線。背馳指標基本上反映收市價的上落情況，亦即好友與淡友爭持後所現的市場方向及上落幅度；

(b) TSI 公式的分母，則是將背馳指標的上落局限在 -100 至 +100 之間；

(c) TSI 用了兩次 EMA 將指數變平滑化（Double Smoothing），有助分析辨認趨勢。

在應用上，動量確定為一天。至於 TSI 公式的兩次 EMA 的日數，可分長、中、短三種參數，伯歐建議：

(a) 短線 TSI 用 20 天及 6 天；

(b) 中線 TSI 用 40 天及 20 天；

(c) 長線 TSI 用 80 天及 40 天。

不過，上述日數仍視乎各市場情況而定。（參考圖 30A，30B）

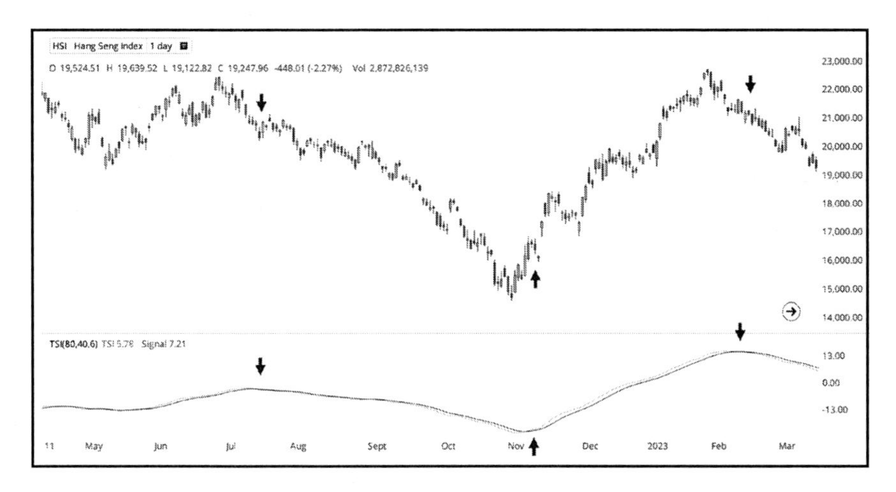

圖 30A：恒生指数日線圖 80 / 40 天 TSI 指標及 6 天訊號線

圖 30B：滬深 300 指数日線圖 80 / 40 天 TSI 指標及 6 天訊號線

真正強弱指數的應用要點如下：

(a) 真正強弱指數可反映市場趨勢，分析者可在中長線真正強弱指數上繪畫趨勢線，當 TSI 回試趨勢線時順勢入市；

(b) 可在短線真正強弱指數上加上一條 EMA（例如：20 天線），以反映其趨勢。買賣策略是：若短線 TSI 下破 EMA，可作為平好倉及持淡倉的訊號；

(c) 短線 TSI 的超賣及超買水平通常在 -40 以及 +40，而長線 TSI 的超賣及超買水平在 -15 及 +15。

若長線 TSI 到超賣或超買區時回頭，市勢便可能會出現逆轉。若短線或中線 TSI 到達超買或超賣區後，與價位走勢出現背馳現象，則市勢亦可能出現轉勢。若應用長線的 TSI，市場的轉勢訊號可能較慢，則買賣時應參考短線 TSI 的背馳訊號。

若根據 TSI 的轉勢訊號入市，投資者可利用以下兩種入市方法：

(i) 在 TSI 突破趨勢線，而價位同時突破趨勢線時入市；
(ii) 在 TSI 突破其訊號線 EMA 時依其市勢入市。

(d) 可比較長線 TSI 與短線 TSI 的情況，以確認市場大趨勢與短期趨勢之別，以定入市策略。

04

市場循環指標

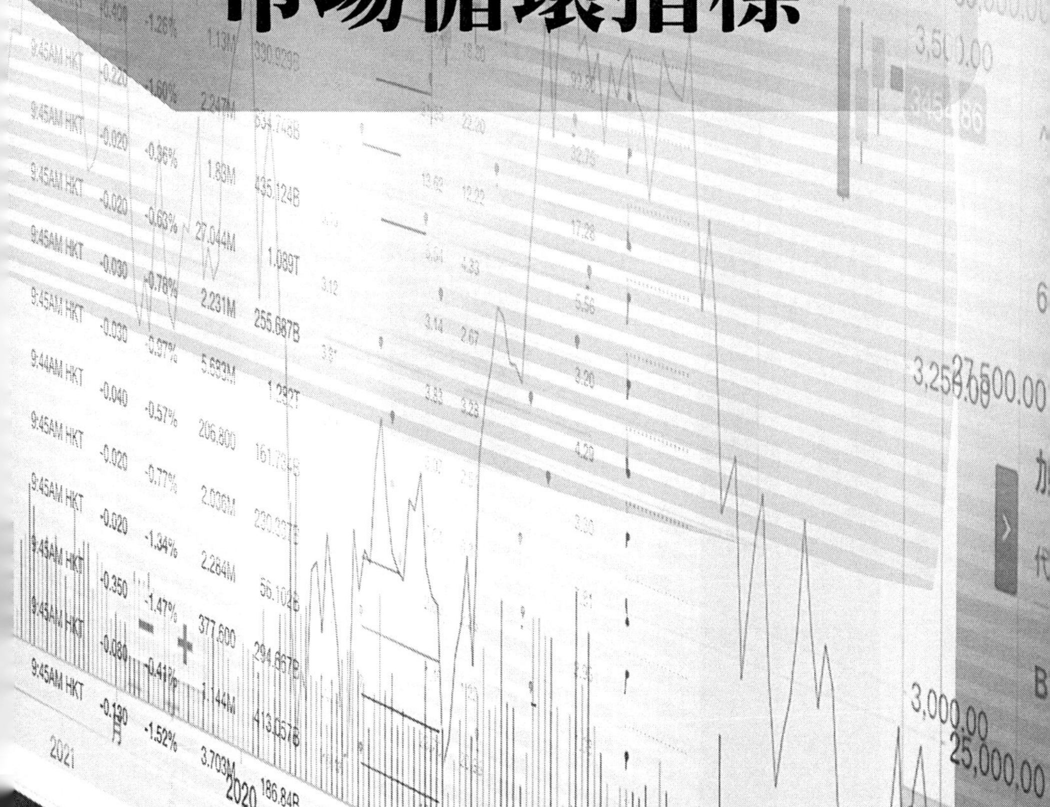

若讀者細心了解金融市場的走勢，必會發現市場是由兩種主要形式所組成。第一是市場趨勢；第二是市場循環。

在大趨勢之下，金融市場受著不同大小市場周期循環的影響，因而產生趨勢之中的大小強弱波動。由於趨勢與大小循環互相重疊，時而互相加強，時而互相抵銷，令分析者難以捕捉市場的波動規律。

不過，如果我們可以將市場的周期循環分解出來，便能根據市場的循環低位買入，循環高位沽出，比純粹順勢買賣靈活得多。

在投資技術分析中，我們喜歡使用超買 / 超賣指標作為分析市場循環的指標。不少超買超賣的指標，例如移動平均數波動指標等，都有將長，短周期分解的功能，甚有應用價值。

4.1 撇除趨勢波動指標(DPO)

要將市場循環的影響由趨勢中分解出來，首選撇除趨勢波動指標(Detrended Price Oscillators, DPO)。

將市場的波動「撇除趨勢」，從而呈現市場的循環，看似複雜，但若我們加上以下的假設，分析起來便相當容易：

(a) 市場的趨勢可以移動平均線代表；

(b) 價位在移動平均線上為上升循環；
價位在移動平均線下為下跌循環。

基於上述的假設，我們可以計算撇除趨勢後的價位波動指標，即是將收市價減去移中(Centred)後的移動平均線，其公式為：

$$DPO_n = C_n - MA_{n/2+1}$$

事實上我們可以這樣説：移動平均線的參數，是將大於參數的循環過濾，結果只呈現短期循環。例如 50 天移動平均線是將超過 50 天的循環過濾，餘下 DPO 所呈現的波動，是屬於 50 天以下的較短循環。

從圖 31 可見，短期撇除趨勢分析顯示，上證指數的 DPO 循環低位約為 40 個交易日出現一次，成為趁低吸納的時間櫥窗。

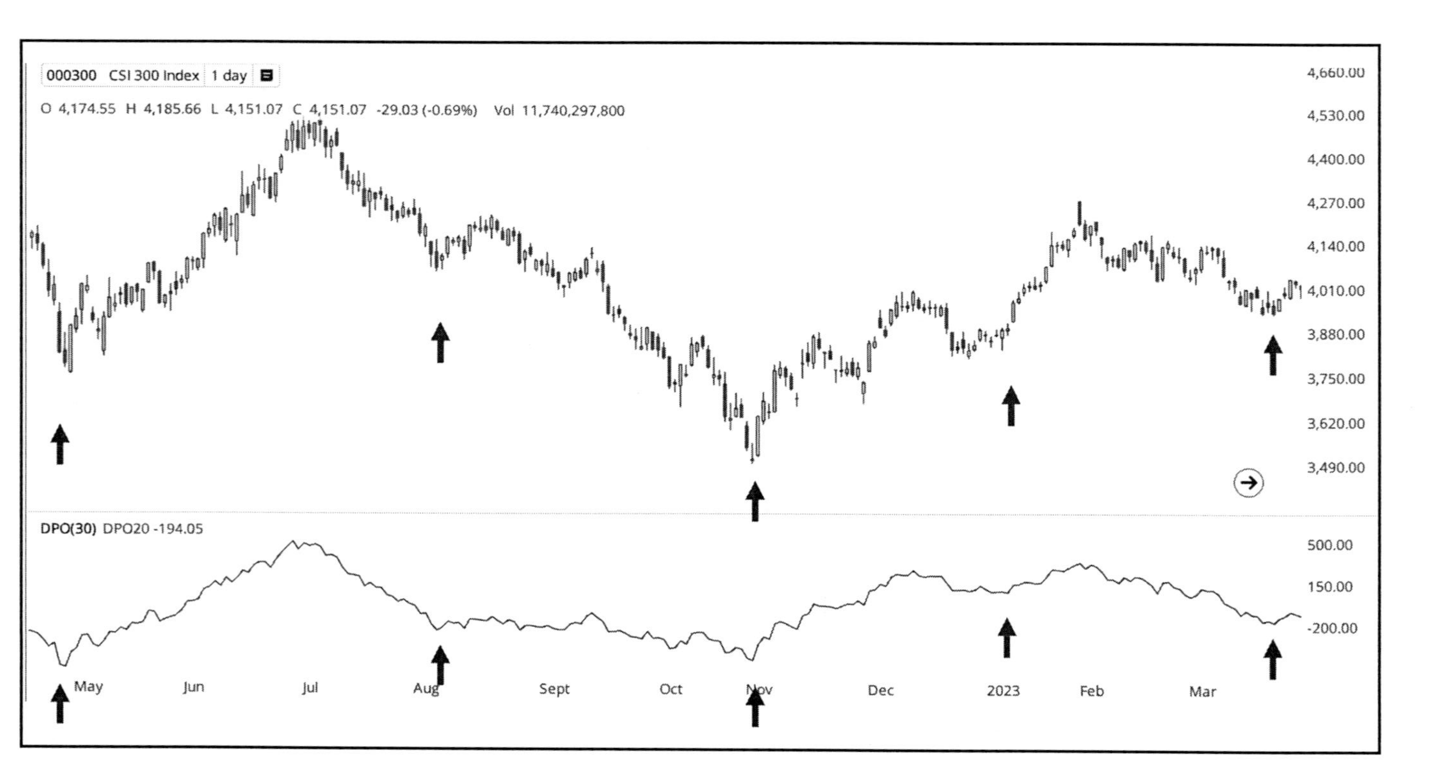

圖 31：滬深 300 指數 30 天 DPO 循環

4.2 移動平均數波動指標 (MA OSC)

一般分析家將移動平均數 (Moving Average) 套用在圖表上輔助分析市勢，並將之作為市場的支持及阻力位。循環分析家對於移動平均數則另有用途。

不同長短的移動平均數反映不同長短的市場周期，若短線移動平均線上破長線移動平均線，將表示短期周期向上，對於市場利好；若短線移動平均線下破長線移動平均線，則表示市場利淡，短線周期向下。

循環分析家將焦點放在上述兩種移動平均數的差額上，若短線移動平均數高於長線移動平均數，則差額為正數；若短線移動平均數低於長線移動平均數，則差額為負數。根據上述的計算方法，我們可以得出一種新的技術超買 / 超賣指標 —— 移動平均數波動指標 (Moving Average Oscillator)。

這種移動平均數波動指標以多種形式出現，以下筆者嘗試臚列幾種不同的計算方式以供參考：

(a) 指標 1 是收市價減移動平均數：

OSC1 = C- MA

(b) 指標 2 是加權收市價減移動平均數：

$$OSC2 = (H + L + C) \div 3 - MA$$

(c) 指標 3 是短線移動平均數減長線移動平均數：

$$OSC3 = MA1 - MA2$$

（見圖 32）

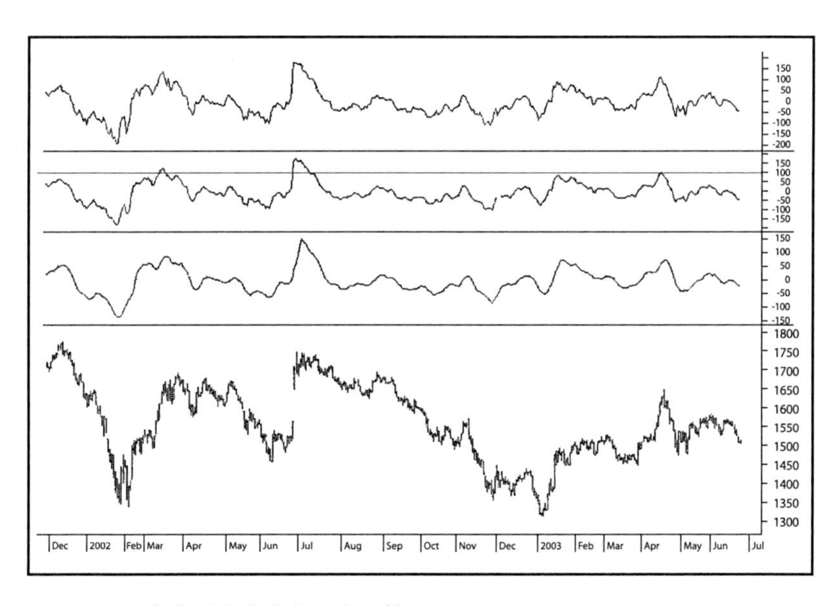

圖 32：指數與移動平均數波動指標

移動平均數波動指標的買賣策略如下：

(a) 若指標 OSC 由負數上破 0，是買入的訊號；

(b) 若指標 OSC 由正數下破 0，則屬於沽出的訊號。

上述的買賣策略並未有設定止蝕及獲利目標，基本上，這種買賣策略假設投資者不斷在市場中以反倉形式買賣。

基於這個買賣策略，指標的短期波動必須減至最少，以免出現錯誤的買賣訊號。

因此，波動指標的長短期移動平均線可再用指數移動平均線將之平滑化，公式可改寫成：

$$S - OSC1 = EMA(C) - EMA(MA)$$

$$S - OSC2 = EMA[(H + L + C) \div 3] - EMA(MA)$$

$$S - OSC3 = EMA(MA1) - EMA(MA2)$$

經過平滑化後的波動指標，將可出現較清晰的訊號。

此外，大家可以察覺，當移動平均線中間的差額由擴闊轉移進入收窄階段時，市場價格經常出現轉勢。因此，若能捕捉到這個市場階段入市，將較傳統的買賣訊號能捷足先登。

這個方法是在波動指標 OSC 之上加上一條指數移動平均線 (EMA) 作為訊號線，買賣策略為：

(a) OSC 上破訊號線時，表示 OSC 回升，可作為買入訊號；

(b) OSC 下破訊號線時，表示 OSC 見頂回落，可作為沽出訊號。

(見圖 33)

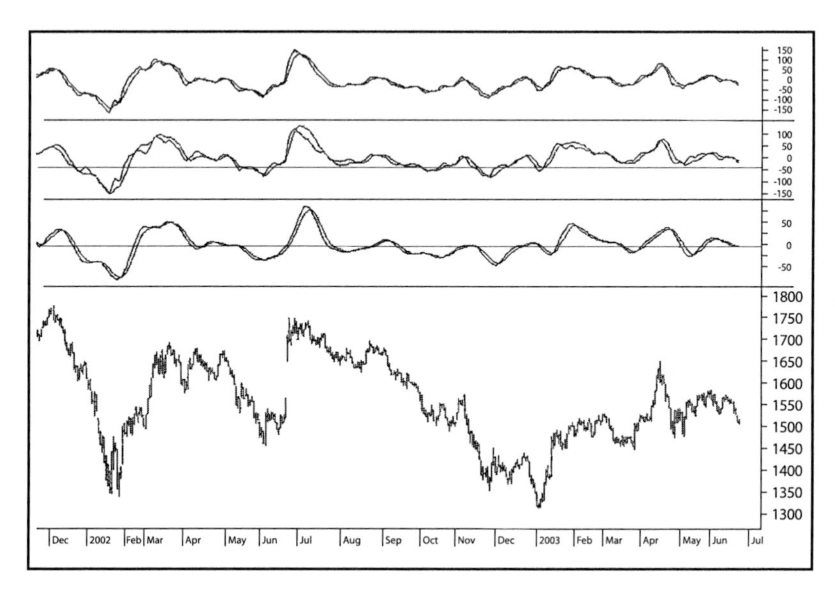

圖 33：指數與移動平均數波動指標及指數平均線

根據我們所討論的移動平均線波動指標公式，筆者利用電腦軟件分析六種主要貨幣的買賣回報率，主要的買賣策略是：

(a) 若 OSC 上破其移動平均線，為買入的訊號；

(b) 若 OSC 下破其移動平均線，為沽出的訊號。

以上的分析參數為：

(a) OSC 是 10 天移動平均數及 20 天移動平均數；

(b) 平滑化的指數移動平均數用 5 天；

(c) 買賣訊號線的指數移動平均數用 8 天。

筆者的分析顯示，在多種波幅指標之中，以 OSC3 的獲利能力最佳，OSC 3 的公式為：

$$OSC3 = MA(10) - MA(20)$$

其他指標如 OSC 1 及 OSC 2 的錯誤訊號太多，不利買賣，此外，S - OSC 3 則過度平滑化，令買賣訊號太遲發出，亦不利買賣。

4.3 移動平均匯聚 / 背馳指標(MACD)

近年移動平均匯聚 / 背馳指標成為了十分普及的技術分析工具，MACD 是 Moving Average Convergence / Divergence 的縮寫。從名稱可知，MACD 是一種移動平均線的波動指標，主要分析兩種移動平均線之間的差幅，其主要特點是：

(a) 當市價急速上升時，短期移動平均線與長期移動平均線背馳(Divergence)，該兩條平均線差額為正數指數上升；

(b) 當市價升幅放緩時，短期移動平均線將與長期移動平均線匯聚(Convergence)，該差額為正數，但指數下跌；

(c) 當市價急速下跌時，短期移動平均線下破長期移動平均線，並偏離該平均線出現背馳，兩條平均線的差額為負數，而指數下跌；

(d) 當市價跌幅放緩時，短期移動平均線將與長期移動平均匯聚，差額為負數，但指數上升。

上述四種情況，總結了兩條移動平均線之間的關係，若將兩條移動平均線的差額在圖表上畫出，便可得到一種波動指標；當指標在 0 之上，代表市勢向上，當指標在 0 之下，代表市勢向下。

圖 34 中，指數日線圖上的快線代表移動平均線之間的差額。此外，快線上加上一條指數移動平均線 EMA，則可反映這個差額的變化，可及早了解市勢的方向。中間直線是快慢線之差。

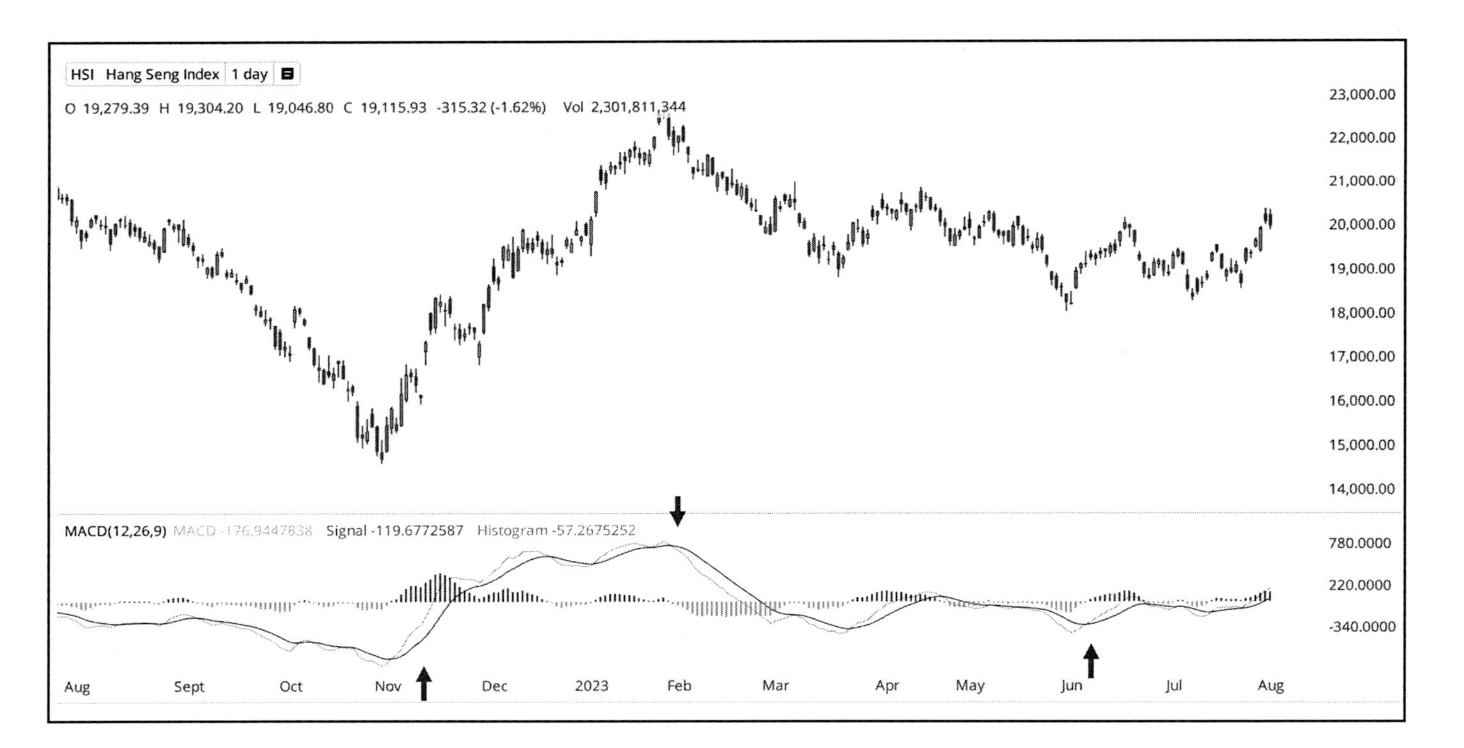

圖 34：指數日線圖 12/13 天 MACD

MACD 的原設計者杰羅德・艾培爾（Gerald Appel）於 1979 年將其分析法公諸於世。MACD 與移動平均線波動指標的分別主要在於所使用的平均線。一般移動平均線波動指標所使用的是簡單移動平均線（Simple Moving Average, SMA），而 MACD 所使用的是指數移動平均線（Exponential Moving Average, EMA）。

EMA 的計算分兩個步驟：

(a) 將當天收市價減去昨天的 EMA；

(b) 將第 (a) 項所計算之差乘以一個常數 (S)（百分比），然後加上昨日的 EMA，便可得到當天的 EMA。

上面所指的常數 (S) 是取決於所選擇的時間櫥窗 (N)，日數愈長，常數愈細，相反，日數愈短，常數愈大，其公式為：

$$S = 2 \div (n + 1)$$

以上 n 是選擇的日數。

MACD 是公式為：

$$MACD = EMA(C, n_1) - EMA(C, n_2)$$

$$\text{訊號線} = EMA(MACD, n_3)$$

一般而言，常用的 MACD 日數為：

(a) 長線 EMA 用 26 天，常數 S 為 0.075；

(b) 短線 EMA 用 12 天，常數 S 為 0.150；

(c) 訊號線用 9 天，常數 S 為 0.200。

上述公式主要捕捉市場超買及超賣的狀態，並分析市場轉勢。

4.3.1 MACD 買賣訊號

MACD 之所以能夠普及起來，主要原因是 MACD 經過平滑化的過程，所發出的買賣訊號清楚而明確，指數短期的波動則減至最低，能夠清晰反映市場的趨勢。MACD 的基本買賣訊號如下：

(a) 若 MACD 上破 0，反映市勢向上，短期移動平均線上破長期移動平均線，為買入的訊號。

(b) 若 MACD 下破 0，反映市勢向下，短期移動平均線下破長期移動平均線，為沽出的訊號。

(c) 若 MACD 下破其訊號線，表示兩條移動平均線之間的差額收窄，短期移動平均線轉勢回落，市勢亦可能見頂，可作為沽出的訊號。

(d) 若 MACD 上破其訊號線，表示兩條移動平均線之間的差額收窄，短期移動平均線見底回升，市勢亦可能見底，可作為買人的訊號。

此外，正如其他技術指標一樣，MACD 亦會在市場轉勢之前，出現與價位背馳的訊號，對分析市勢逆轉有十分重要的啓示。(參考圖35：恒生指數日線圖及圖36：滬深 300 指數日線圖)

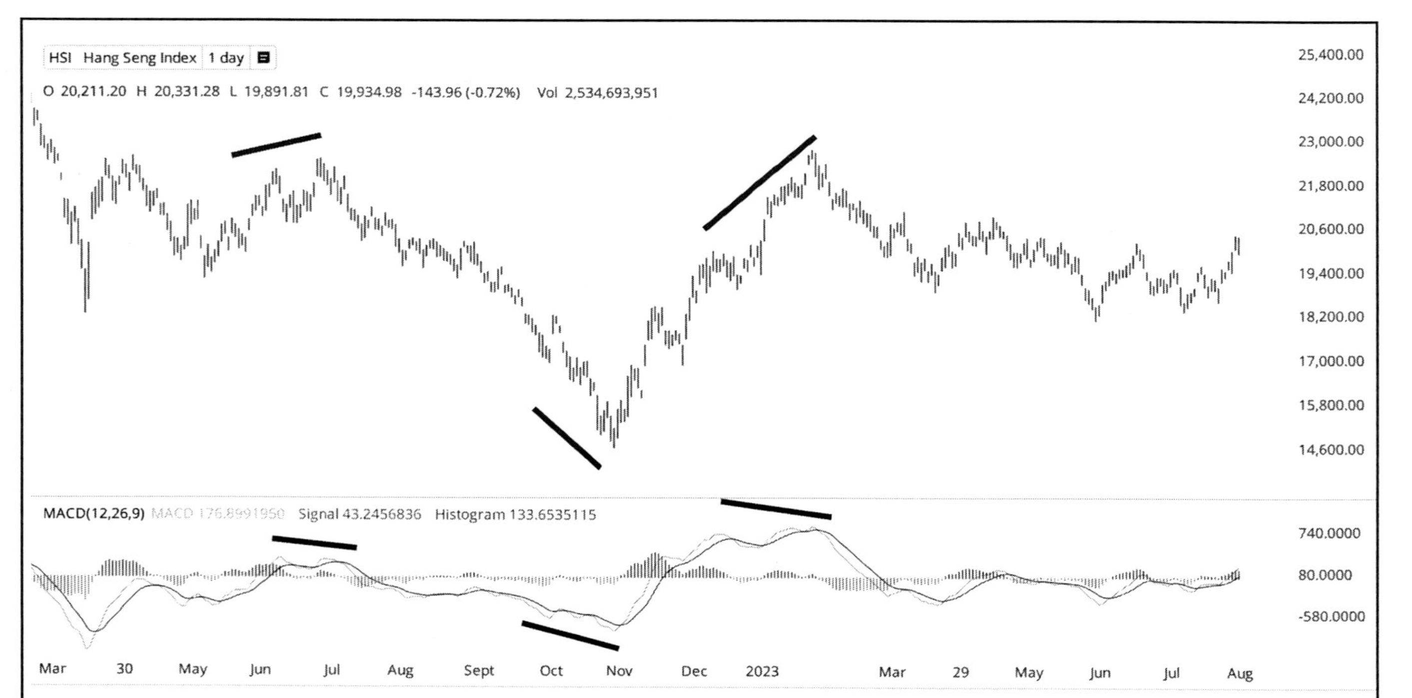

圖 35：恒生指數日線圖 12/13 天 MACD 背馳預測轉勢

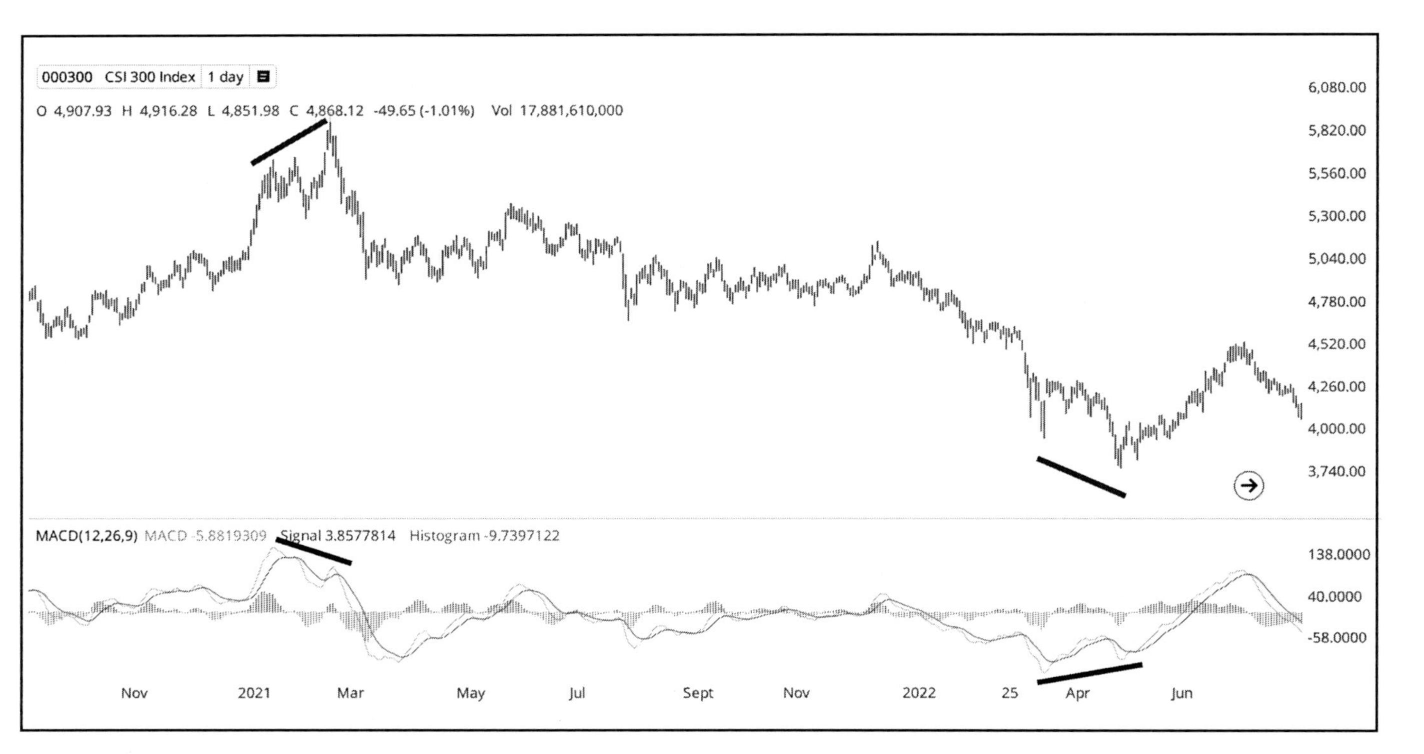

圖 36：滬深 300 指數日線圖 12/13 天 MACD 背馳預測轉勢

4.4 期貨通道指數(CCI)

技術指標的主要功能是：

(a) 反映超買及超賣狀態；

(b) 反映市場的周期狀況。

一般分析家所採用的方法，都是比較收市價與其移動平均數的關係，以反映市場處於周期的不同階段，這類指標包括期貨通道指數(CCI)及MACD。以下討論期貨通道指數。

期貨通道指數(Commodity Channel Index, CCI)是由分析家唐納德·藍伯特(Donald Lambert)首先在1980年的《期貨》雜誌裡介紹給投資界。實質上CCI所分析的範圍超越期貨市場，其應用可延展至外匯、股市及其他涉及買賣的市場。

CCI所應用的技巧基本上是一種移動平均線波動指標(Moving Average Oscillator)的方法，比較加權收市價偏離其移動平均數的程度，以反映周期的階段，因此十分適合一些有較強周期性的市場。

CCI 的公式如下：

$$\text{加權收市價 } P = (H + L + C) \div 3$$
$$\text{加權收市價移動平均數 } M = SMA(P)$$
$$P \text{ 與 } M \text{ 差幅的絕對值平均數 } MD = 1 \div N \sum |P - M|$$
$$\text{期貨通道指數 } CCI = (P - M) \div 0.15MD$$

上面的 0.15 是一個控制指標尺度的因子，以便將大部分市場的隨機波動規限在 -100 至 +100 的水平。此外，選擇 CCI 的日數甚為重要，藍伯特建議選擇的日數低於周期長度的三分之一。

期貨通道指數是一種旨在捕捉周期循環起跌的指標，其基本概念有如下假設：

(a) 移動平均數反映市場的基本趨勢；

(b) 市場的短期買賣活動會經常將市價推高於或低於市場趨勢的軌道，這種偏差可以用加權收市價減移動平均數的幅度來衡量。將這個幅度取其絕對值，然後計算其平均數，便可以量度這種市場買賣活動的平均偏差幅度。這種偏差幅度在市場經常出現，對於利用趨勢買賣的投資者毫無意義；

(c) 若市價與移動平均數之間的差幅大增，超越上述第一點的平均偏差幅度，則可以假設市場受到周期性的因素所推動，令市場的趨勢出現變化。

期貨通道指數的主要作用，是令市場短期買賣活動的波動被限制在 -100 至 +100 之間，低於 -100 反映周期性超賣，高於 +100 則反映周期性超買。

基本的買賣策略是：

(a) 若 CCI 由 -100 之下回升，可作為買入的訊號；

(b) 若 CCI 由 +100 之上回落，可作為沽出的訊號。

期貨通道指數的基本超賣及超買水平分別為 -100 及 +100，若以超賣及超買水平作為買賣策略的根據，則這些水平便要小心釐定清楚，以適應每個市場的獨特性。

圖 37 是恒生指數的14 天CCI，超買 / 超賣的水平。

圖38是滬深300指數日線圖的14天CCI，超買/超賣的水平。

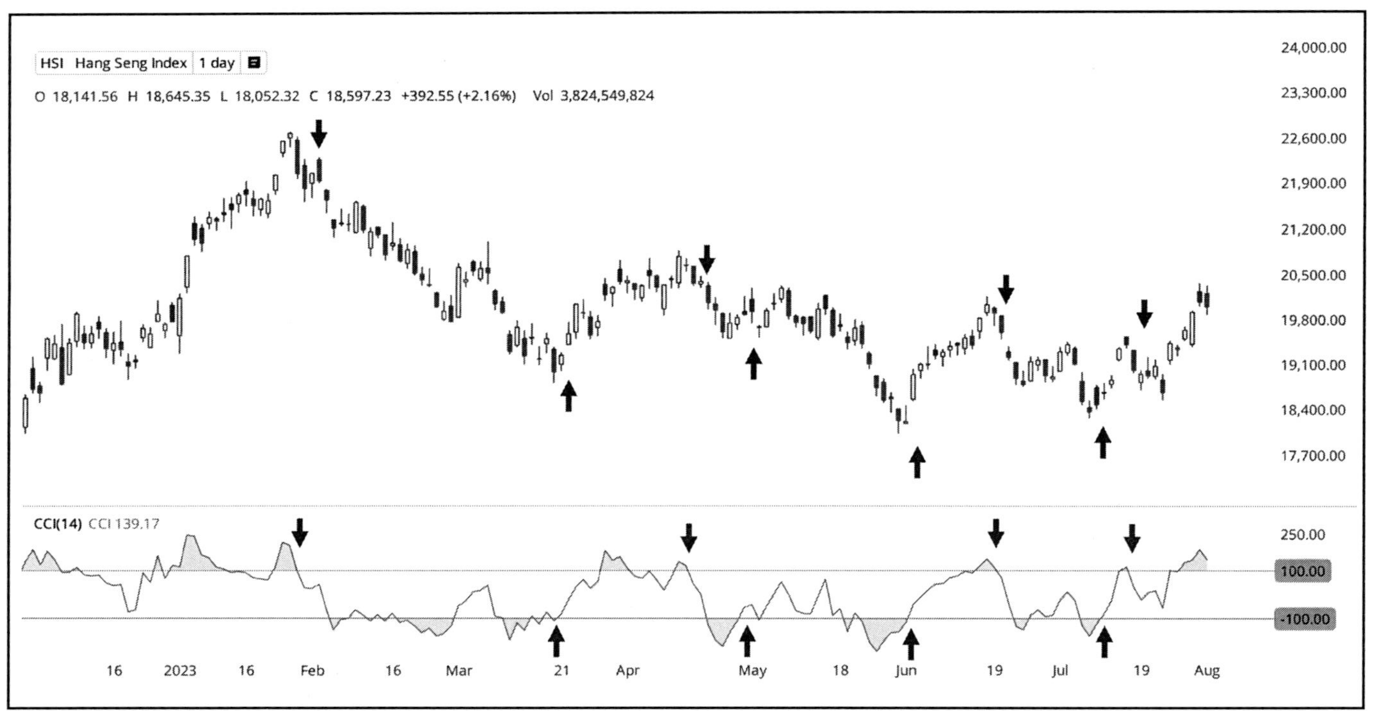

圖 37：恒生指數日線圖 14 天 CCI

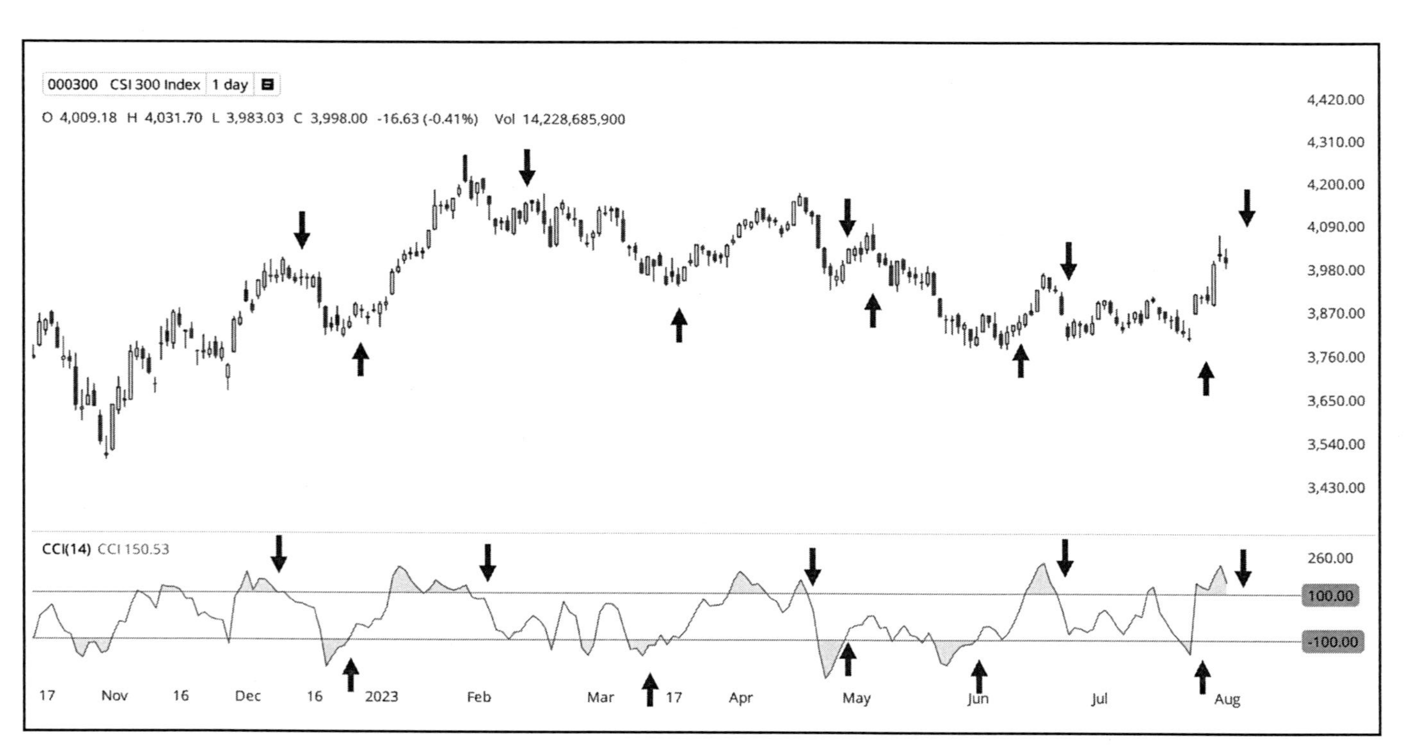

圖 38：滬深 300 指數日線圖 14 天 CCI 預測轉勢

4.5
「人多話事」指標(MJR)

在金融市場投資買賣，説易不易，説難不難，只要辨清市場趨勢，順勢而為，買賣之道已在其中。然而，如何才能有效的辨清市場趨勢呢？

有一種技術分析指標俗稱為「人多話事」指標，英文為 Majority Rule - MJR，這種指標的理念十分簡單，比較當天開市、最高、最低或收市與昨天的關係。例如：以收市價比較，若當天收市價比昨天收市價為高，則數值 W 便等於 1，若當天收市價低於昨天收市價，則數值 W 便等於 0。

MJR 指標的 14 天指數，其公式是計算 14 天裡共有多少天的收市價比昨天為高，以計算它在 14 天中的比例，例如：14 天裡有 10 天收市價上升，則 MJR 等於 0714。

其數學公式如下：

$$MJR = SMA\ (W, N) \times 100$$

這種指標的分析主要可應用在趨勢的分析上，一般而言，65 至 75 代表市況向好，而 25 至 35 為市況向淡。

不過，MJR 亦可應用作超買 / 超賣指標，例如 35 以下可看市況為超賣，市場隨時出現反彈，65 以上可看為超買，市況隨時調整。(見圖 39)

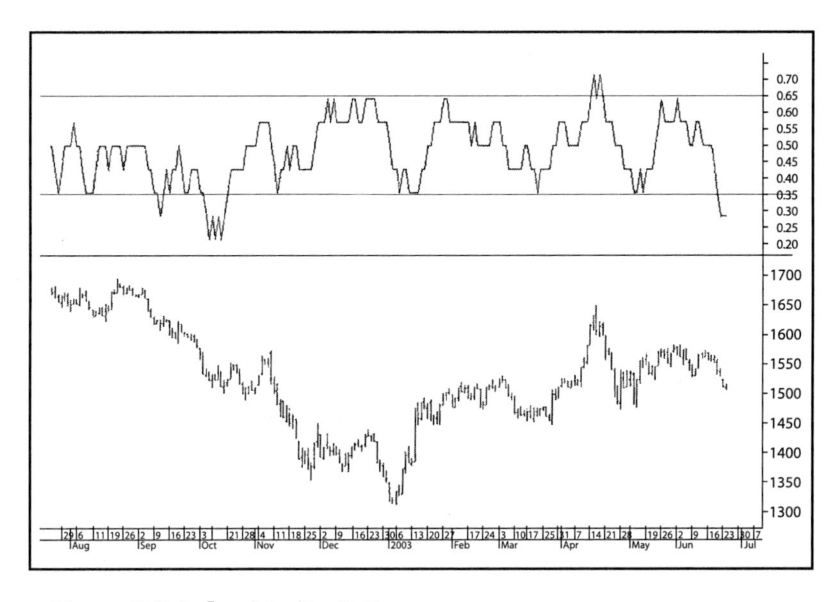

圖 39：指數與「人多話事」指標

4.6 隨機指數 (STC)

隨機指數（Stochastics）近年來在投資界甚受歡迎，應用愈趨普遍。究其原因，主要是該指數能夠綜合超買 / 超賣指標的測市功能，又能夠將循環指標（Cyclic Indicator）的特點充分發揮適合長，中、短線的走勢分析。

隨機指數原作者喬治・藍恩（George Lane）在設計該指標時並不以為市場隨機而行，相反，他認為市場在每一個交易日之間，皆有一定的連貫性關係存在。

隨機指數是一種 0 至 100 的技術指標，以反映市場的超買或超賣的狀態。隨機指數主要由兩條指標組成，即 %K 及 %D。

%K 是量度當天收市價在某段時間櫥窗的波幅中的相對水平，愈接近該段時間的最高價，指數愈高；相反，愈接近該段時間的最低價，指數愈低。其公式為：

$$\%K = (CC - LL) \div (HH - LL) \times 100$$

若計算 5 天 %K，CC 是當天收市價（Current Close），LL 是 5 天內的最低價（Lowest Low），HH 是 5 天內的最高價（Highest High）。

%D 基本上是 %K 的移動平均線，將 %K 平滑化以反映其趨勢，但公式則略有分別：

$$\%D = \Sigma(CC - LL) \div \Sigma(HH - LL) \times 100$$

計算5天的%K的3天%D，是將連續3天的%K的分子相加，除以連續3天的%K的分母之和而成。

4.6.1 快隨機指數與慢隨機指數

根據隨機指數的公式，%K是未曾經過平滑化的過程，因此%K充滿著短波動（Whipsaws），並不利於分析趨勢。

因此，在%K之上一般需要輔以%D以反映趨勢。不過，短線的%K及%D仍然充滿著短期的波動。

分析家將上述隨機指數為快隨機指數（Fast-Stochastics），以區別於其後改良而成的慢隨機指數（Slow-Stochastics）。

慢隨機指數的基本公式並未有改變，仍然以兩種指標組成：S-%K及S-%D。

S-%K實質上是原先快隨機指數的%D線。

S-%D則為S-%K的移動平均線。

換言之，S-% D是%K的雙重平滑化後的指標。

經過慢隨機指數的改良後，隨機指數原先的短期波動已被清除，可進一步反映市場的趨勢。

圖40是指數周線圖的慢隨機指數。13星期慢隨機指數以反映趨勢為主，適合分析市場中期市勢逆轉的情況。

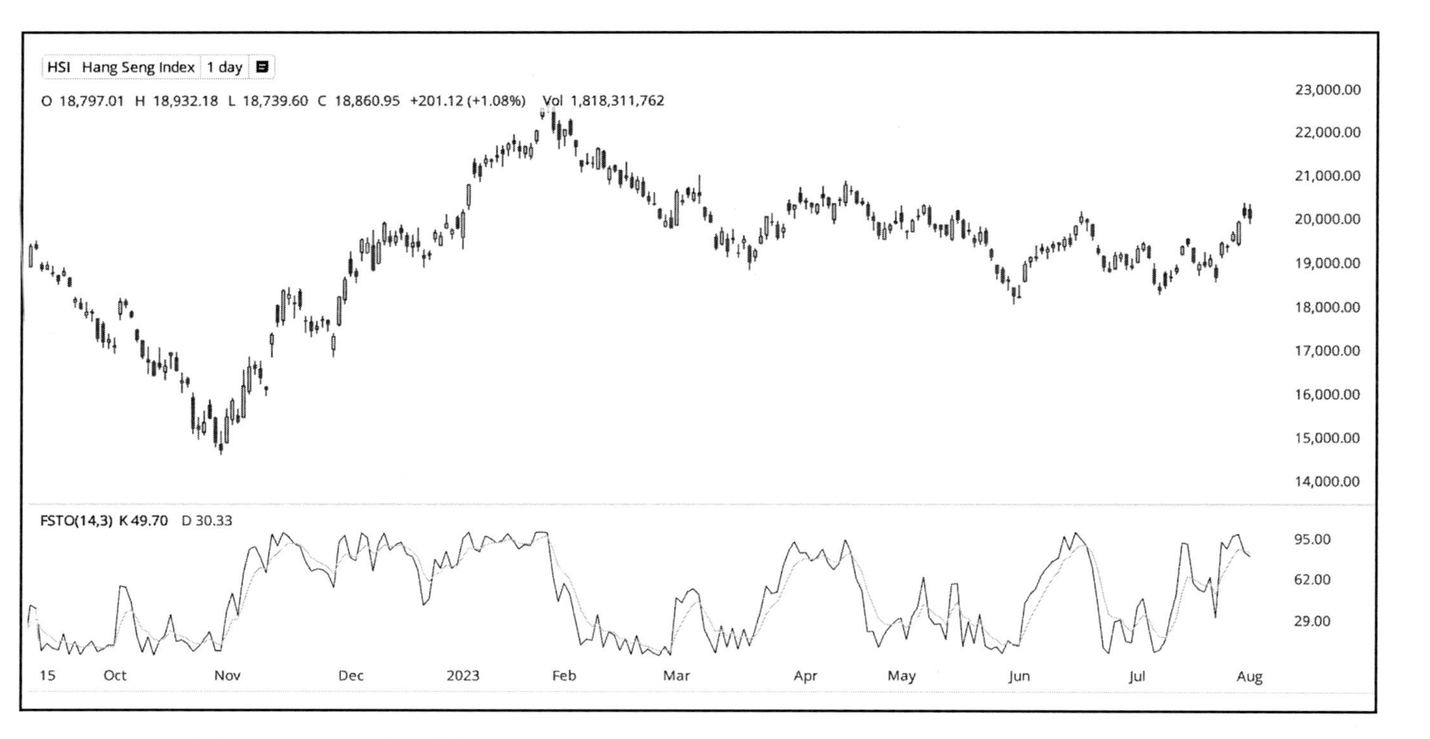

圖 40A：恒生指數日線圖 14 天快隨機指數 FSTO

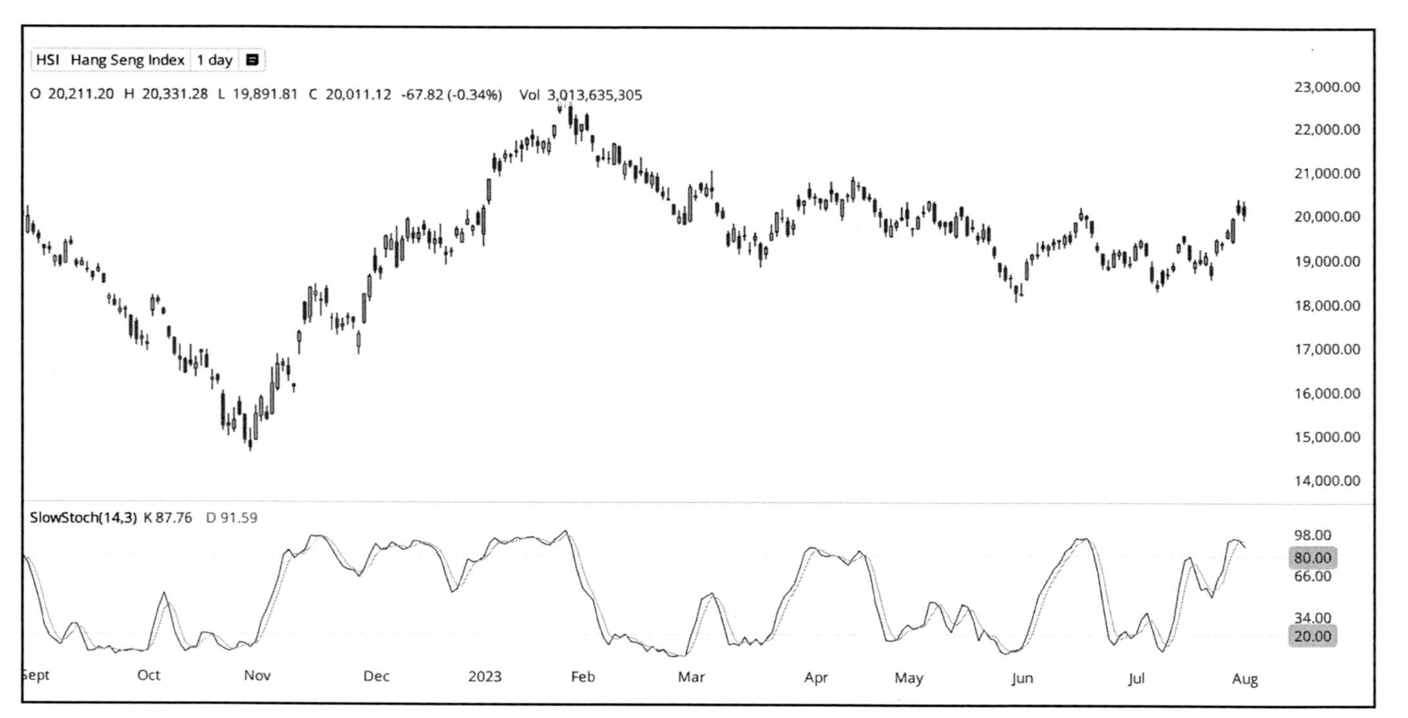

圖 40B：恒生指數日線圖 14 天慢隨機指數 SSTO

4.6.2 隨機指數的基本應用

隨機指數的基本應用方法有：

(a) 隨機指數是一種由 0 至 100 的超買 / 超賣指標，一般而言，超賣區域為 0 至 20，而超買區域為 80 至 100。若隨機指數上升至超買區水平，將反映市場之強勢，當隨機指數由 80 之上回落時，雖然未必表示市場轉勢，但反映市場將會出現一個頂部。相反，當隨機指數由 20 之下回升，將反映市場會出現一個底部；

(b) 隨機指數的主要買賣訊號由 %K 及 %D 兩條指標發出：當隨機指數在超賣區附近，若 %K 上破 %D，一個買入的訊號出現。當隨機指數在超買區附近，若 %K 下破 %D，隨機指數的沽出訊號出現；

(c) 隨機指數與其他超買 / 超賣指標一樣，經常會在市勢逆轉之前，出現與價位的背馳 (Divergence)。意思是：當市場趨勢即將見頂之前，價位仍然一浪高於一浪，但隨機指數則出現一浪低於一浪的形態，屬於頂背馳 (Negative Divergence)。當市場趨勢即將見底之前，價位一浪低於一浪，但隨機指數則出現一浪高於一浪的形態，屬於與價位在走勢的底背馳現象 (Positive Divergence)；

(d) 隨機指數的百分之五十是市勢好淡的分界線，上破 50 時市勢向好，下破 50 時則向淡。

4.6.3 隨機指數與循環周期

在應用隨機指數的時候，與其他循環技術指標(Cyclic Indicator)的分析一樣，必須分清楚幾個長、中、短線循環。

圖 41 是指數日線圖，分別有 5 天隨機指數、18 天隨機指數以及 50 天隨機指數。由圖可見，50 天的隨機指數顯示，循環周期約為 6 個月。若參考 18 天的隨機指數，大家則可以發現有一個約兩個月的循環周期正在運行著。

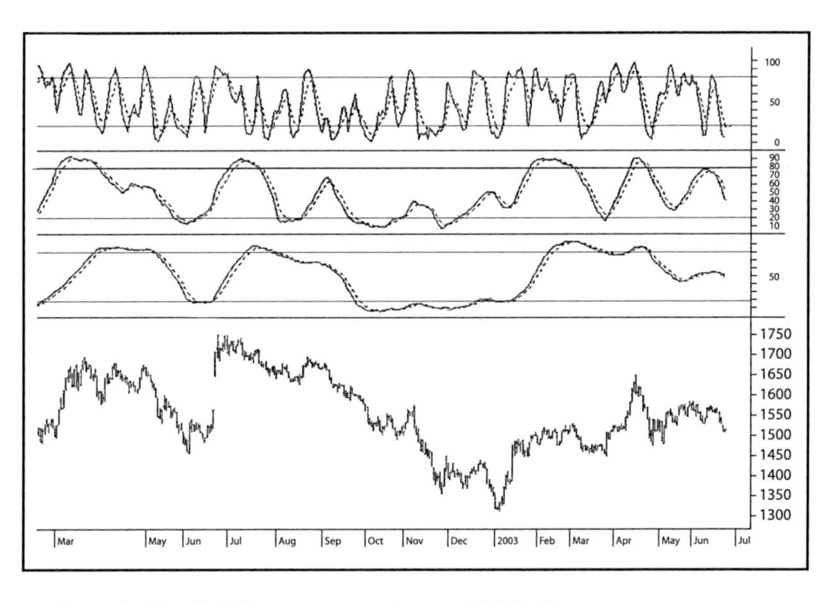

圖 41：指數日線圖與 5 天、18 天及 30 天隨機指數

當這兩個循環互相影響的時候，圖表上便構成隨機指數的兩種主要形態：

第一種隨機指數的轉勢訊號名為尖端式的轉勢（Spike），形態上隨機指數以一個尖頂的形式轉勢，這種買賣訊號是最理想的入市訊號。這種隨機指數形態的出現，通常在升市時，大循環正運行至上升浪的中段，而小循環則運行至循環低位。在下跌趨勢時，大循環正運行至下跌浪的中段，而小循環則運行至循環頂部。以價位來看，可看為大趨勢中的調整或反彈。

第二種轉勢形態，是隨機指數在超買或超賣區交纏的形態，買賣訊號錯綜不堪，令分析者極之困惑。這種形態的出現，通常是長、中、短期循環的頂部或底部，在這段時間內相繼出現，延長超買或超賣的時間所致。投資者若遇到此類隨機指數的形態，切忌魯莽入市，應以價位趨勢突破後，才根據指標訊號買賣。

4.7 雙平滑化隨機指數 (Ds-STC)

隨機指數在分析市場循環方面有其獨到的地方，不過，正如其他技術性指標一樣，隨機指數充滿著短期的波動，分析者十分容易受到這些短期波動所誤導。

中長線的投資者十分注重市場的趨勢，只要趨勢的方向弄清楚，即使入市較遲，買家應該仍然有利可圖。

因此，最理想的指標應為：

(a) 在市場轉勢之時只出現一次買賣訊號；

(b) 指標的短期波動應減至最低，以免出現誤導的訊號。

基於上面兩項要求，分析家威廉·伯歐（William Blau）提出了一種改良隨機指數的方法，是利用兩條移動平均線將隨機指數的 %D 線平滑化，以減低其短期的波動，所得出的指標稱為雙平滑化隨機指數（Double-Smoothed Stochastics, Ds-stochastics）。

雙平滑化隨機指數的公式為：

Ds-STC=EMA〔EMA (CC-LL)〕÷ EMA〔EMA (HH-LL)〕×100

以上公式的意義是將 %K 線的分子用兩次指數移動平均數(EMA)將之平滑化；此外，%K 線的分母亦同樣以兩次指數移動平均數平滑化。

另外，再在Ds-STC之上加一條移動平均線作為訊號線(Signal Line)，以反映其趨勢。(見圖 42)

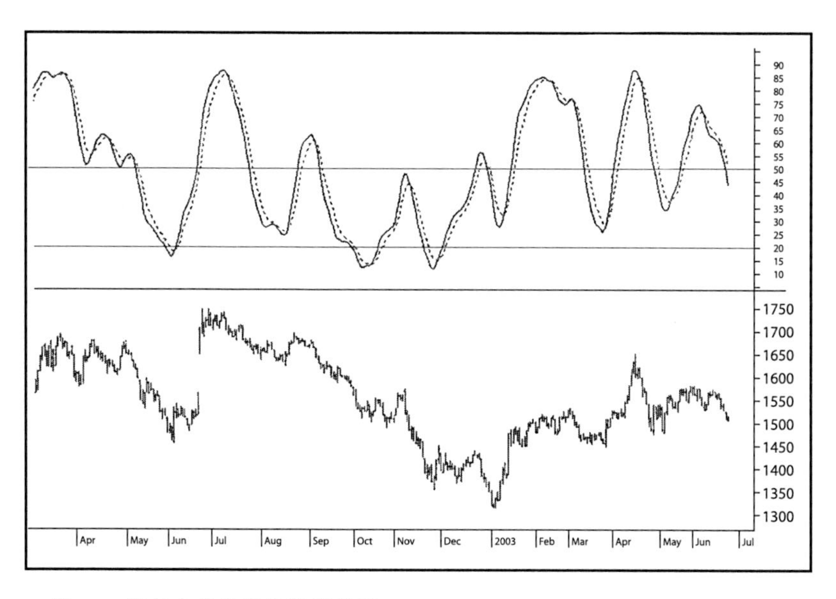

圖 42：指數與雙平滑化隨機指數

4.8 隨機動量指數 (SMI)

分析家伯歐除了利用兩條移動平均線的方式改良隨機指數外，亦改良了隨機指數的尺度，引進動量指數的特點，他稱之為隨機動量指數 (Stochastic Momentum Index, SMI)。

首先，大家可先回顧隨機指數的基本公式：

$$\%K = (CC - LL) \div (HH - LL) \times 100$$
$$\%D = \sum (CC - LL) \div (HH - LL) \times 100$$

隨機動量指數 (SMI) 的改良主要有兩點：

(a) 再利用指數移動平均數 EMA 將 %D 平滑化；

(b) 將 %K 的分母 (HH - LL) 一分為二，換言之，在某段時間櫥窗內，若收市價在該段時間波幅的上半部，則 SMI 為正數；若收市價在該段時間波幅的下半部，則 SMI 將為負數。這種表達方式，將如動量指標一樣，可利用正負數表達市場整體的方向。其公式如下：

$$\text{隨機動量 (SM)} = CC - 0.5\,(HH + LL)$$
$$\text{隨機動量指數 (SMI)} = EMA〔EMA(SM)〕\times 100 \div 0.5EMA〔EMA(HH-LL)〕$$
$$\text{平均隨機動量 (ASM)} = EMA〔EMA(SM)〕$$

(見圖 43)

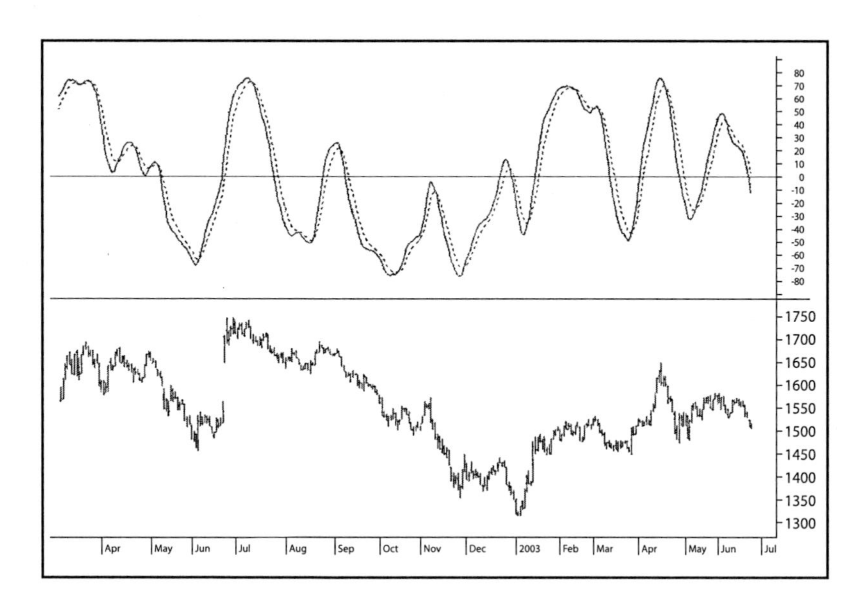

圖 43：指數與隨機動量指數

圖 44 是指數 13 天隨機動量指數 SMI 與 13 天快隨機指數 F-STC 的比較。由附圖可見，隨機指數有較多短期的波動，令人難以判定何者為真正的買賣訊號。而隨機動量指數的短期波動則已減至最少，只反映市場的趨勢，這點令中線投資者較能掌握市場的趨勢。

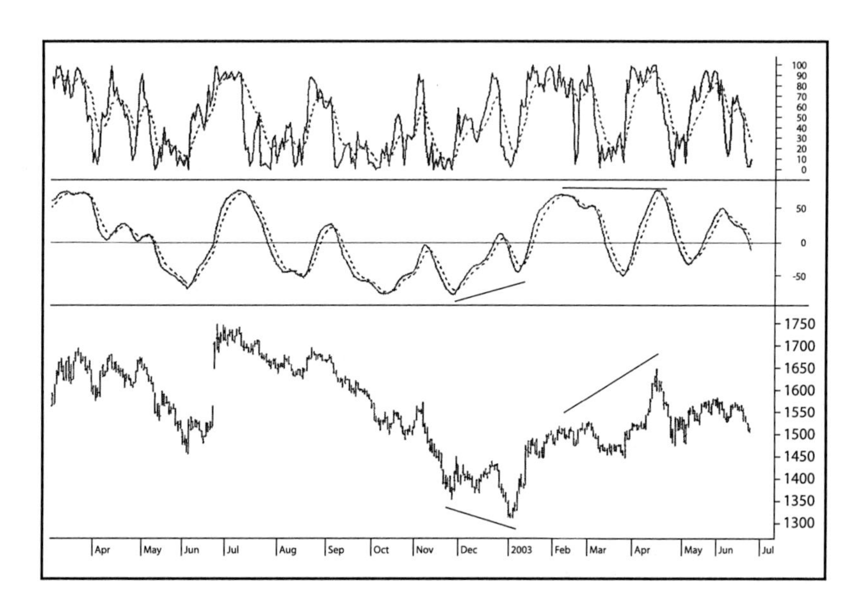

圖 44：指數與 13 天隨機動量指數及 13 天快隨機指數

第二，當市場到達重要的頂部和底部時，隨機指數往往會出現多個頂底，不少轉勢訊號經常錯誤地發出。但參考隨機動量指數，通常只出現一至兩個頂和底，轉勢的訊號較為可靠。

第三，隨機動量指數的背馳訊號較明顯，容易察覺得到。

由圖可見，隨機動量指數的背馳，會成為重要的轉勢警覺性訊號。

4.9
隨機相對弱指數 (Stoch RSI)

一般技術分析指標是應用在市價上，以反映市場的周期及趨勢。

不過，近年來的發展，分析家已逐步將幾種不同類型的技術指標方程式改良，以綜合應用，互補長短。

以下筆者介紹一種將隨機指數與相對強弱指數結合的技術指標，由分析家圖莎爾·錢德 (Tushar Chande) 及史丹利·克洛爾 (Stanley Kroll) 所創製的，稱之為「隨機相對強弱指數」(Stochastic Relative Strength Index, Stoch RSI)。

相對強弱指數的優點在於及時反映市場的短期頂底，但缺點則在於波動幅度有限，並不能經常到達超買或超賣區的水平。

隨機指數 %K 線的特點，在於敏感度高，經常來回於超買及超賣的水平。

因此，若將上述相對強弱指數與隨機指數結合，將可出現一種及時而又適應波動的技術指標。

隨機相對強弱指數的公式十分簡單，只是將 RSI 的數值取代價位而已：

$$\text{Stoch RSI} = 〔\text{RSI} - \text{RSI (L)}〕 \div 〔\text{RSI (H)} - \text{RSI (L)}〕 \times 100$$

以上 RSI 是當天 RSI 的數值，RSI (L) 是某個時間橱窗內 (例如：5 天) 的最低 RSI，RSI (H) 則為時間橱窗之內的最高 RSI 數值。

圖 45 是指數日線圖上 14 天 Stoch RSI 及傳統 14 天 RSI 的比較，由圖可見，Stoch RSI 的波幅大增，分析市場超買或超賣狀態尤為有效。

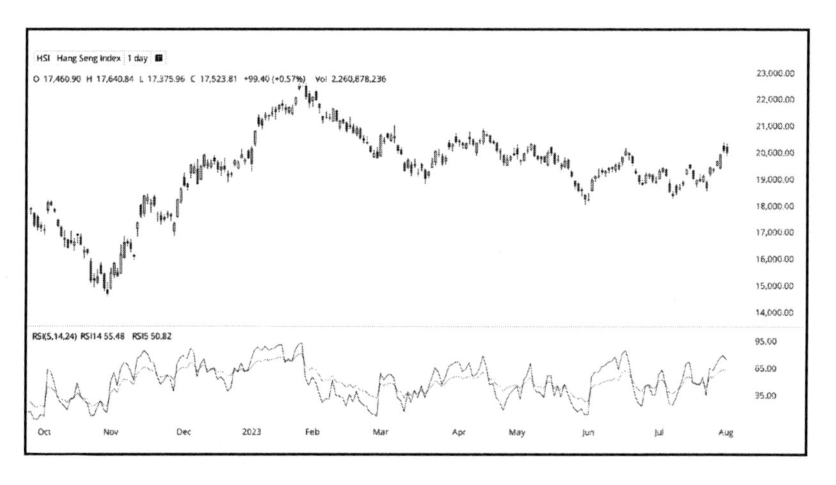

圖 45A：恒生指數日線圖 14 天 RSI

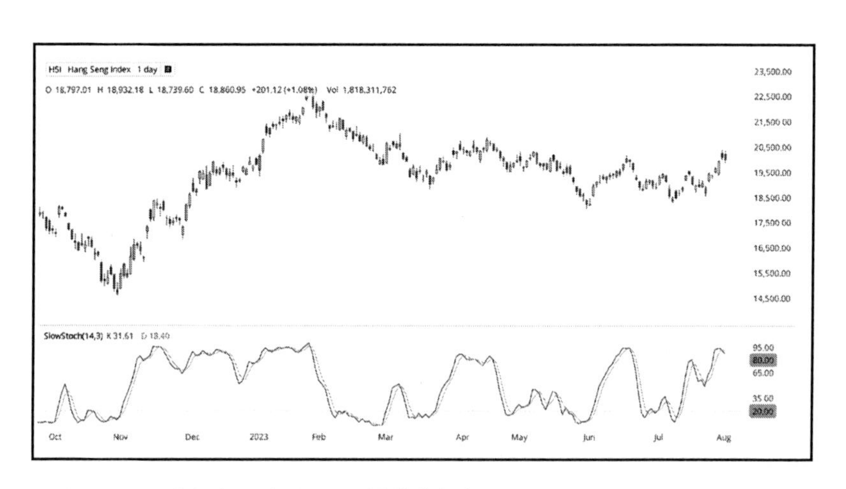

圖 45B：恒生指數日線圖 14 天慢隨機指數 SSTO

4.9.1 慢隨機相對強弱指數

根據分析家錢德及克洛爾的設計，隨機指數及相對強弱指數可以綜合而成一種技術指標——隨機相對強弱指數（Stoch RSI）。這是相對於隨機指數的 %K 線。

雖然 Stoch RSI 改善了相對強弱指數對市價波動的敏感度，但亦同時引進了甚多短期的波動，不利於發出清晰的訊號。

因此，我們亦可選擇附加一條將 Stoch RSI 平滑化的曲線，相對於隨機指數的 %D 線。這條平滑化指標的公式為：

$$RSI\%D = MA〔RSI - RSI(L)〕\div MA〔RSI(H) - RSI(L)〕\times 100$$

此外，在 RSI %D 之上可加一條指數移動的平均線（EMA），成為一條買賣訊號線。

利用上面的公式，我們可以得到一組慢隨機相對強弱指數。

圖 46 是指數日線圖的 14 天慢隨機相對強弱指數，由圖可見，指標上的短期波動已經減到最少，這個指標有幾個優點：

(a) 指標可以清楚反映市場的超買及超賣狀態；

(b) 指標與訊號相交，可發現清晰的買賣訊號；

(c) 指標與價位之間的背馳，成為十分可靠的轉勢訊號。

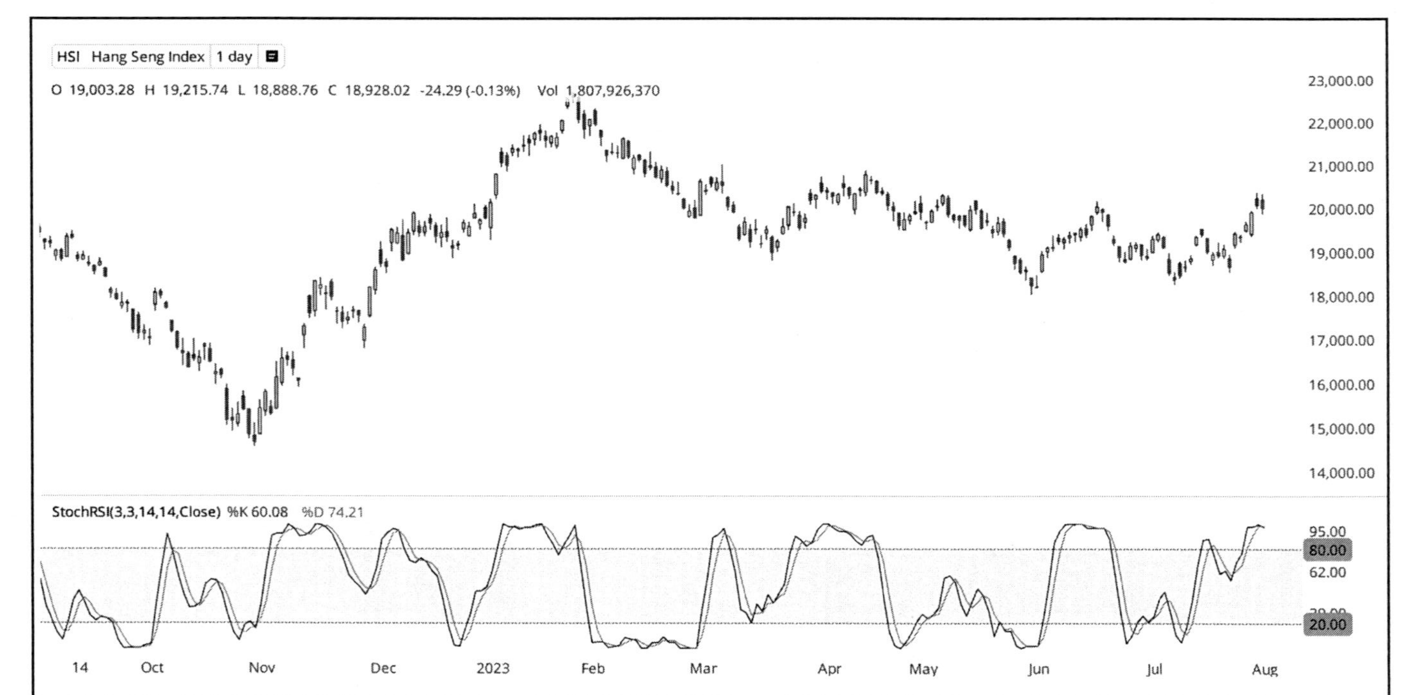

圖 46：恒生指數日線圖 14 天隨機相對強弱指數 Stoch RSI

4.10
隨機指數與其他指標比較

隨機指數的設計方式，主要衡量市場在某個時間櫥窗之內，收市價在該波幅之內的變化，愈接近波幅的最高價，市勢愈強愈接近波幅的最低價，市勢愈弱。整體而言，隨機指數的強弱，視乎該時間櫥窗之內，市場波幅有多大，以及收市價的水平而定。

動量指標則有所不同，主要視乎收市價的變化速度。收市價上升幅度增加，則動量指標愈強；當收市價上升幅度放緩，動量指標便轉弱。

相對強弱指數雖然是動量指標的一種變種，但分析的重點則在於升市與跌市之間的比例，以反映該時間櫥窗之內，每天購買力的強弱。

上面三種指標，各具優點，比較如下：

隨機指數	隨機指數的重點是波幅，因此，適合市場處於上落市時使用，高沽低揸的訊號甚為有效。但當處於趨勢市時，隨機指數的訊號便經常錯漏百出，因此，必須配合中、長線隨機指數的分析。
動量指標	動量指標對於市場趨勢的反應最快，當市場見頂或底時，動量指標可以第一時間相應發出訊號。可惜的是，動量指數波動太多，難以確定轉勢的訊號。
相對強弱指數	相對強弱指數對於市場波動的反應較慢，但當超買或超賣訊號出現的時候，該訊號將較上述兩種指標可靠。

在技術分析的範疇內，相對強弱指數、隨機指數及動量指數等，都是十分普及的分析工具。除此之外，分析家拉利‧威廉斯(Larry Williams)的 %R 指標，亦佔一重要席位。不過，若閣下的分析系統包括有隨機指數及 %R，則你的系統便可能有重複之嫌，因為基本上隨機指數的 %K 與 %R 的公式十分類似，是一個銅錢的兩面。

隨機指數的 %K 線的公式如下：

$$\%K = (CC - LL) \div (HH - LL) \times 100$$

當收市價 (CC) 愈接近該段時間的最低價 (LL) 時，%K 愈弱，當收市價 (CC) 愈接近該段時間的最高價 (HH) 時，%K 愈強。

威廉斯 %R 的指標公式則如下：

$$\%R = (CC - LL) \div (HH - LL) \times 100$$

當收市價 (CC) 愈接近該段時間的最低價 (LL) 時，%R 指數愈大，當收市價 (CC) 愈接近該段時間的最高價 (HH) 時，%R 便愈細。

總的來説，%K 及 %R 皆為一種 0 至 100 的波動指標，但 %R 是 %K 的反面，% K 的超買區是 80 至 100，超賣區是 0 至 20，但 %K 的超買區是 0 至 20，而超賣區是 80 至 100。在實際的應用上，%R 多以預測市場短線超買 / 超賣及市場調整為主，而非反映趨勢。(見圖 47)

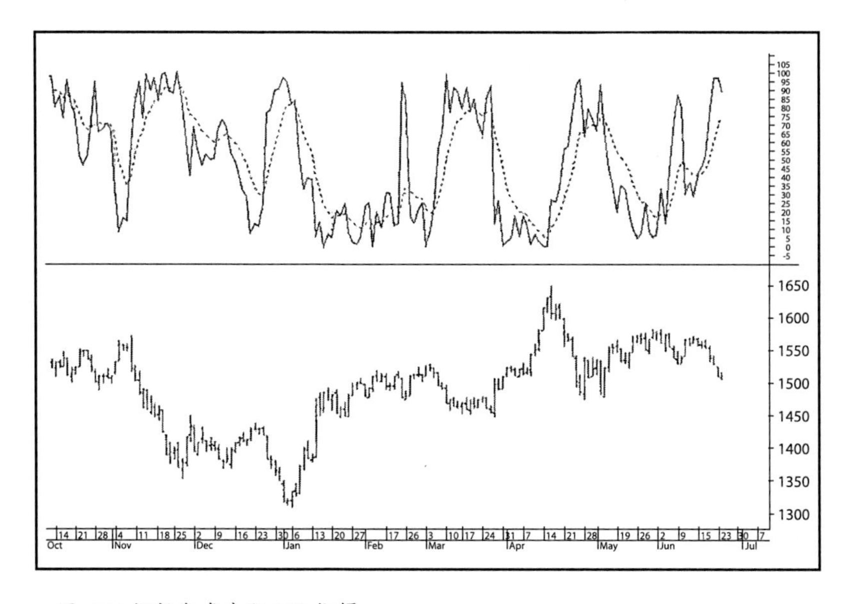

圖 47：指數與威廉斯 %R 指標

4.11 動態動量指標 (DyMI)

4.11.1 如何選擇標日數

技術分析指標的優劣，取決於方程式的設計，其次便是時間樹窗長短的選擇。例如，5 天 RSI 與 50 天 RSI，所得出的技術指標的分別便相當大。

此外，這個參數的選取，決定分析者所看到的市場周期性波動有多大，因此，重要性不言而喻。

一般處理這個問題的方式，是沿用普遍習慣所用的日數，不過，若市場特性改變了的話，這些參數便未必能正確反映市勢變化，令技術指標的功能大打折扣。

電腦普及化之後，分析家轉而利用電腦的獲利能力分析 (Profitability Testing)，以選擇對歷史價格數據最為有效的參數，稱為參數優化 (Parameter Optimization)。

這類選擇時間樹窗日數的方法較為科學化，但亦有其問題。問題主要在於市場不斷變化，一組三個月前最適切的參數，三個月後未必完全切合市場的變化。

這個問題亦是不少電腦買賣程式系統的毛病，當程式軟件推出時，通常測試結果獲利甚豐，但不少程式軟件在實戰後不到一年，買賣成績便漸走下坡，原因是設在程式內的參數未能因應市場變化而改變。

分析家錢德及克洛爾發表了一個自動調節時間櫥窗日數參數的方法，對解決以上問題確是一個突破。

他們認為，技術指標的日數是可以根據市場波幅 (Volatility) 的大小自動調整的。其關係如下：

(a) 當市場的波動增加，指標的日數則減少；

(b) 當市場的波動減少，指標的日數則增加。

計算市場波動程度的市場波幅 (Market Volatility, V)，公式如下：

$$V = SD(C, 5) \div MA(SD(C, 5))$$

上面 SD (C, 5) 是 5 天收市價的標準差。

MA (SD (C, 5)) 是 5 天收市價標準差的移動平均數。

換言之，若市場波動比平均為小，則市場波幅 (V) 將會低於 1；若市場波動比平均為大，則市場波幅 (V) 將會高於 1。

技術指標日數的自動調節公式如下：

$$T = 14 \div V$$

以上 T 是四捨五入後的整數。由於市場波幅可以很大，因此必須設定上下限。分析家所建議的日數上下限為 5 至 30。

舉例說，若昨天的 V 為 0.47，今天的 V 為 0.50，V 的升幅為 6.38%，而技術指標的日數則由 30 調節至 28。

上述自動調節指標日數的方法，最先是應用在相對強弱指數（RSI）之上，一般所使用的 14 天相對強弱指數，缺點在於未能充分辨別市場的超買及超賣狀態。RSI 甚少到達 30 及 70 的區域，主要的原因是 14 天是一個隨意訂定的參數，未能充分反映市勢的波動。若利用市場波幅調節指標日數，相對強弱指數將會變得較為敏感，上述改良後的相對強弱指數為「動態動量指標」（Dynamic Momentum Index, DyMI）。

圖 48 是美元兌日圓 14 天動態動量指標及 14 天相對強弱指數，由圖可見，前者較為有效地反映市場的超買及超賣狀態。

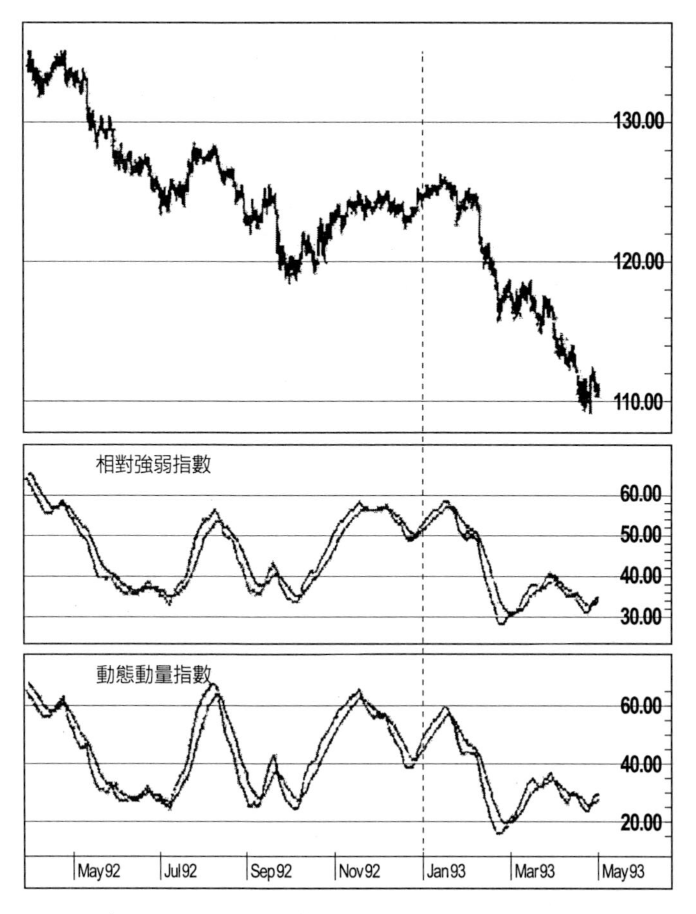

圖 48：美元兑日圓 14 天動態動量指標與 14 天相對強弱指數

利用超買 / 超賣指標的訊號，有兩種主要的形式：

(a) 當指標下跌至超賣區後回升至超賣線之上，可作為買入的訊號。此外，當指標上升至超買區後回落至超賣線之下，可作為沽出的訊號；

(b) 利用一條移動平均線作為技術指標的買賣訊號線 (Signal Line)，當技術指標上破其移動平均線，可作為買入的訊號。相反，當技術指標下破其移動平均線，則可作為沽出的訊號。

4.12 重量指數 (Mass Index)

在市場循環的分析之中，市場高低波幅的擴闊和收窄，一直被視為有反映市勢循環的意義。若高低波幅比其平均為高，表示市場有進入上升或下跌循環的趨勢；相反，若高低波幅比其平均為低，則表示市場可能已到達循環低位或高位，臨近轉勢的時間。

分析家唐納德・道爾西 (Donald Dorsey) 便根據上述的原理創製其循環指標，稱為「重量指數」。

該指數的公式是計算市場每天高低波幅 (H - L) 的 9 天指數移動平均數，與其 9 天指數移動平均數的比例，並計算某時間櫥窗 (n 天) 內的總數，公式為：

$$MI = \Sigma\,(EMA\,(H-L), 9) \div EMA\,[EMA\,(H-L, 9), 9])$$

在理解方面，該指數是以捕捉轉勢為主，當 25 天 MI 在 27 水平回落，即表示市勢將出現升勢。

以美國道瓊斯工業平均指數的走勢為例，其中 2001 年 9 月股價下瀉後，MI 由 27 水平回落，市場其後出現大幅上升。2002 年 7 月 MI 再由 27 回落，美股亦見大反彈。(見圖 49)

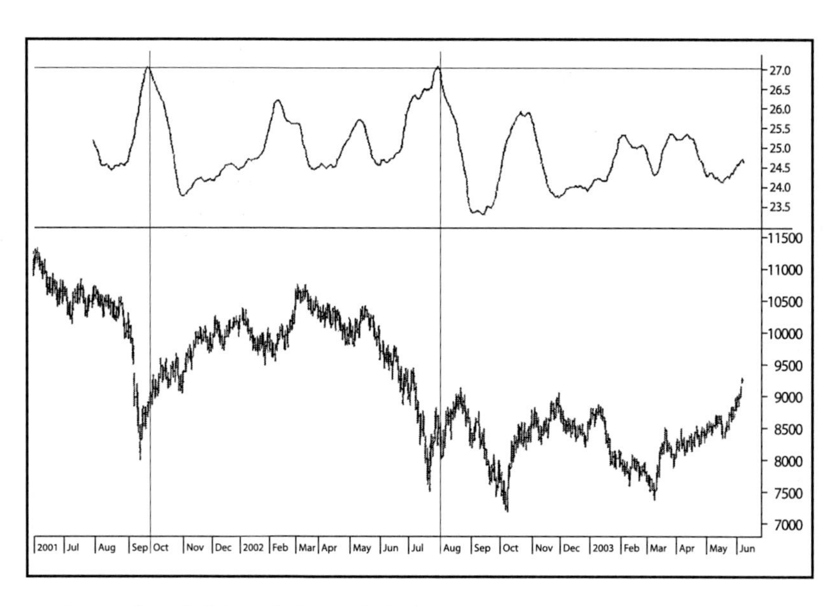

圖 49：美國道瓊斯工業平均指數與重量指數

4.13 收集派發指標(ACD)

在技術分析指標範疇之中，有種類別的指標是建基於「收集」(Accumulation)與「派發」(Distribution)的概念之上。

以下首先介紹收集派發指標(Accumulation-Distribution, ACD)。

在ACD裡面，主要將市場分為兩股收集(買入)及派發(沽出)的力量。在ACD的程式中，假設當天收市價高於昨日收市價，市場的收集力量正在運行。若當天收市價低於昨天的收市價，則表示派發的力量正在運行。

若將這兩股收集派發的力量予以量化，程式設計上有以下兩個假定：

(a) 若當天收市價高於昨天收市價，則市場收集力量等於當天收市價與真實低位(True Low)之差。真實低位是當天低位與昨天收市價兩者之中最低者。這種方法保證市場的開市裂口亦計算在內。公式為：

$$I = C - TL$$

(b) 若當天收市價高於昨天收市價，則市場派發力量等於當天真實高位（True High）與當天收市價之差。真實高位是當天高位與昨天收市價之中最大者。派發力量可看為收集力量的相反，因此是一個負數。其公式為：

$$I = -(TH - C)$$

若將收集及派發力量相加，我們便可以得到市場的淨收集力量，從而了解市場市底的強弱。

基本上，ACD 指標的形態與市場價位走勢應為一致。不過在某些市場的階段，ACD 會走在市場之先，給予市場投資者一個預測的訊號。

收集派發指標的基本買賣策略為：

(a) 若市價一浪低於一浪的下跌，但 ACD 並未確認其跌勢，相反，ACD 出現一浪高於一浪的走勢，指標與價位出現了底背馳的形態，則市場可能快將見底，只要 ACD 回升至其下降軌之上，便是一個買入的訊號；

(b) 若市價一浪高於一浪的上升，但 ACD 未能出現新高，市場便與指標出現頂背馳的現象，只要 ACD 下破上升軌，一個沽出的訊號便會出現。

在某種情況下，市價到達支持及阻力之前，似破未破，則 ACD 可能會出現一些領先的訊號，啓導投資者。

以下面指數為例，指數形成雙頂，但 ACD 已下破支持線，領先於指數，反映最終可能會跌破支持。(見圖 50)

從「收集」與「派發」的力量來看，ACD 的領先指標作用在此十分明顯。

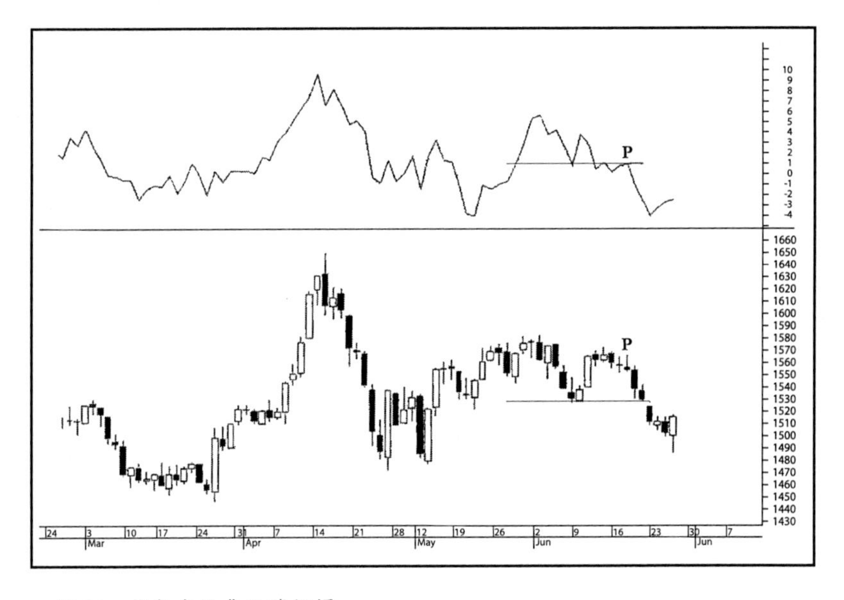

圖 50：指數與收集派發指標

4.14 終極波動指標(UOS)

利用「收集」與「派發」的概念去分析市場買賣力量的指標，收集派發指標(ACD)可算是最簡單的一種。%R 的原設計者拉利·威廉斯(Larry Williams)設計了另外一種較為複雜的收集派發指標，以量化市場的收集力量，稱之為「終極波動指標」(Ultimate Oscillator, UOS)。

終極波動指標的主要概念為：

(a) 市場裡有長、中、短期的買賣循環，市場中每一股購買力量都根據這些循環周期運行，因此，在量化市場購買力量時，必須分別計算長、中、短期循環周期的影響；

(b) 市場裡長、中、短期的循環周期的影響力各有不同，因此，所計算的市場循環購買力量必須根據其相對的重要性以加權方法分其輕重。

在拉利·威廉斯的公式裡，他認為市場是收集力量與派發力量互相較量後的結果，因此，在計算市場購買力量的時候，必須計算其相對值。換言之，他的焦點集中在市場買賣力量中購買力量所佔的比例。購買力量(Accumulation, A)的公式設定為當天收市價(C)與真實低位(TL)之差佔當天真實波幅(TR)的比例，其公式為：

$$A = (C-TL) \div TR$$

真實低位(TL)是當天低位與昨天收市價兩者之中的較低者。真實波幅(TR)則為以下三者之中的最大者：

(a) 當天最高與當天最低之差；

(b) 當天最高與昨天收市價之差；

(c) 昨天收市價與當天最低之差。

由於不同的周期循環對於市場的購買力有不同程度的影響，因此，終極波動指標(UOS)以三條公式分別計算長、中、短期周期循環的購買力量。假設這三個周期循環為 20 天、50 天及 100 天，則所計算的周期購買力為：

(a) 短期循環周期的購買力 A (20 天) 等於 (C-TL) 的 20 天移動平均數除以真實波幅的 20 天移動平均數，公式為：

$$A(20) = MA(C-TL, 20) \div MA(TR, 20)$$

(b) 中期循環周期的購買力公式為：

$$A(50) = MA(C-TL, 50) \div MA(TR, 50)$$

(c) 長期循環周期的購買力公式為：

$$A(100) = MA(C-TL, 100) \div MA(TR, 100)$$

若計算長、中、短期循環周期的綜合購買力，我們可以利用加權（Weighted）方法計算三者之和，加權的方法是周期愈長、所佔比例愈低。假設長、中、短期的周期循環為 l、m、n，則終極波動指標的通用公式為：

$$UOS = [mnA(l) + lnA(m) + mlA(n)] \div (mn + ln + lm) \times 100$$

終極波動指標的買賣策略如下：

(a) **沽出訊號：**若市價一浪高於一浪，但終極波動指標未能確認，相反，卻出現一浪低於一浪的形態，則市價與指標便會出現頂背馳的不利訊號。若指標下破其上升軌，則表示購買力耗竭，市場再無承接，市場的轉勢便會得到確認，可以入市沽空；

(b) **買入訊號：**若市價一浪低於一浪，但終極波動指標卻相反出現一浪高於一浪，則表示市場正在「收集」，購買力正在累積階段，只要指標突破其下降軌，購買力便會完成累積過程，如山洪暴發洶湧而來，投資者便可以趁此機會大舉入市，成為買入的訊號。

圖 51 是指數的日線圖以及終極波動指標（UOS）的走勢，UOS 所用的循環周期參數分別為 7 天、14 天及 28 天。

由圖可見，指數在兩個重要的市場頂部轉捩點，UOS 都下破上升軌，領先於滬指，因此 UOS 是一個十分有用的轉勢警覺性指標。

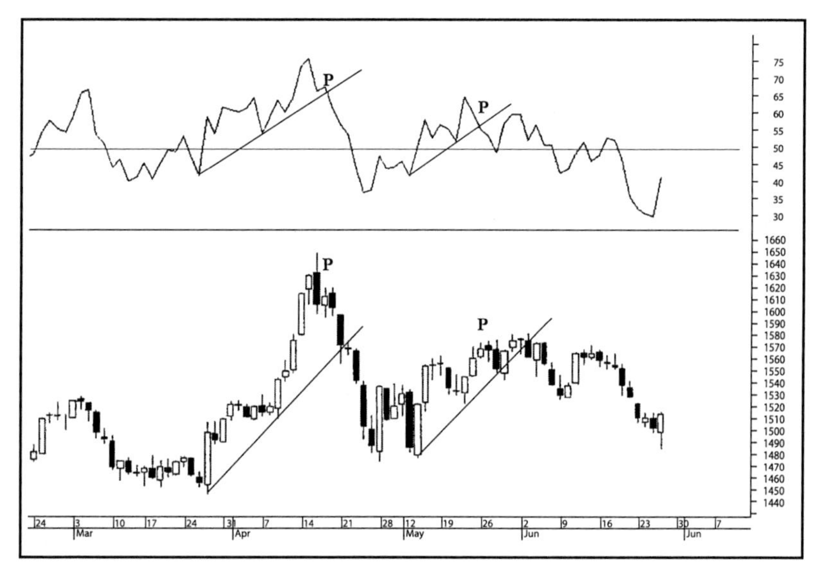

圖 51：指數日線圖與終極波動指標

4.15 如何應用技術分析指標

4.15.1 技術指標買賣訊號

其實大部分的超買 / 超賣技術指標的應用都差不多，主要分為兩類：

第一類是沒有上下限的限制，例如動量指標類。這類指標的超買及超賣水平並沒有固定的詮釋，主要參考所應用的市場中，該指標的一般轉勢水平而定。隨機動量指數便屬於這類指標。

第二類技術指標設有上下限，一般是由 0 至 100 或 -100 至 +100，視乎設計者的需要而定，0 至 100 的超買區為 80，而超賣區則為 20。若指標的上下限為 -100 至 +100 的話，則超買及超賣區為 -60 至 +60 的水平。

在最新應用的技術指標，一般在其上加上一條買賣訊號線 (Signal Line)，是該指標的指數移動平均線 (Exponential Moving Average, EMA)。買賣訊號是：

(a) 若指標在超賣區水平上破其移動平均線，則為買入的訊號；

(b) 若指標在超買區水平下破其移動平均線，則為沽出的訊號。

在應用上述買賣訊號時，有一點大家必須注意的，就是技術指標大部分的訊號都落後於大市，因此，當買賣訊號發出時，其實市場已出現第一組反彈或調整浪，入市時將不會在最高或最低價附近。因此，若捕捉轉勢，市價可能會波動一段時間，令依隨指標訊號買賣的投資者未必能即時獲取利潤。

4.15.2 技術指標的應用須知

讀者若一直留意本書對於技術指標的討論，會發現技術指標有幾個矛盾：

(a) 技術指標不是市價，技術指標僅反映市價而已。因此，技術指標多是落後於市勢的；

(b) 技術指標的設計，希望能夠盡量接近市場，及早發出轉勢的買賣訊號，因此，技術指標必須相當敏感。可是，若指標過於敏感，則又會受到短期市況波動的影響，令指標經常發出錯誤的買賣訊號；

(c) 技術指標本身亦是一種反映市場趨勢的工具，因此技術指標的短期波動必須減至最低。不過，過分平滑化的技術指標，又會變得異常遲緩，未能及時發出買賣訊號。

由此看來，技術指標本身已是一個必須處理的難題，與市場價格趨勢本身的難題不遑多讓。

因此，我們對於技術指標的應用必須持有正確的態度：

(a) 技術指標是輔助分析市場的工具，而非目的本身；

(b) 不同技術指標適用於不同的市場，不能生吞活剝，一成不變地應用；

(c) 技術指標一般較為適用於上落市，對於趨勢市而言，則應選擇順勢的買賣訊號入市，而對於逆勢的買賣訊號則必須盡量小心，以免泥足深陷。

4.15.3 技術指標與買賣策略

筆者已先後討論過一連串與市場循環有關的指標。當利用該類技術指標分析市場時，必須留意以下重點：

循環技術指標一般是落後於大市的，因此在應用時要有心理準備，該類指標無法在頂底時發出買賣訊號。這種指標是跟隨趨勢買賣的，因此在一個趨勢中，投資者會在趨勢成了四分之一才根據技術指標的訊號入市，到轉勢回落時，市價要下跌至升浪的四分之一，指標才發出沽出訊號。

換言之，利用技術指標買賣，通常只可以賺取每一個趨勢幅度的百分之五十，撇除出入市的買賣差價或執行買賣訊號的誤差，實際上可獲得的利潤可能是一個趨勢幅度的百分之四十左右。

以上的討論可能令各位十分失望，不過，投資買賣的基本原則是賺取利潤，若指標的買賣訊號清晰可靠，利潤仍可滾存增值。

畢竟，投資買賣是一種風險與回報的平衡藝術，若要「食盡」整個浪，投資者便不免要承擔摸頂摸底之苦。若要將風險減至最低，則往往要在市場趨勢運行至中段時順勢入市才行，但在這個階段，可賺取的利潤便會大為減少。

是故，選擇何種買賣策略實在要視乎投資者的性格，以及對風險回報的感受而定，因人而異，不可能有一套放諸四海皆準的策略。

4.15.4 如何閱讀超買 / 超賣指標

對於所有技術分析者，技術分析指標是不可或缺的分析工具，其中以超買或超賣指標的應用最為普遍。

對於超買或超賣指標，分析者多數愛恨交纏。愛者，是因為在市場轉勢之前，超買或超賣指標往往會發出有效的背馳訊號，以警告投資者。可惜，超買 / 超賣指標出現背馳，市場卻未必一定出現轉勢，逆市買賣的投資者，隨時因此損手爛腳。

閱讀超買 / 超賣指標，如隨機指數或相對強弱指數時，以下規則必須留意：

(a) 要確認市場轉勢，超買 / 超賣指標上必須出現第二次的超買或超賣，而其超買或超賣程度必須較第一次的超買或超賣為低；

(b) 第二次超買或超賣時，市場花在超買或超賣區的時間，必須少於 5 個交易日；

(c) 若指標創出新的超買或超賣水平，則分析者便需要重新等候第二次背馳以確認市場轉勢出現。

上述三個規則，對於閱讀超買 / 超賣指標甚有幫助。

4.15.5 市場循環走勢的其他分析法

對於市場循環走勢的分析，其實可以相當複雜，例如：我們可將市場的大小循環化為 Sine 及 Cosine 等函數，進行數學上的回歸分析，從而分解出不同的周期循環。

法國數學家約翰 · 傅里葉 (John, B. J. Fourier) 便利用複雜三角幾何回歸 (Complex Trigonometric Regression) 的方法，以分解不同的周期，名為傅里葉分析 (Fourier Analysis)，其公式為：

$$Yi = 1 + \Sigma \{U_K \text{Cos} [2\pi K_1 \div (N \div 2)] + V_K \text{Sin} [2\pi K_1 \div (N \div 2)]\}$$

此外，市場亦有一批分析家集中研究另一種分析周期的方法，名為 Maximum Entropy Spectral Analysis (MESA)，亦已產生顯著的成果。

由於上述的分析方法涉及大量的數學公式，並非本書範圍所能及，惟有留待有足夠數學根底的讀者繼續探索。

05

市場成交量指標

在了解市場牛熊角力的情況時，有兩個概念一定要清楚了解，一個是「收集」(Accumulation)，另一個是「派發」(Distribution)。

分析家認為，當市價上升時，其成交量可看為收集的力量當市價下跌時，成交量則可被視為派發的力量。

根據上述的假設，我們可推導出一系列的收集派發指標，以測試市場價格的走勢。

5.1 成交量平衡指數(OBV)

收集派發指標以全日高位或低位至收市價的幅度，計算市場收集或派發的力量，其公式為：

收集力量 (A) = 收市價 (C) - 真實低位 (TL)
派發力量 (D) = 收市價 (C) - 真實高位 (TH)

嚴格而言，以市場的波幅來代表市場的收集或派發力量，理論上並不理想，因為收市價往往取決於市場交易時間最後 15 分鐘的買賣倉盤，這段時間的買賣，並不代表整個交易日的購買力量。

因此，有分析家認為，若要計算市場的收集及派發力量必須根據整個交易日市場的成交量而定。成交量是整個交易日買賣交易總結出來的數據，有實際的參考意義。

以下討論一種十分簡單而實用的成交量收集及派發指標，名為「成交量平衡指標」(On Balance Volume, OBV)。

OBV 的計算方法十分簡單：

(a) 若當天收市價高於昨天收市價，可視當天成交量為收集力量；

(b) 若當天收市價低於昨天收市價，則可視當天成交量為派發力量。

將升市的成交量設定為正數，跌市的成交量設定為負數，以每天的正負成交量累進計算，我們便可得到成交量的收集及派發指標(OBV)。

OBV 的應用主要是比較市場價格與指數之間有否出現不協調或背馳現象，若有的話，即表示市場有可能出現逆轉。

圖 52 為恒生指數與 OBV，對判市有領先作用。

上述兩種以「收集」及「派發」的觀念而設計的技術指標是分別從市價的波幅及成交量兩個角度，去分析市場的購買力量，在測市方面殊途同歸，各有長處。

收集及派發指標的發展，近年逐步邁向將市價波幅與成交量結合分析，試圖精確地了解市場的購買力。

利用市價的波幅去決定當天市場的購買力，缺點是收市價的水平往往受到收市前市場買賣倉盤所左右，未能準確地反映整個交易日的購買力。

利用成交量去決定當天市場的購買力，缺點則是每一個成交都是有買有賣，買入及沽出力量同時出現；成交量大，只表示市場買賣活躍，而成交量小，只表示市場買賣兩閒。分析者難以根據升市或跌市去界定市場的購買力量。

不過，若只看單邊，看多少資金買入，則成交量尚有其指導作用。

OBV 的缺點是，若當天收市價比昨天收市價為高，則成交量可看為收集力量，不過根據 OBV 的公式，市場微升與勁升的效果完全一樣。要解決上述問題，分析家設計了一種成交量收集及派發指標，以結合成交量與市場波幅的因素，稱之為「成交量市價趨勢」指標。

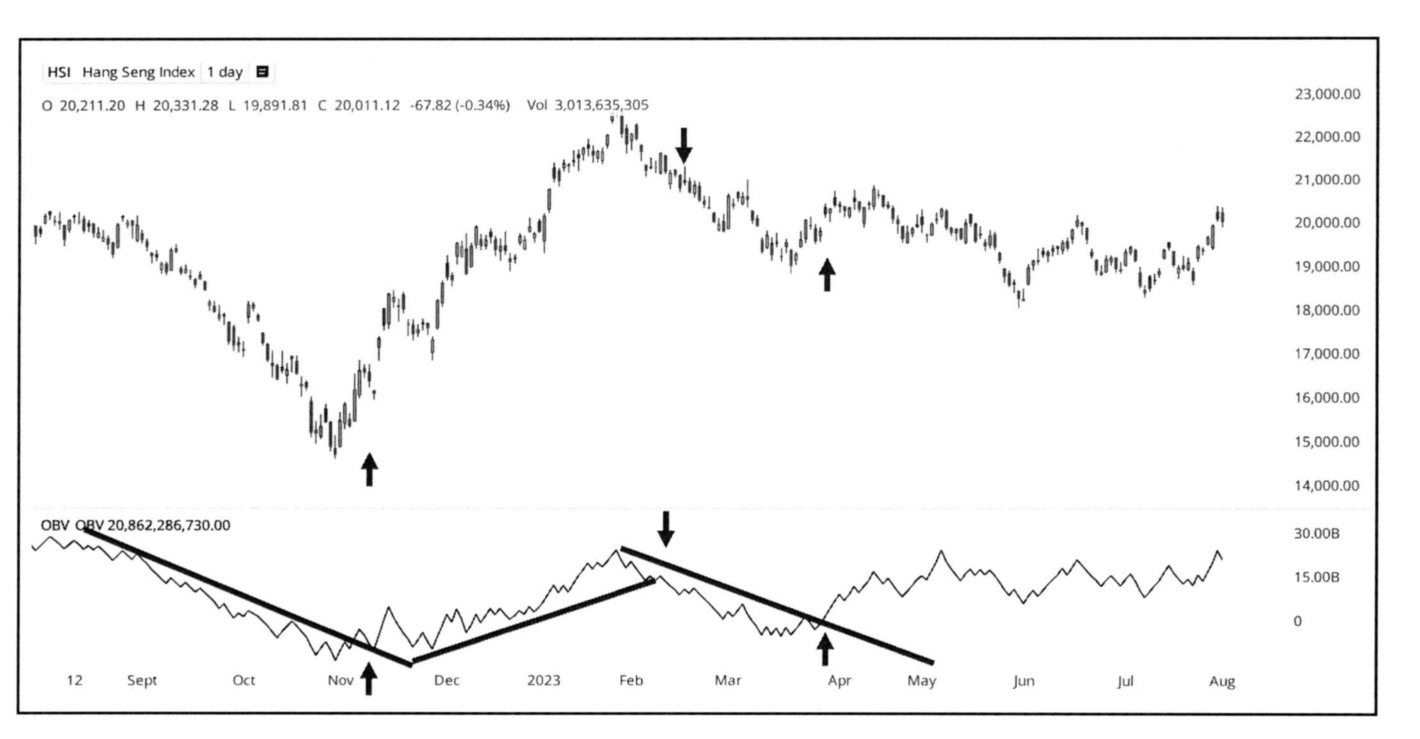

圖 52：恒生指數日線圖與 14 天 OBV 趨勢

5.2 成交量市價趨勢分析 (VPT)

成交量市價趨勢 (Volume Price Trend, VPT) 的分析方法，是綜合市場收市價升跌的動量以及成交量表現的一種指標，其設計的目的是：

(a) 若市場收市價微升，其成交量對指標的影響力會減少；

(b) 若市場收市價大升，其成交量對指標的影響力便大增。

VPT 的公式為成交量乘以收市價動量的累進數值，算式如下：

$$VPT = \Sigma\{V \times [C - C(1)] \div C(1)\}$$

以上的算式之中，V 是成交量，C 是當天收市價，C (1) 是對上一個交易日的收市價。而Σ的符號，表示指標是累進性質。

由以上的公式可見，VPT 可以清楚反映市場購買力對市價升跌的影響，因此對了解市場的市底強弱有深一層的幫助。

買賣策略方面：

(a) 當市價一浪高於一浪的上升，而 VPT 未能出現新高，便是頂背馳的出現，只要 VPT 下破其上升軌，市場的購買力便消竭，投資者可以入市沽空；

(b) 當市價一浪低於一浪，但 VPT 拒絕確認，底背馳便出現，當市場收集到某個階段向上突破下降軌，便是一個買入的訊號。

圖 53 是指數與 VPT 的走勢圖，由圖可見，VPT 的形態接近市價走勢，但 VPT 一直處於 0 度之下，給予投資者利淡的訊號。

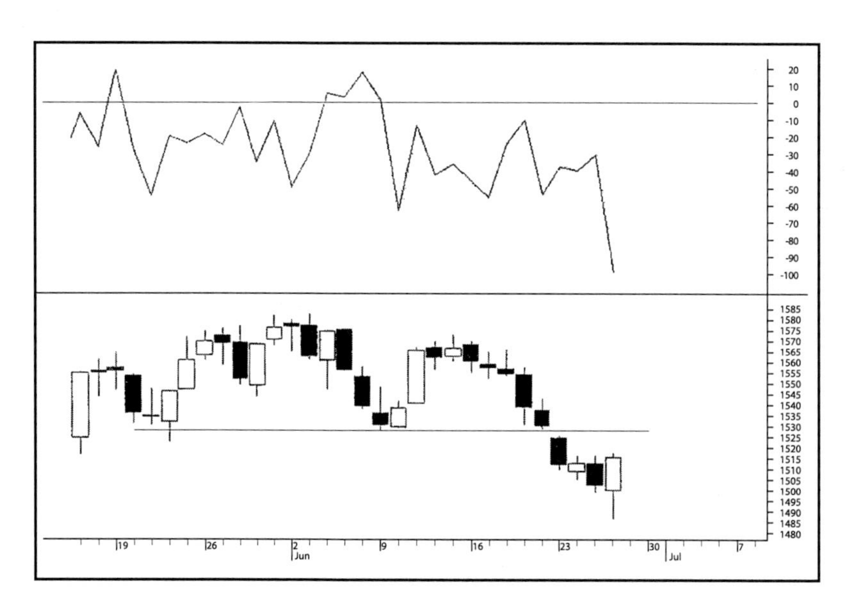

圖 53：指數與成交量市價趨勢走勢圖

5.3 濟堅指標 (CHO)

成交量收集及派發指標主要是綜合市場的波幅以及成交量的數據，以計算市場的購買力。不過，由於市場的波幅及成交量每天變化都十分大，因此，所計算出來的成交量收集及派發指標均有十分多的短期波動，不能有效反映指標的趨勢。

市場上有另一種成交量收集及派發指標，稱為濟堅指標 (Chaikin Oscillator, CHO)。

這種指標的基本原理是假設：

(a) 若收市價高於當天高低波幅的中位數，市場的收集力量正在運行；

(b) 若收市價低於當天高低波幅的中位數，則市場的派發力量正在運行；

(c) 利用兩個移動平均數將成交量收集及派發指標加以平滑化，並反映其趨勢。

在 CHO 的公式方面，分析家選用收市市價 (C) 高於或低於波幅中位數 (H + L) ÷ 2 的百分比作為基本指標，並加入成交量 V 以反映當天的購買力，公式如下：

$$A = \{C \div [(H+L) \div 2] - 1\} \times V$$

A 是當天的購買力，以每天累進的形式計算。

CHO 的公式則為 a 天與 b 天移動平均數之差：

$$CHO = MA(A, a) - MA(A, b)$$

CHO 將可有效地反映收集力量 A 的趨勢。

CHO 是一種成交量收集及派發指標，並應用類似 MACD 的方法，將指標的趨勢化為波動指標分析。

CHO 是基本買賣策略是：

(a) **買入訊號：**若 CHO 由負數上破 0，表示收集力量大於派發力量，是買入的訊號；

(b) **沽出訊號：**若 CHO 由正數下破 0，表示收集力量低於派發力量，是沽出的訊號；

(c) **趨勢分析：**分析者亦可以利用 CHO 作趨勢分析，若 CHO 突破下降軌，為買入的警覺性訊號。相反，若 CHO 下破上升軌，則為沽出的警覺性訊號。警覺性訊號的意思是，投資者要留意這些市場，但不應單單因為警覺性訊號出現而入市；

(d) **背馳訊號：**若市價繼續一浪高於一浪，而 CHO 卻出現一浪低於一浪的局面，表示市場將出現頂背馳，市場的收集力量逐漸減低，反映市場即將轉勢回落。若市價一浪低於一浪，而 CHO 卻出現一浪高於一浪的局面，這種底背馳現象表示市場收集力量逐漸壯大，反映大市即將見底。

圖 54 是指數日線圖及 CHO 指標，由圖可見，指標與市場之間的背馳出現，屢次指向其後的市勢逆轉，充分反映市場收集及派發力量的較量。

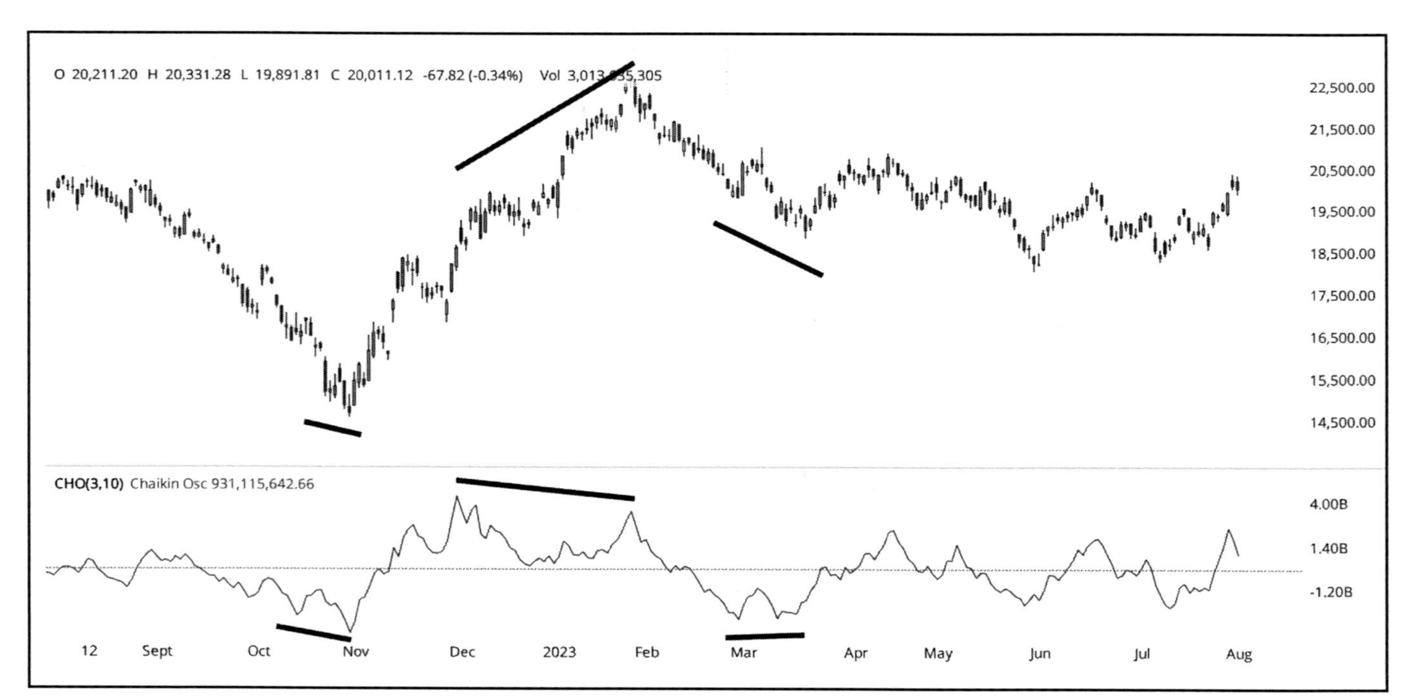

圖 54：恒生指數日線圖與 14 天濟堅指數 CHO 背馳

5.4 活動能力指標(EOM)

綜合市場成交量及市場波幅去分析市場購買力，是一門十分困難的學問。一方面，分析者要了解市場波幅與成交量之間的關係；另一方面，如何將成交量的數據處理以衡量購買力，又是另一套學問。

以下介紹另一種成交量收集及派發指標以量度市場升跌的順暢程度。若市場上升快速，毫無阻力，表示市場派發力量低而收集力量大；相反，若上升困難，阻力重重，表示市場派發力大而收集力量減弱。這種指標名為「活動能力指標」(Ease Of Movement, EOM)。

這種指標結合三種市場因素的變化：

(a) 市場趨勢變化；

(b) 市場成交量變化；

(c) 市場波幅變化。

上述三種市場因素，以下面三條公式量度：

(a) 波幅中位數的 2 天變速率

中位數 M = (H + L) ÷ 2 ROC (M) = (M - M (1) 〕÷ M × 100)

(b) n 天成交量平均偏差率 (Mean Deviation)

$$VMD = V \div MA(V, N) \times 100$$

(c) n 天市場波幅平均偏差率

$$RMD = (H - L) \div MA(H - L, N) \times 100$$

EOM 指標將市場活動的計算建基於一個比率，名為「方盒比率」(Box Ratio, BR)，這個比率是量度某段時間之內成交量變化與市場波幅變化的比例，其公式為成交量平均偏差率與市場波幅平均偏差率的比例：

$$BR = VMD \div RMD$$

若成交量加速上升，BR 上升；若波幅大增，則 BR 下跌。

建基於這個「方盒比率」之上，EOM 的公式是計算市場趨勢 (中位數變速率) 與「方盒比率」之比例：

$$EOM = ROC(M) \div BR$$

根據這項公式，若市場變速率或市場波幅增大，則 EOM 上升，反映市場購買力急促增加。相反，若成交量大增，EOM 將下跌，反映買賣均活躍，市價升跌並不順暢。

EOM 指標的最大用處，是該指標可以協助投資者捕捉市場急劇波動的時刻，並確認圖表位突破的真確性，避免陷入圖表的陷阱之中。

一般而言，EOM 的訊號可以理解為：

(a) 若 EOM 指標收窄，表示該市場的波幅及趨勢較成交量小，市場上落阻力頗大，可看為上落市，高沽低揸；

(b) 若 EOM 指標波幅增大，則表示市場的波幅及趨勢較成交量的變化大，市場上落快速，可看為單邊市的形式買賣。

在買賣策略方面，有以下幾點值得注意：

(a) 若 EOM 下破上升軌，並下破 0，表示市場將出現單邊的快市，只要順勢破圖表位入市，炒家將可獲得頗快的回報；

(b) 若圖表的趨勢仍然上升，然而 EOM 卻出現一浪低於一浪的背馳訊號，則市場便可能出現購買力後勁不繼的情況，市場即將見頂回落。只要 EOM 下破其上升軌趨勢線，而圖表上的上升軌亦下破，市場轉勢便可以得到確認。跌市的道理亦是一樣。

圖 55 是指數的日線圖及 14 天 EOM 指標。由圖可見，當 EOM 突破趨勢時，轉角市便隨之而出現。

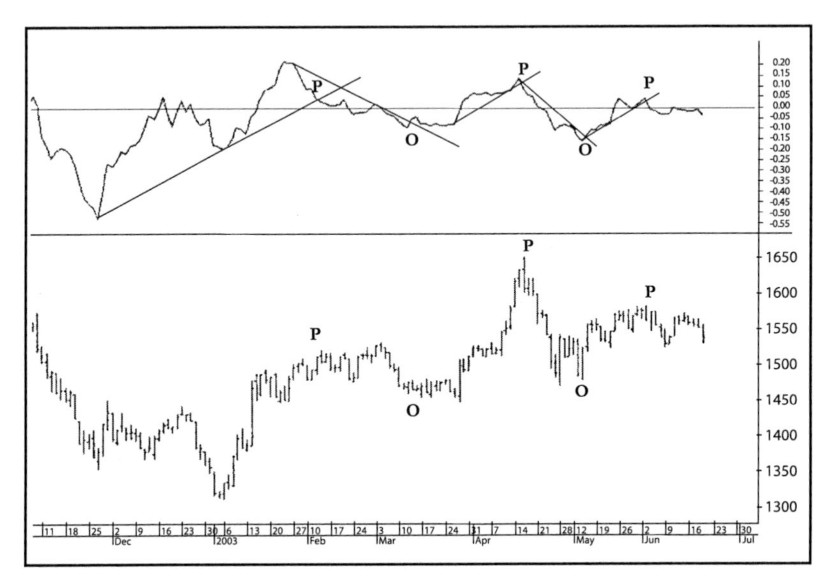

圖 55：指數日線圖與 14 天活動能力指標

5.5 資金流向指數(MFI)

投資市場升跌，受制於市場資金的流向，若投資者能掌握熱錢的去向，則投資取利將如探囊取物。然而，即使中央銀行亦難以及時掌握熱錢的流向，從這個角度看，除了利用基本經濟政治因素去探測熱錢流向外，投資者似乎別無他法。

在成交量收集及派發指標的行列裡，資金流向指數(Money Flow Index, MFI)的設計，便是跨過基本因素的層面，企圖從成交量及市場升跌的數據去計量資金流入或流出市場的狀況。

實質上，資金流向指數的設計形式，與相對強弱指數(RSI)的概念大同小異，不同之處在於：

資金流向指數以加權收市價為計算單位，並包含成交量(V)的因素在內，其公式為：

$$P = (H + L + C) \div 3 \times V$$

資金流向指數計算資金流向的強弱程度，主要以 P 的上升動量與下跌動量作出比較，其公式計算 P 上升動量佔整個市場時間樹窗的上升及下跌動量中的比例，其公式如下：

兩天上升動量 U = Max (P - P (1), 0)

兩天下跌動量 D = Max (P (1) - P, 0)

n 天資金流入 +MF = EMA (U, n)

n 天資金流出 -MF = EMA (D, n)

n 天資金流向指數 MFI = (+MF) ÷〔(+MF) + (-MF)〕× 100

一般而言，市價升跌的動量與成交量之間有四種主要的關係：

(a) 市價動量上升而成交量增加，表示市場資金大量流入，推動市場的趨勢；

(b) 市價動量上升但成交量縮減，表示市場屬於「乾炒」性質，市場的資金並未大量參與買賣，因此可以預期當前的市勢將會十分反覆，投資者對當前的趨勢要有戒心；

(c) 市價動量下降，但成交量增加，表示市場資金大量入市，但好淡爭持十分激烈，市勢尚未出現。只要動量回升，則好淡較量便會有結果，對後市的去向有相當啓示；

(d) 市場動量下降，而成交量亦下降 反映市場資金並未流入，買賣兩閒，在這種情況下，市場多數以上落市為主，是調整的階段。

圖 56 是指數日線圖及 14 天資金流向指數與 14 天相對強弱指數的比較。由圖可見，資金流向指數的上下波動較相對強弱指數大，反映成交量的因素在指數之中扮演著重要的角色。

資金流向指數的應用與相對強弱指數十分相似，主要觀察百分之二十及八十的超賣或超買狀況，以及與價位之間的背馳關係。

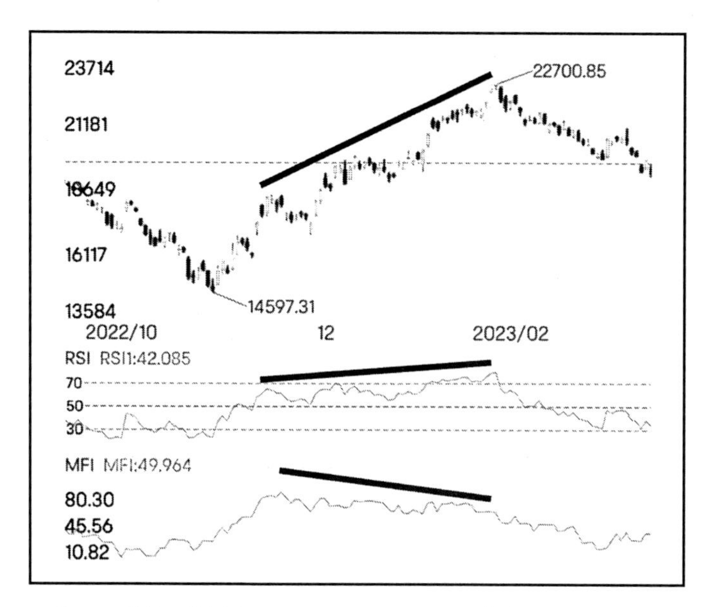

圖 56：指數日線圖與 14 天 RSI 及 14 天 MFI 背馳

從圖 57 可見，資金流向指數出現背馳，帶動指數下跌。

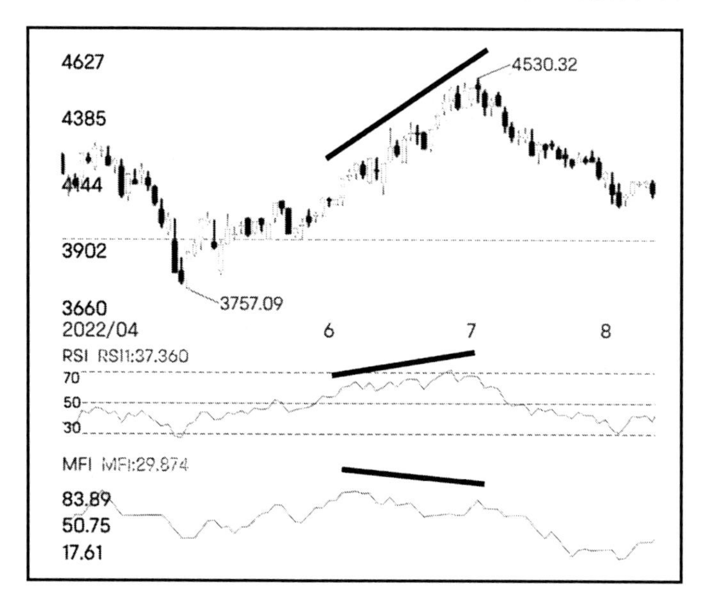

圖 57：指數日線圖與 14 天 RSI 及 14 天 MFI 背馳

5.6 正負成交量指標 (PVI, NVI)

5.6.1 正負成交量指標

關於成交量的指標，目前最為普及的是 OBV (On Balance Volume)。OBV 的計算方法最為簡單，主要根據兩種情況來釐定指標的升跌。

(a) 若當天收市價比昨天收市價高，則將當天成交量加在昨天的 OBV 之上；

(b) 若當天收市價比昨天收市價低，則將昨天的 OBV 減去當天收市價。

換言之，若當天收市價上升，可將當天成交量歸入市場的購買力量一邊。若當天收市下跌，則將當天成交量歸入市場的派發力量一邊。

這種計算方式，在邏輯上有一些缺點，就是成交量只反映市場的活躍程度，而不能單以成交數據衡量市場的購買力。事實上，成交量與市場動量的關係較大，有以下兩種情況發生：

(a) 若當天成交量比昨天大，則當天市場升跌的動量意義會較大，因為有更多人參與市場，反映市場對後市的看法；

(b) 若當天成交量較昨日少，則無論當天市場升或跌，意義都較低，因為市場參與的人數減少，對後市走勢的代表性不足。基於上述情況，分析家設計了正成交量指標(Positive Volume Index, PVI)。

PVI 的公式為：

(a) 若當天成交量比昨天為高，則當天 PVI 為昨天的 PVI(1) 加上 PVI(1) 乘收市價起跌的百分比：

$$PVI = PVI(1) + [(C - C(1)) \div C(1) \times PVI(1)]$$

(b) 若成交量減少，PVI 維持不變。

圖 58 為指數與正成交量指標。

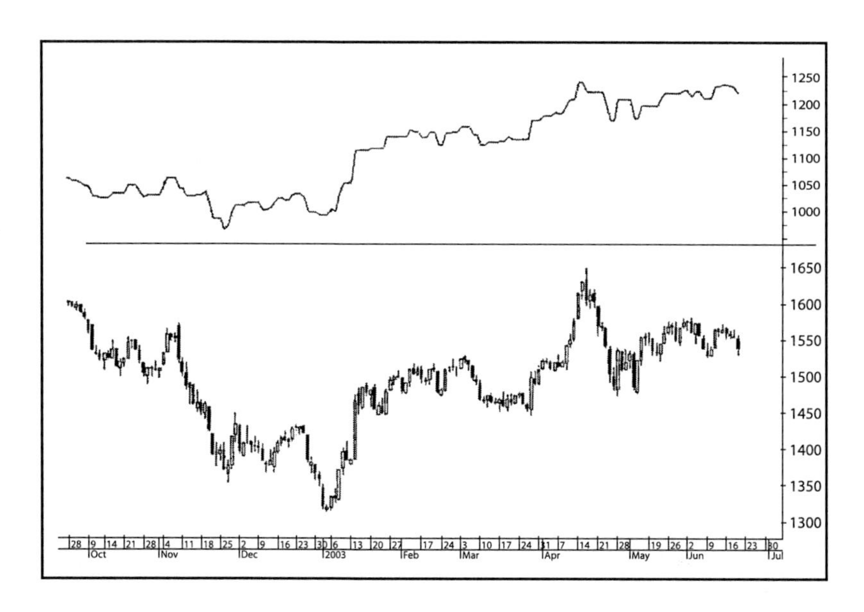

圖 58：指數與正成交量指標

5.6.2 負成交量指標

正成交量指標的意義在於計算市場群眾出入市買賣的動量，其主要的指標為成交量上升。

事實上，正成交量指標有一個孿生兄弟，稱為負成交量指標(Negative Volume Index, NVI)。顧名思義，負成交量指標是分析成交量減少時的市場動量。其主要公式是：

(a) 若成交量減少時，當天 NVI 是昨天負成交量指標 NVI (1) 加上 NVI (1) 乘收市價升跌的百分比：

NVI = NVI (1) +〔(C - C (1)) ÷ C (1) × NVI (1)〕

(b) 若當天成交量比昨天成交量為高時，當天負成交量 NVI 等於昨天 NVI。

NVI 的設計，主要認為若市場成交量少，並不表示市場無方向感；相反，成交量少是反映市場「醒目資金」在群眾未找到市場方向時已經入市，這批投資者可能是內幕人士或投資大戶。由此推論，NVI 是捕捉市場淡靜時的市場動量，對後市自有一定的指引作用。

一般而言，正成交量指標的趨勢為向上，而負成交量指標的趨勢為向下。

買賣訊號方面，可在 PVI 或 NVI 之上加一條移動平均線以反映該指標的趨勢，指標上破移動平均線為買入訊號；相反，指標下破移動平均線則為沽出訊號。

圖 59 為指數與負成交量指標。

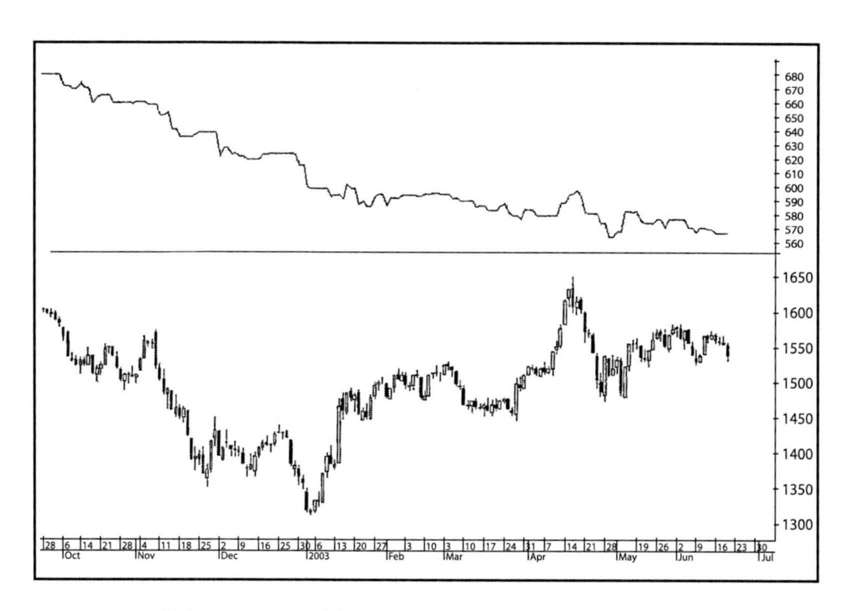

圖 59：指數與負成交量指標

5.7 逆時針圖表分析(Counter-clockwise)

在一般市價與成交量的技術分析方法裡，通常有兩種分析的取向：

(a) 分析者將成交量的數據融入市價的動量之內，成為一種成交量加權動量指標；

(b) 分析者將成交量與市價分開處理，以觀察兩者之間升跌的分歧，兩者都以時間為橫軸。

不過，若將價位與成交量之間的關係改以另一種形式展現，市勢的發展更能一目了然。

這方法名為逆時針圖表分析(Counter-clockwise)，這種圖表分析方法撇除了時間因素的考慮，以成交量為橫軸(X-axis)，市價為縱軸(Y-axis)，分析市價與成交量之間升跌的變化。

市價與成交量的關係在圖表上表現出以下四種情況：

(a) 若市價上升而成交量上升，則圖表上的線將向右上角發展，市勢利好；

(b) 若市價上升而成交量下跌，則圖表上的線將向左上角發展，表示市價上升缺乏支持；

(c) 若市價下跌而成交量上升，則圖表上的線將向右下角發展，市勢利淡；

(d) 若市價下跌而成交量下跌，則圖表上的線將向左下角發展，市場沽售力量開始減少，應離見底不遠。

根據以上四種情況，投資者可在圖表中央畫一個「十」字，以劃分四種不同的市況：

(a) 若圖表線密集於右上角，則市勢向好；

(b) 若圖表線密集於右下角，則市勢向淡；

(c) 若圖表線密集於下角，則市勢下跌乏力，反彈在即；

(d) 若圖表線密集於左上角，則走勢上升乏力，隨時進入調整。

所謂「逆時針」的圖表分析，是指市場本身的升跌循環，以「逆時針」的方式在圖表上發展。

首先，當市價下跌而成交量收縮，表示市場的低潮已快告一段落，圖表上的曲線會移向左下角。

當市場見底回升時，市價在低位緩緩上升，而成交量則會回升，圖表上的曲線在這個時候會移向右下角。

當市價愈升愈快，而成交量進一步攀升時，圖表上的曲線會向上移至右上角。

當市價上升至某個程度時，市價續升，然而成交量卻開始收縮，「醒目資金」開始撤離市場，在這個階段，圖表曲線將向左上角移動。

從以上四個市場發展的階段觀察，圖表上的曲線是以逆時針的方式運行。

圖 60 是英鎊期貨的 20 天逆時針價位成交量走勢圖表。由附圖可見，英鎊於下跌至 1.46 美元水平時，期貨成交量大幅收縮，曲線移向左下角，表示當時的英鎊拋售力量逐步減弱；成交量收縮至 8,000 多張，是見底的先兆。

之後，英鎊大幅反彈至 1.50 美元的水平，而成交量大增至 1.6 萬張，成交增加一倍，反映市場在低位反彈的力量勁度十足，在圖表上到達右上角的位置。

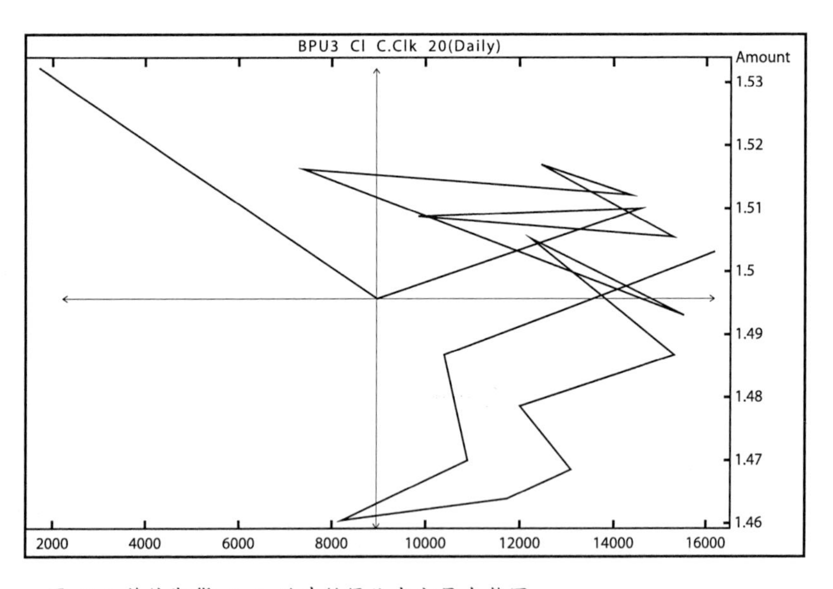

圖 60：英鎊期貨 20 天逆時針價位成交量走勢圖

從上面例子，價位成交量的關係一目了然，對掌握市場資金的流向意義十分大。

5.8 移動平均成交量指標 (Vol Osc)

觀察成交量對市場走勢的影響，最基本是看平均成交量，若成交量高於平均成交量，表示市場交投活躍，動力十足。

若成交量低於平均成交量，表示市場內參與的資金不多，市場難以出現長久持續的趨勢。

根據以上分析的概念，我們可以製作一種移動平均成交量指標 (Volume Oscillator, VO)。

當成交量高於其移動平均線時，代表資金正湧入市場，成交量暢旺。

當成交量低於其移動平均線時，代表資金正逐步撤退。

移動平均成交量指標的設計，是以成交量的長線及短線移動平均線之差作為分析的重點。若兩者之差為正數，表示成交量趨升，交投活躍；當兩者之差為負數，則成交量趨降。其公式為：

$$VO = MA(V, m) - MA(V, n)$$

在上述的公式中，V 為成交量，而長線及短線的移動平均數據的時間樹窗分別為 m 天及 n 天。

此外，在 VO 之上可加一條 EMA 作為訊號線以反映其走勢。

圖 61 是指數的移動平均成交量指標，當 VO 轉勢，表示市場的短期趨勢即將逆轉。

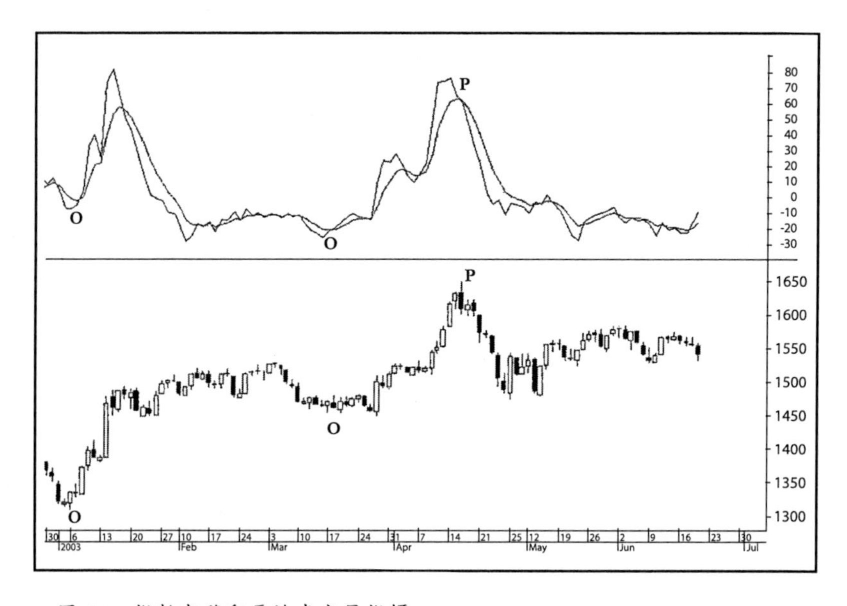

圖 61：指數與移動平均成交量指標

移動平均成交量指標與我們一般所使用的移動平均指標 (Moving Average Oscillator) 的形式十分相似，但前者是在成交量方面使用，而後者則是在收市價方面使用。

在詮釋上述兩種指標的訊號時，有以下幾點需要特別注意：

(a) 移動平均線指標，是一種滯後於市場的指標，其訊號是跟隨趨勢買賣。因此，移動平均線的訊號通常無法預測市場見頂或見底；

(b) 其指標與市場走勢的形態是同步發展的，指標與價位的頂底出現時間十分接近。

移動平均成交量指標的不同之處，在於指標與市價走勢形態無特定的關係，成交量指標見頂見底，往往在市價轉勢之先，因此可以作為一種領先的指標。

這裡要分辨兩種情況：

(a) 在上落市的短期波動之中，成交量指標的頂底往往會與價位的短期頂底同時出現；

(b) 在趨勢市中，成交量指標的重要頂部或底部，往往會在價位的重要頂部或底部之前一段時間出現。這種情況出現的原因是：在趨勢走至中期時，是資金大量流入而成交大增之時，但當趨勢逐步走向見頂或見底時，資金正逐步流走，以致成交量收縮，在此時，成交量指標突破0線，是一個重要的指引訊號。

5.9 成交量匯聚背馳指標(VMACD)

利用成交量 (Volume) 的數據作移動平均線的分析，最後當然走向移動平均匯聚背馳指標 (MACD) 式的發展。

圖 62 是指數與成交量的 MACD 走勢圖。所選擇的是 5 天成交量的指數移動平均數 (EMA) 的 MACD，另外在其上加上 5 天的訊號線。

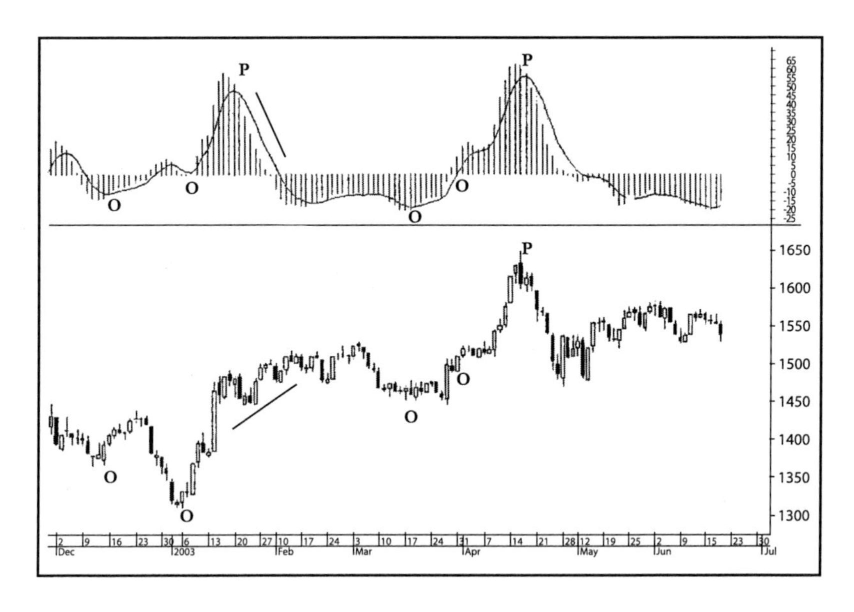

圖 62：指數與成交量 MACD 走勢圖

由附圖可見，指數上升時，成交量 MACD 早已在一個月前出現底背馳，之後成交量開始回升，當 MACD 上破 0 線之時，指數即見底回升。

指數的上升浪充滿爆炸性，成交量的 MACD 最高上升至 62.4 的水平，之後，指數回落，成交量的 MACD 亦出現沽出的訊號。

由以上的觀察可知，市場轉勢之時，成交量有兩種情況出現：

(a) 成交量大幅增加，到達購買力的高峰；

(b) 成交量大幅萎縮，亦到達低潮時期。

因此，當成交量大幅偏離其正常水平時，投資者對後市便要特別小心。

5.10 物理學原理之市場分析應用

技術分析近 30 年來，在金融市場大行其道，其發展的速度遠遠超過語言的演化進度。因此，我們難以在字典中找到相對強弱指數（RSI）、隨機指數（Stochastics）等技術分析名詞的解釋。

事實上，不少技術分析家在命名其所設計的分析指標時，都難以找到適當的名詞表達，而只有借用其他領域的名詞。

目前，我們最常用的技術分析指標為動量指標，動量這個名詞來自物理學，可惜，名不正，言不順，動量指標的計算公式，並不能反映物理學上的動量概念。

動量指標的公式為：當天收市價減某段時間之前的收市價。這條公式所反映的是市價的變化。

物理學的動量是質量（Mass）乘速度（Velocity），包含了「量」的因素在內。

分析家約翰・愛拿斯（John Ehlers）認為，要製作一種真正的動量指標，必須界定清楚市場上各個要素與物理學上各個要素之間的關係，他認為可作以下的模擬：

物理	市場
距離 (Distance)	價位幅度 (Price Range)
時間 (Time)	時間 (Time)
重量 (Mass)	成交量 (Volume)

根據愛拿斯的理論，只要適當地模擬各個因素，物理學上的定理對於金融市場一樣適用。

愛拿斯將市場價位升跌幅度模擬物理學上的幅度 (X)，成交量 (V) 模擬物理世界的質量 (M)，便可以計算出真正的市場動量。

假設金融市場是根據時間 (T) 及價位 (P) 兩個軸的空間運行，其中有周期性波動頻率 W (Angular Frequency, W)，其周期為：

$$C = 2\pi \div W$$

有關公式如下：

價位 $P = \sin(Wt)$

物理動量 $M = m(dx \div dt)$

市場動量 $M = m(dp \div dt)$

$$M = wV\cos(Wt)$$

$$M = (2\pi \div C)(V)\cos[(2\pi \div C)t]$$

利用上述公式，只要分析者代入適當的周期時間 C（譬如：14 天、28 天、62 天等）及成交量，市場動量 M 便會以 Cosine 曲線形式描述真實市場中的波動。

換言之，市場動量的真正公式為：

$$M = V〔(P_1 - P_n) \div n〕$$

上述公式亦即我們常用的資金流向指數 (Money Flow Index, MFI，見 5.5)。資金流向指數應為真正的市場動量指標。

愛拿斯根據牛頓第二定理，設計了另一種指標，稱為「還原拉力指標」(Restoring Pull Indicator, RPI)。

這種指標是模擬彈簧重量計的公式，應用在金融市場買賣力量的均衡上。

彈簧重量計的兩條力學公式如下：

向下吸力：$F = MG$
向上拉力：$F = -KX$

以上 F 是力度，M 是重量，G 是地心吸力常數，K 是彈簧彈力常數，X 是上落幅度。

若應用以上公式在市場的買賣力量平衡上，其公式如下：

$$MG = -KX$$
$$G = -(K \div M)X$$
$$d^2X \div dt^2 = -(K \div M)X$$

如果 $X = \cos(Wt)$，則 $d^2X \div dt^2 = W^2 \cos(Wt)$，換言之，$W^2 = (K \div M)$。

如果 M 等於成交量，W 是市場周期頻率，則市場購買力度 K 的公式為：

$$K = V(2\pi \div C)^2$$

以上 C 為市場周期日數。

愛拿斯稱 K 為「還原拉力指標」(RPI)。

圖 63 是指數日線圖及還原拉力指標，RPI 的公式為：

$$RPI = V(2\pi \div C)^2$$

其中 V 為成交量，C 為市場的周期循環日數。

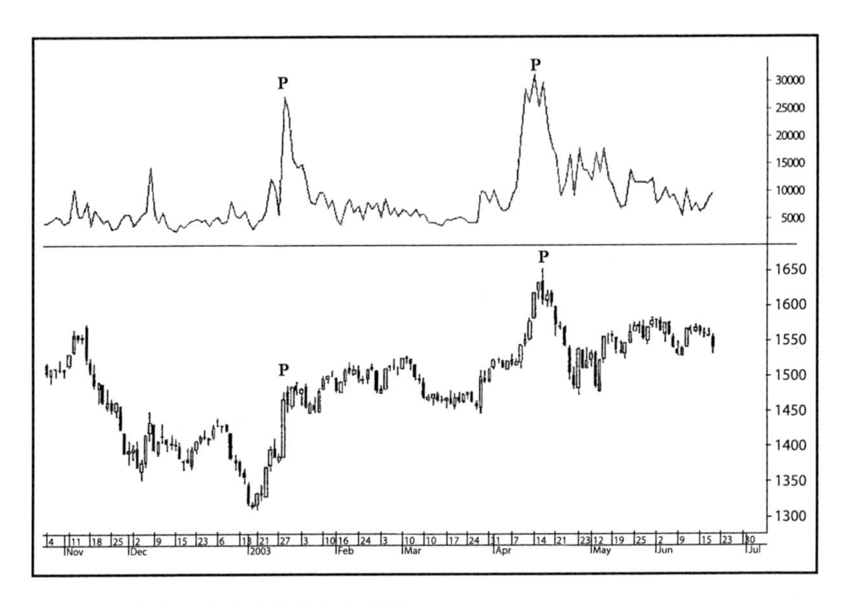

圖 63：指數日線圖與還原拉力指標

由圖可見，指數的 RPI 都出現大幅波動，反映市場的拉力 (Stiffness) 到達了極端的階段。正如彈簧樣，當彈簧的拉力到達極點時，彈簧會一觸即發地收縮，當市場的 RPI 達到極端的情況時，市場亦會出現反作用。

由以上的公式可見，RPI 的波動主要取決於市場的成交量 V，當成交量過大或過小時，市場都會出現反作用。

不過，RPI 的平衡點會因應不同的市場及它的循環周期而改變。此外，RPI 的強弱應以該市場的歷史性波幅衡量，而不應單看 RPI 的數值。

5.11 夏歷指數(Herrick Payoff Index, HPI)

要有效分析一個市場的資金流向情況，除了成交量外，其實未平倉合約(Open Interest)的意義亦相當大。分析家約翰・夏歷(John Herrick)便根據市場的價位、成交量及未平倉合約，綜合創製了一種資金流向的指標，稱為夏歷指數。

夏歷指數的計算相當複雜，包括兩條公式，第一條公式是計算指數的單位K：第二條是計算指數的正常化公式。第一條公式如下：

$$K = CV(M-My)(1 \pm 2I \div G)$$

以上，

C = 每一仙上升的價值，一般可作100計。

V = 當天成交量

M = 當天高低價的中位

My = 昨天高低價的中位

I = 當天未平倉合約與昨天未平倉合約之差的絕對值

G = 當天與昨天之未平倉合約數量之較大者

以上數值中，如果當天中位價比昨天中位價為高，則用(1+2I÷G)，如果當天中位價較昨天中位價為低，則用(1-2I÷G)。

第二條公式如下：

$$HPI = [Ky + S(K - Ky)] \div 100{,}000$$

其中：

Ky 是昨天的 HPI

K 是第一條公式的單位 K

S 是乘數因子，通常可用 10

一般來説，HPI 在 0 之上為利好，在 0 之下為利淡，當指數與價位的趨勢出現背馳時，市場便可能出現轉勢。

以圖 64 為例，美國標準普爾 500 指數期貨低見 788.50，但 HPI 卻出現底背馳，反映資金流向回升，最後市勢進入大升勢。

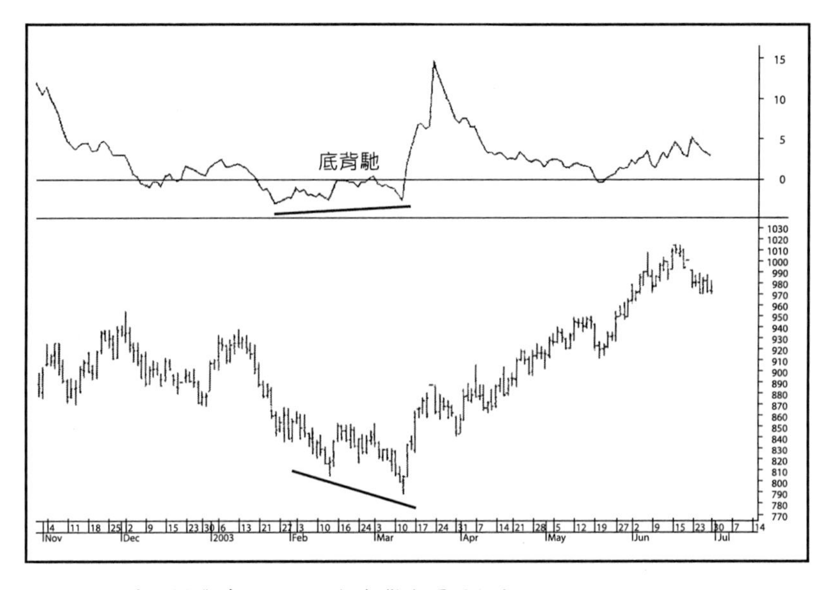

圖 64：美國標準普爾 500 指數期貨與夏歷指數

06

市場情緒指標

6.1 相反理論（Contrarian Theory）

嚴格來說，相反理論並非一套分析方法，而是一個觀察市場走勢的角度。

大部分人看一杯水，焦點會集中在杯中的水，相反理論者則將焦點集中在水杯中未被水注滿的空間，不同觀察的角度對於人類相對的行為有不同的含義。

上述比喻表示，若我們從不同的角度觀察市場，我們將可以得到一幅更為全面的圖畫，投資決策將更為有效。

相反理論大師漢弗萊・尼爾（Humphrey B. Neill）在其經典名著《逆向思考的藝術》（*The Art of Contrary Thinking*）中，清楚界定相反理論的意義，他指出：「逆向思考的藝術是將思考的心思訓練至與普羅大眾的意見相反，並以眼前的事件以及群眾行為的變化作為根據，以達至思考的結論。」

換言之，投資者的行為與實際市場情況之間的分野，往往便是相反理論者的分析焦點所在。這個分野，反映群眾的意見已非由實際情況所影響，而是由偏見及期望所推動。

6.1.1 相反理論的意義

尼爾提出相反理論的重要基礎：

(a) 逆向思考的目標，是要挑戰大眾的看法，因為在頗多的情況下，大眾的看法都是過時、受宣傳所左右而經常出錯的。因此，相反理論者的名言是：當所有人的思考一致時，所有人將可能一同出錯。太多預測，將破壞其成果；

(b) 相反理論之所以成立，是源於人類的天性，包括：習慣、情緒、固執、傳統，貪心、自以為是、模仿、希望、想當然、腐化、誤信饞言、衝動、恐懼、懷疑及自負；

(c) 相反理論是社會學以及心理學的定律，包括：

(i) 群眾助長本性，而個人則遏抑本性；

(ii) 人類是群居的，因此本性上是跟隨「大隊」的；

(iii) 人類喜歡模仿小眾，容易為他人的建議、命令、傳統及情緒刺激所影響；

(iv) 群眾根據大眾情緒，永不尋根問底，群眾容易接受無理據的説法及斷語。

依上述的説法，群眾看似愚昧而易受擺佈，尼爾卻指出其實亦不盡然。投資大眾盡管易受情緒的影響而未能冷靜思考，但他們亦非輕易受到操縱：

(a) 我們除了要問甚麼看法和資訊正在群眾中傳播外，更為重要的是，為甚麼該種看法和資訊會被傳播？換言之，影響群眾意見的並非資訊的字句，而是其背後的理由，並不是所有資訊都能影響群眾；

(b) 經驗所得，影響投資大眾信念和市場情緒的市場意見，往往在不知不覺的情況下橫掃投資大眾；同樣，這些意見往往亦以極快速的時間轉變過來。

投資大眾並非容易操縱，然而，在眾人忽視的時候，一些市場的傳言或看法，卻可以在極短時間內席捲市場，釀成市勢大幅波動，其中的因果關係相當有趣。

要觀察群眾心理，市場是最好的場所。當價位在極低水平時，投資大眾一般缺乏入市興趣；當市場活躍，群眾開始注意，但只有直到市價上升，群眾才跟隨入市。而投機的狂熱不會發生在低價水平，而是發生在充滿上升動力的高價市場中。

因此，不要誤會投資大眾是根據價值而入市買賣，投資大眾乃是受市場情緒所推動，憑著市場感覺入市。

市場情緒的形成，有如空氣粒子互相推撞，繼而形成氣流；亦有如山火，一下子吞沒整個山頭。

所以，在市場低價的時候，成交量細；相反，市場價格愈高，則愈多人入市追捧，成交量激增。

上述的市場觀察，剛好違反了經濟學上的需求定律(Law of Demand)。經濟學假設，理性的人會在高價時減少買入貨品，在低價時增加買入。投資市場與現實則相反，價格愈高愈買，愈低愈賣。

這個現象並非說經濟學錯誤，而是說明投資市場上，投資者往往並非以理性決定買賣，這否定了需求定律中消費者理性選擇的假設。

6.1.2 傳媒與市場情緒

要了解市場的情緒，傳媒所扮演的角色不容忽視。傳媒與市場情緒的關係是一個辯證的關係，傳媒一方面反映市場的情緒，而另一方面，又領導著市場的意見及思維。

這種關係，通常會加速市場情緒走向一面倒的方向，直至市場逆轉為止。

對於傳媒與經濟的關係，目前甚難有具體的數據加以考究，不過，《經濟學人》(*The Economist*) 雜誌於 1992 年夏季開始作了一次有趣的統計，頗能反映上述傳媒與經濟的關係。

《經濟學人》的工作人員設計了一種名為衰退字句指數 (R-Word Index)，作為一個另類的經濟指標。該雜誌根據每季英國所有報章上出現過「衰退」(Recession) 字句的數目，編成一種指數，作為經濟衰退程度的一種指標。

由圖 65 可見，美國於1992年，2002 年及 2008 年製造業產量墮進谷底，而「衰退字句指數」亦在該段時間創出新高。

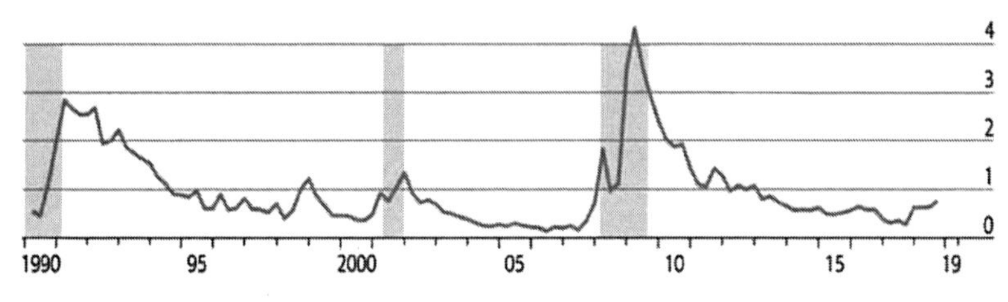

（資料來源：經濟學人）

圖 65： 美國 1990 至 2019 年衰退字句指數 (R-Word Index) 與經濟衰退時間吻合

換言之，當報章上出現大量談論經濟衰退的言論時，經濟其實已經見底，準備踏入回升期。亦即是說，當傳媒極度關注經濟衰退時，經濟其實已經開始復甦。

由此可見，當傳媒眾口一詞，眾腔一調的談論市場的趨勢時，市場轉勢已經指日可待。

6.1.3 投資狂潮淺析

自有自由市場以來，市場價格的升跌每隔一段時間便將人類情緒導向瘋狂狀態。造成金融市場急升急跌的狂潮，屢見不鮮；這種市場情緒的變化，並非一般經濟因素可以完全加以解釋。

瘋狂市場的例子俯拾皆是：

(a) 20 年代，美國道瓊斯工業平均指數由 1926 年低點 135 上升至 1929 年高點 386 點，三年內上升 2.8 倍，之後的三年出現股災，下跌至 1932 年的 40 點，下跌 89%；

(b) 70 年代，港股由 1971 年低位 201 點上升至 1973 年高位 1774 點，上升 8.8 倍，之後的兩年股災，下跌至 1974 年底的 150 點，下跌 91%；

(c) 80 年代，台灣加權指數由 1980 年低點 2339 上升至 1990 年的 12054 點，上升 5.15 倍，之後，台股出現暴瀉，最低下跌至 2620 點，下跌 78%。

這種瘋狂市場並非二十世紀特有，即使遠至十八世紀，這種狂態亦不時出現。歷史上最為人所談論的，莫過於 1637 年荷蘭鬱金香狂潮，以及 1720 年密西西比及南海泡沫狂潮。

在 1636 年 11 月至翌年 1 月，荷蘭人狂熱於罕有的鬱金香花球莖炒賣，價格炒至相當於今天的 5 萬美元一個，當投機熱潮過去後，其價格跌至不及十分之一。

另一個著名的投機狂潮發生在 84 年後的 1720 年，印度公司（Compagnie des Indes）及南海公司（South Sea Company）大量收購其他公司及政府債券，以壯大其資產負債表，而資金來源則來自新股的發行。

該公司發行新股的股價一次比一次高，直到股價上升 10 倍後，從高峰不支下滑，最後其股價下跌九成以上。

上述投機狂潮為人所談論超過二、三百年而不衰，成為市場瘋狂狀態的典範。

6.2 好友指數(Bullish Consensus)

若了解市場情緒，可以正確評估市勢的發展，原因是：

(a) 若看好市場的有百分之五十，表示買賣力量均等；

(b) 若看好市場的有百分之六十，則表示超過半數的市場投資者已經入市；

(c) 若看好市場的有百分之七十，表示持有好倉的與未持好倉的人數比例為二比一；

(d) 若看好市場的有百分之八十，則表示五個人之中有四個已經持有好倉，市場若要再升，必須要那百分之二十的淡友轉軚才成；

(e) 若看好市場的人數升至百分之九十，換言之，有九成市場參與者已經持有好倉，市場若要再升，必須由餘下一成人入市持好倉才成，而這批人通常是淡友轉軚看好者。與此同時，有九成人正在俟機獲利。在這種情況下，購買力已經衰退，即使有沒有壞消息出現，市場自然都會進入獲利回吐階段，市場亦因此見頂回落。

其實，掌握市場情緒説易行難，首先要深入了解政治及經濟現況的發展，但由於市場往往高估或低估了這些因素，因此價位的上落並不完全反映政治及經濟的步調，帶來了市價的大幅上落。要掌握政經現實與市場價格的分歧，是一大學問，往往難以避免牽涉到主觀的判斷。這可以說是政治及經濟的學問，但亦可以說是群眾心理的範疇。

群眾心理應與學院所研究的心理學分開。學院的心理學有強烈的個人主義傳統，而群眾心理只算是一幅尚未完全開墾的土地。在西方社會的學術傳統裡，十分喜歡將研究對象數量化，研究投資心理亦不例外。相反理論者是介乎基本分析與技術分析之間，專門分析市場情緒，將之數量化而成為一個市場情緒指數，然後根據這些指數釐定入市策略。這些分析家每周綜合投資通訊、經紀行報告、投資顧問及專業炒家的意見，然後製成好淡指標，以供參考。

相反理論者調查市場情緒的做法，是嘗試綜合市場意見製成 0 至 100 的市場情緒指數，以輔助入市的策略。其理念是，當指數極度向好或極度向淡時，表示絕大部分人已經入市。

在投機市場內，有買必有賣，以極少數人的資金去吸納絕大部分人的資金，互相對賭，究竟是何人有此本事？當然是大戶或有內幕消息的人士，只有這批人，才有膽量與群眾反其道而行。這一小撮人實力雄厚，掌握市場的重要資訊，當然並非善男信女，贏面自然高人一等。因此，當好友指數極低或極高時，往往表示快將轉勢。根據分析家厄爾・哈德第（Earl Hadady）的相反理論方法，他理解好友指數如下：

0-20	市場情緒極為看淡，轉勢回升在即
20-40	升勢可能在此水平開始
40-50	若市勢下跌，則一般預期跌勢將會維持；若處於升勢，則升勢應維持，除非有見頂形態出現
50-60	好淡爭持，不宜入市， 55 應為自然的平衡點
60-80	若處於升勢，升勢將持續，若處於跌勢，則方向不明顯，但傾向繼續下跌
80-90	走勢不明確，跌勢有機會開始
90-100	市場情緒極為看淡，見頂在即

好友指數是市場情緒的最佳指標，以此預測市場的大方向，成績斐然。

好友指數在 25% 之下為超賣區，市場對後市過分看淡，好友指數在 75% 之上，表示市場對後市過分樂觀，為超買區。

換言之，當市場進入超買區後，表示好友已全然入市，新入市的資金已經不多，這種情況自然給予看淡的大戶有可乘之機。相反當市場進入超賣區後，表示淡友充斥市場，要沽貨的大部分已經作出行動。因此，只要市場因素稍一改變，淡友空倉回補的動力便足以令市價回升。

圖 67A 是英鎊由 1991 年至 1994 年的匯價周線圖以及每周好友指數走勢圖。由圖可見，英鎊的重要頂部出現時，好友指數均在超買區的水平，接近 80% 或以上。英鎊見重要底部時，好友指數則在超賣區水平，平均在 10% 至 15% 左右。

好友指數的形態及理解，與一般技術指標十分相似，其中相當有趣的是背馳的現象。通常在超買 / 超賣區內出現價位與指標的背馳，皆表示市勢將出現大幅度的轉勢。

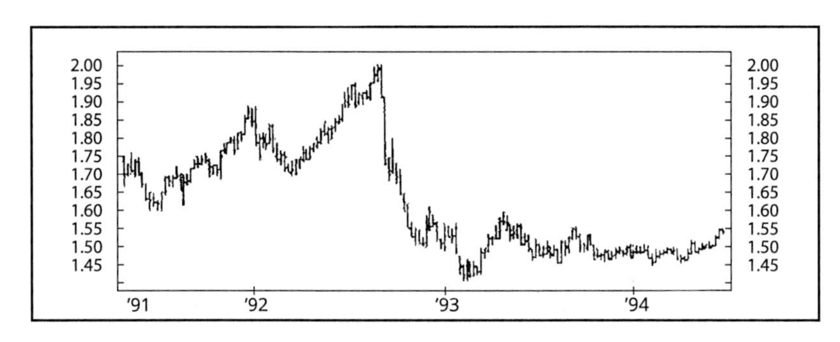

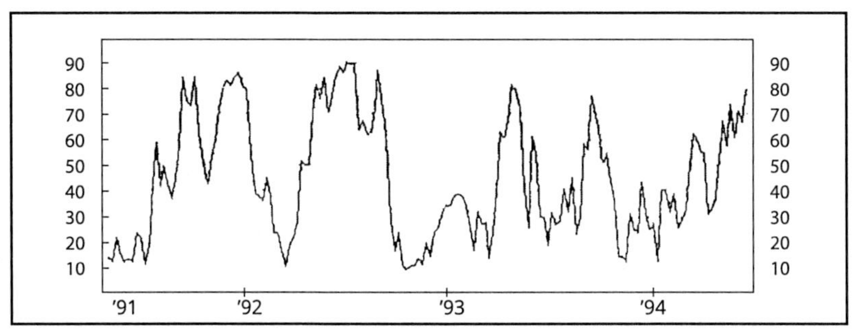

圖 67A：英鎊匯價周線圖與每周好友指數走勢圖

好友指數（Bullish Sentiment Index）由美國 consensus-inc.com 每周公佈，參圖 67B。

	Week Ending 5-31-19	Week Ending 5-24-19	Week Ending 5-17-19
Stock Indices	58%	60%	61%
Natural Gas	28%	29%	31%
Gasoline RBOB	52%	56%	58%
Crude Oil	43%	48%	51%
Heating Oil	39%	45%	47%
Japanese Yen	34%	32%	31%
Swiss Franc	32%	29%	27%
British Pound	26%	27%	29%
Euro FX	23%	24%	25%
Canadian Dollar	29%	31%	30%
U.S. Dollar Index	59%	64%	63%
Eurodollars	53%	47%	50%
Treasury Notes	70%	69%	68%
Treasury Bonds	68%	66%	64%
Gold	47%	44%	46%
Silver	28%	29%	31%
Platinum	25%	27%	29%
Copper	35%	37%	38%
Lumber	26%	29%	31%
Cotton	30%	29%	28%
Coffee	29%	26%	25%
Cocoa	44%	47%	41%
Sugar	25%	26%	27%
FCOJ	28%	27%	26%
Feeder Cattle	28%	30%	31%
Live Cattle	43%	47%	48%
Lean Hogs	42%	48%	50%
Soybean Meal	33%	26%	24%
Soybean Oil	28%	26%	25%
Soybeans	34%	29%	28%
Wheat	38%	31%	29%
Corn	43%	36%	30%

（資料來源：consensus- inc.com）

圖 67B：每周好友指數

6.2.1 量度市場情緒指標

隨著金融市場的發展，至今量度市場情緒的方法已有多種。現時美國有幾間公司都有直接訪問市場人士的方法，以量度市場的情緒。

最早發展市場情緒指標的是先前討論的由厄爾・哈德第（Earl Hadady）及詹姆士・斯貝特（James Sibbet）於 1960 年代所創製的好友指數（Bullish Consensus）。這個指標是根據著名的投資通訊及經紀行市場看法，以劃定一個由 0 至 100 的指標：0 是悲觀，50 是中立，而 100 是樂觀。

另一種指標是由出版《期貨趨勢通訊》（*Trends in Futures*）的格蘭・維爾（Glen Ring）所創製的，稱為態度指數（Attitude Index）。這個指數主要統計多個商品期貨市場的市場情緒，從而了解商品研究局綜合指數（CRB Index）的走勢。

第三種指標是由循環理論家傑克・伯恩斯坦（Jake Bernstein）、麥克・萊弗利（Mark Lively）及德・萊弗利（Deb Lively）所創製的，稱為「每天情緒指標」（Daily Sentiment Index, DSI）。這種指數較為精密，每天隨機抽樣訪問市場散戶，以了解一般投資者的好淡情緒。

另一個相反理論的例子可見圖 68。

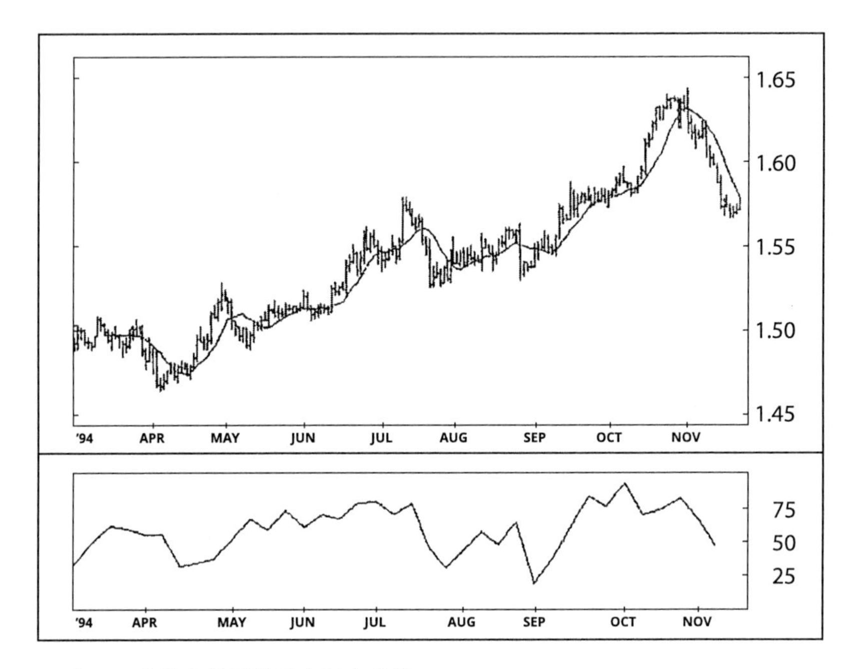

圖 68：英鎊匯價周線圖與好友指數

圖中所見，1994 年 11 月英鎊走勢升破 1.60 美元大關，英鎊的好友充斥市場，好友指數高達 95%，是兩年以來最高的水平。數據告訴我們，在 100 個外匯投資者中，只有 5 位未入市買英鎊，換句話説，有 95 個人正在等候獲利回吐。結果，英鎊之後大幅下跌。

上述市況再一次證明相反理論大師的説法：「當所有人有一樣想法時，所有人便可能出錯。」

6.2.2 如何利用好友指數買賣

一般相反理論者應用市場情緒指標作投資買賣時，都會遇上一個困難，就是如何決定入市的水平及止蝕位，以下筆者嘗試提供一些方法以供參考：

(a) 當好友指數第二次進入超買 / 超賣區域時，準備部署逆市買買；

(b) 10 天移動平均線轉勢向下，而收市價在收市 10 天線之下，是入市的訊號；

(c) 以市場之前的高點或低點之外作止蝕位；

(d) 當市價收市跌破 10 天移動平均線時，可獲利回吐。

相反理論者認為，市場的走勢並非如市場人士期望的平和。相反，市場人士按理性預期的投資買賣行為，最後往往令預期得不到實現。

以上這個觀察，剛好反駁了一般人對技術分析理念的批評。這些批評認為，技術分析是一種自我實證預言（Self-fulfilling Prophecy）式的社會行為，意即每個人都預期市場會向某個方向發展，而人人按某個方向買賣，最終會令預期成真。

但事實剛好相反，當人人預期市場會向某個方向發展時，人們的買賣行為最終令市場反其道而行。這應驗了老子名言：「道可道、非常道。」

6.3 如何觀察大戶活動

看市場走勢，有時並不需要高深的理論或精密的計算，只要投資者留心一下市場情緒的變化，以及大戶的活動，市場的逆轉亦不難預計得到。

筆者有三種工具可供讀者參考：

(a) 成交量及未平倉合約；

(b) 好友指數；

(c) 美國期貨監察委員會的炒家倉盤報告。

成交量 (Volume) 是市場全日交易的股數、期貨合約的張數或交易金額；未平倉合約 (Open Interest) 數量是期貨合約在結算前市場單頭持倉的總數。

好友指數 (Bullish Consensus) 是看好人士佔市場受訪者的比例。(見 6.2)

美國期貨監察委員會 (Commodity Futures Trading Commission, CFTC) 每星期公布一次炒家倉盤報告 (Commitment of Traders Report)。依照美國期貨法例，個別投資者持倉盤超過指定張數，必須向期貨監察委員會申報。此外，委員會亦會公布商業對沖盤與非商業盤的比例。因此，這個報告將提示大戶與散戶之間的比例，而商業用家與投機家的比例亦可清楚見到。

WHEAT - CHICAGO BOARD OF TRADE								
FUTURES-ONLY POSITIONS OF 12/12/06								
NONCOMMERCIAL			COMMERCIAL		TOTAL		NONREPORTABLE POSITIONS	
LONG	SHORT	SPREADS	LONG	SHORT	LONG	SHORT	LONG	SHORT
(CONTRACTS OF 5,000 BUSHELS) OPEN INTEREST: 417.081								
COMMITMENTS								
73,598	56.045	69,441	237,539	232,901	380,585	358,394	36,496	58,687
CHANGES FROM 05/25/2004 CHANGE IN OPEN INTEREST: -7,043								
-10,463	-1,186	126	3,462	-6,610	-6,875	-7,670	-168	627
PERCENT OF OPEN INTEREST FOR CATEGORY OF TRADERS								
17.6	13.4	16.7	57.0	55.8	91.2	85.9	8.8	14.1
NUMBER OF TRADERS IN EACH CATEGORY (TOTAL TRADERS:317)								
102	89	92	67	96	233	226		

以美元兑日圓的走勢為例，美元兑日圓由 1994 年 6 月高位 105.55 大幅滑落，美元好友全軍盡墨。記取這次教訓，日圓好友精心部署的殺著，實非難以偵破。

首先，從好友指數可見，於 1994 年 5 月 20 日至 6 月 10 日期間，日圓淡友充斥，好友指數維持在百分之三十之下的水平，而美元兑日圓，則徘徊在 103 至 105 之間上落。

至 6 月 7 日，美國期貨監察委員會的炒家倉盤報告顯示，在大戶群中，57.7% 持有日圓好倉，而散戶中持有好倉的只有 32.1%。大戶對散戶的比例是 7:3。換言之，兩者勢力懸殊，日圓淡友屬螳臂擋車。

最後，日圓期貨的成交量由 5 月 31 日的 1.8 萬張上升至 6.3 萬張，而未平倉合約由 7.1 萬張上升至 6 月 7 日的 8.4 萬張，顯示大戶挾淡倉行動已經展開，日圓淡友有難。(見圖 69)

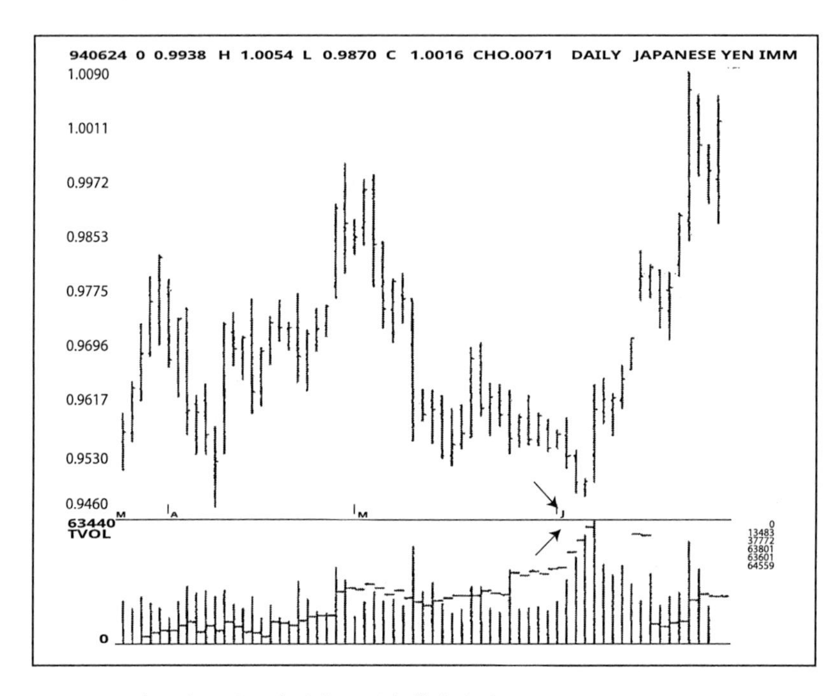

圖 69：美元兑日圓日線圖與日圓期貨成交量

英鎊最令人難忘的轉角市是 1992 年 9 月，英鎊脱離歐洲貨幣體系，由 9 月 8 日的 2.0100 美元大幅下跌至 1993 年 2 月 15 日的 1.4065 美元。英鎊大幅下跌前的市場情緒變化，目前回首仍相當富戲劇性。

英鎊在 1992 年夏季大幅上升，由 1992 年 3 月 20 日低位 1.6975 美元上升至 1992 年 9 月接近 2 算水平。當時，英鎊好友充斥，好友指數由 8 月 21 日開始，進入超買區 75% 的水平，最高於 8 月 28 日一周高見 87%，而 9 月 4 日一周，好友指數回落至 76%。上述數字反映英鎊已是強弩之末。

其時，大戶活動相當頻密，紛紛調兵遣將。美國期貨監察委會的炒家倉盤報告顯示，1992 年 8 月 31 日，大戶的好倉數目，由 75.3% 下跌至 45.8%，但市場佔有率卻由 52.2% 上升至 61.2%，反映大戶入市，由持好倉反手沽空英鎊。

與此同時，散戶的數目中，持英鎊好倉的則由 22.4% 上升至 56.6%，反映在匯市逆轉前一星期，不少淡友轉為好友。

踏入 9 月關鍵的時刻，英鎊連續多日成交及未平倉合約上升，交投異常活躍，未平倉合約的高峰剛在 9 月 8 日 2.0100 美元之日見頂回落，而第二天英鎊下跌，成交升上高峰，表示這場牛熊角力勝負已分。（見圖 70）

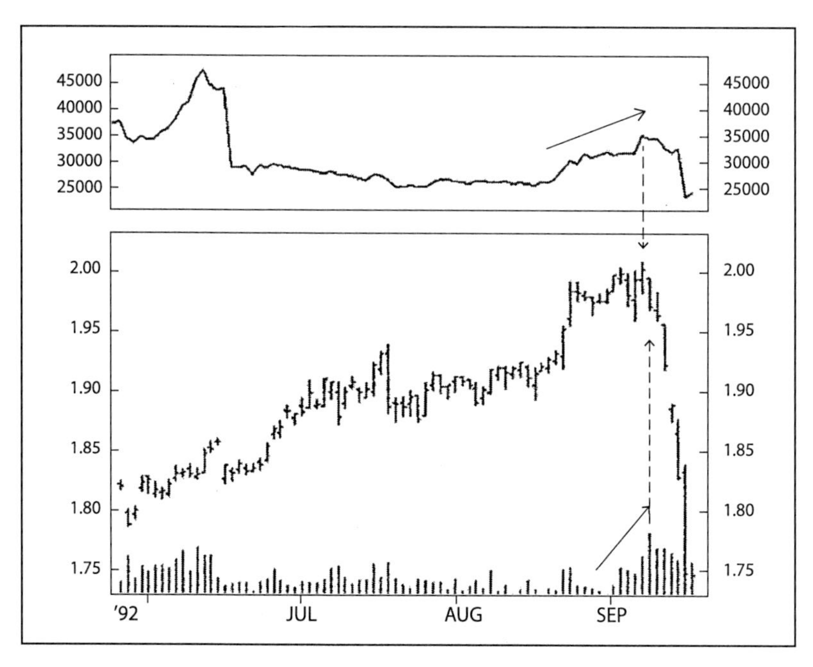

圖 70：英鎊兑美元周線圖與英鎊期貨未平倉合約

6.3.1 大戶活動與成交量變化

利用市場情緒的變化預測市況的逆轉，雖然頗為主觀，但這往往是市場的本貌，因為市場乃由投資者的貪婪與恐懼的情緒所組成。

在市勢逆轉之前，市場的趨勢通常已走入一段時間，投資者的極端心理已經形成。市場大戶便是利用這種市場心理去獲取利潤。

大戶通常對市場都有他們的看法，當他們考慮入市買賣之前，必須認為市場是高於價值或低於價值，基本因素上是有利可圖的。而大戶選擇的入市方法只有兩種：

(a) 在市況一面倒時，大舉入市，反方向而行，一舉扭轉市場的趨勢；

(b) 先順勢推波助瀾，將最後一批散戶帶進趨勢的洪流中，然後才逆市買賣，扭轉市場的趨勢。

上面兩種方法中，成交量及未平倉合約可以成為重要的市場指標。在上面第一種情況中，在市場轉勢前，成交量通常偏低，但市勢仍然上升，當市場出現一次急促逆轉，而當天成交量大增， 則顯示市場大戶已經入市，市勢逆轉機會甚大。

在第二種情況中，市場趨勢持續，但成交量及未平倉合約由趨勢中的低潮繼續上升，市場大戶入市推波助瀾。到見頂之日，成交量及未平倉合約大增，大戶反手入市，令市場極為活躍。若翌日市場大幅逆轉，成交量大增，未平倉合約收縮，則市場大戶已經控制大局。(見圖 71)

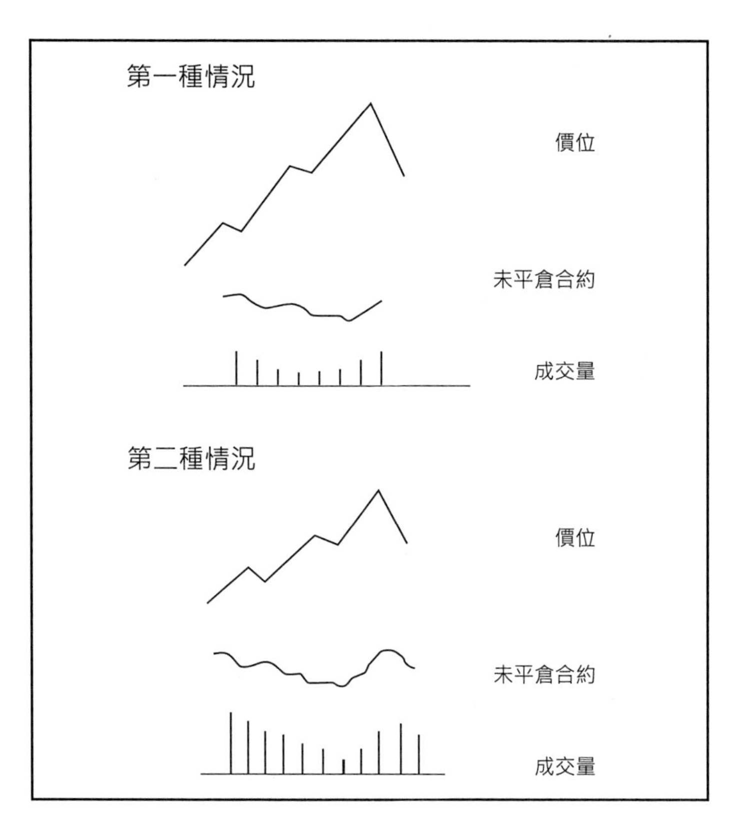

圖 71：大戶活動與成交量及未平倉合約變化

6.4.2 成交量與市價走勢分析

傳統的圖表分析十分注重市價升跌與成交量之間的關係，一般有四種情況：

(a) 市價上升，成交量上升：表示資金湧入市場買賣，市價上升有實質的支持；

(b) 市價上升，成交量下跌：表示市價上升，但缺乏成交量的支持，參與資金減少，市價離見頂不遠；
參圖 71B，比率見底回升，帶來升市。

(c) 市價下跌，成交量上升：表示大量沽盤出現，推低市場，市場互相踐踏，大市極為悲觀；

(d) 市價下跌，成交量下跌：表示拋售壓力減低，市場即將見底。

以上的市場邏輯，主導市場分析近數十年。近年有分析家重新討論以上成交量與市價升跌的邏輯，並提出了不同的看法。這些分析家從「相反理論」及群眾心理去考慮，他們認為，當某個交易日成交量大，只表示當天「無知」的群眾大量入市而已，在羊群心理的驅使下，市場往往離見頂或見底不遠。

相反，若當天市價飆升，而成交量普通或偏低，即表示「醒目熱錢」(Smart Money) 已經靜悄悄地入市買貨，可以預期，群眾在聽到消息後，亦會跟風入市，對後市的影響反而樂觀。

因此，在這種分析下，四種成交量與市價的關係如下：

(a) 市價升，成交升——升市中段；

(b) 市價升，成交跌——升市開始；

(c) 市價跌，成交升——跌市中段，

(d) 市價跌，成交跌——跌市開始。

6.4 認沽 / 認購期權比率(Put / Call Ratio)

衡量市場情緒的方法有很多種，不過主要的原則是要了解大戶與散戶對後市的看法。散戶的特點是資金有限，希望一朝投機得利，成為暴發戶。因此，散戶喜歡利用各種以小博大的方法在市場中買賣。

在眾多以小博大的方法中，其中以期權買賣較為常用。期權是一種有時間限制的金融衍生工具，其合約代表一種權利，令持有者有權在特定的行使價買入或沽出一手金融產品。若市價深入行使價區域，期權持有者可以按低價換取高價金融產品，獲利不菲。若市價在所定期限內無法超越行使價，期權持有者最大的損失就是期權金而已。

一般而言，散戶所能承擔的風險有限。因此以單頭買入期權為主。至於大戶，由於利用期權作對沖為主，則以沽空期權較多。

因此，我們有一種衡量市場情緒的方法，就是計算認沽期權與認購期權比率，以衡量市場有否出現一面倒的情況。

認沽 / 認購期權比率可分為兩種：

(a) 計算認沽期權與認購期權的未平倉合約之間的比率。這種比率給予分析者一個延續性的數據，以了解市場中期權買賣的趨勢；

(b) 計算認沽期權與認購期權的成交量之間的比率。這種比率是一個即時反映市場情緒的訊號，可以利用其極端的情況作逆市買賣的訊號。

對於認沽 / 認購期權比率，相反理論者有一個獨特的看法，他們認為當市場逆轉時，期權市場中認沽 / 認購的未平倉合約平均會大幅增加。

但這種情況通常只會出現數小時而已，而成交量急升的現象經常發生在一天的最後兩小時以及翌日的最初兩小時。

因此，每日的認沽 / 認購期權比率並不能有效反映成交量與市勢逆轉的關係。

分析家基斯度化・嘉路蘭（Christopher Carolan）的方法是從交易所以每 30 分鐘的時間收取期權的未平倉合約數目，並計算在 13 段 30 分鐘期權之和，然後再計算認沽 / 認購比率。

這種方法比單純計算該比率之平均值，更能反映每半小時的數目變化。

但嘉路蘭認為，認沽 / 認購比率必須得到期權成交量大增作為確認，否則準確度將成疑。

嘉路蘭分析認沽 / 認購期權比率時，有以下兩個觀察：

(a) 若市場過分樂觀時，比率通常會低於 0.60；

(b) 若市場過分悲觀時，比率通常會高於 1.00。

換言之，認沽期權的數目比認購期權為多時，表示市場過分看淡；相反，則表示市場過分看好。

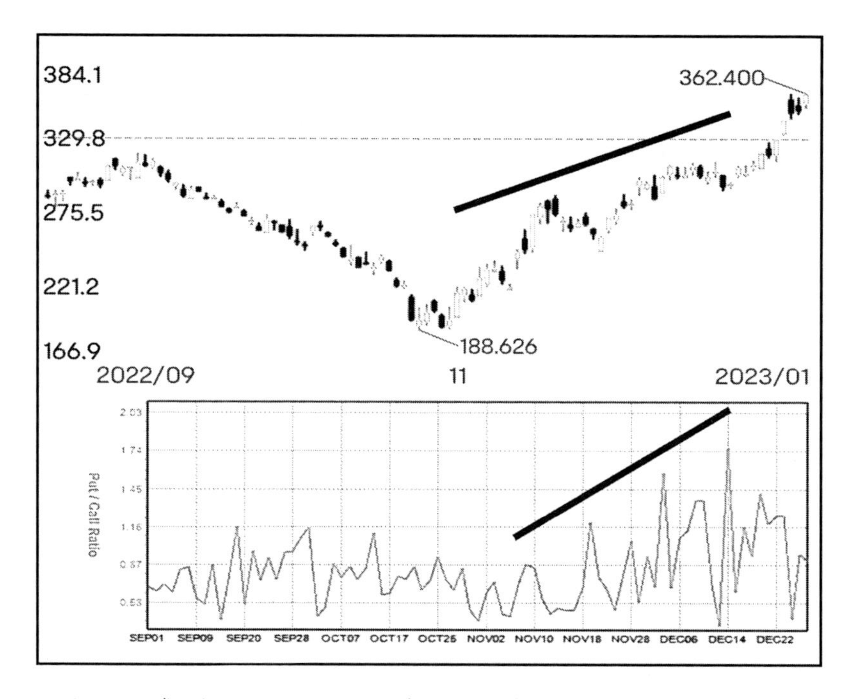

圖 71B：騰訊控股(700.HK) 2022年9月至12月認沽 - 認購期權成交比率

6.5 如何觀察市場情緒

具體數據有時並不完全必要，大家在市場上簡單觀察訪問一下，對於市場情緒亦可以有頗大程度的掌握。其中有幾個方法可供參考：

(a) **報章上的市場評論專欄。**若某一個階段，你所見的報章評論都眾口一詞，眾腔一調地看好或看淡市場，投資者便要打醒十二分精神，大戶隨時入市挾倉；

(b) **經紀行客戶倉盤情況。**如果閣下是盤房主管，則你便多了一種重要的測市工具。經驗所得，當客戶倉盤一面倒造某個方向時，市場便可能逆此方向而行。因為統計顯示，八成炒家都是失敗離場的。換言之，當你想入市時，請先留意其他炒家的看法，若一面倒的話，適宜三思而行；

(c) **止蝕位的擺放。**一般投資者都會為倉盤訂下止蝕盤以控制風險，而這些止蝕盤通常都是大戶的甜品。

筆者建議，值得觀察的情況是若市勢強勁單邊，但普遍市場氣氛認為應該逆市買賣，即表示市場情緒仍然未夠一面倒。由於市勢強勁，順勢者陸續增加，力量當然會比逆勢者為大，因此只要大戶留意到某些止蝕盤位置，並在市場順水推舟，市勢便可能橫掃止蝕盤，令逆勢者止蝕離場。

觀察市場情緒時，大家亦可留意某些投資者的表現。在羊群心理的影響下，投資者當中經常會出現一些影響力較大的「領頭羊」，這類領頭羊通常自信心十足，往往影響其他投資者的決定，帶領投資者選擇入市的方向。

這類投資者通常甚為高調，死不認輸。因此，在市勢不利時，這種領頭羊通常會堅守到底，直至損失慘重為止。當這種投資者意興闌珊，止蝕離場時，意味著最後一批逆市的投資者已經出場，順勢者佔盡優勢，反而成為獲利回吐、轉勢之時。因此市場智慧為，「淡友轉軚」是轉勢的先兆，確是十分精闢的描述。

聰明的投資者不妨待所有逆勢買賣者都止蝕離場時，才俟機逆市買賣，勝算將大為增加。

另一類要留意的投資者，是一些買賣極不順手的投資者。一般而言，投資者亦有其本身的趨勢，與其同邊買賣，自然「共坐賊船」，處境尷尬。上述説話可能十分刻薄，但經驗所得，卻是十分現實的市場情況。

要在市場決勝，除了要有充足的分析及準備外，對於周遭市場情緒，亦應有獨立客觀的觀察，才能稱得上是「聰明的投資者」。

總括來説，分析市場情緒的變化，可以有很多種方法，完全視乎我們手上所得到的市場數據而定。上述的分析只是其中一部分而已。

在美國，由於市場數據充足，可以有更多方法了解市場大戶與散戶之間的情緒變化。例如美國股市會公布大手買賣（Large Block）（1 萬股以上）與碎股買賣（Odd Lots）（100 股以下）的數據，將上面的數據與成交量比較，大戶與散戶活動便無所遁形。我們經常可以按上面的數據推斷市場是見頂還是見底。

若市場持續一段上升的趨勢，轉勢前我們經常可以見到大手成交的出現，反映大戶已經獲利回吐，市場隨時見頂。

相反，若市場持續下跌一段時間，轉勢回升前我們往往可以見到有大量碎股的拋售，反映不少散戶或甚少接觸股市的投資者都驚覺危機，紛紛將「倉底貨」拋售，證明市場情緒悲觀至極，拋售完成後，市場見底更待何時。

筆者相信，隨著市場數據的完善發展，市場的透明度逐步增加，我們將更能掌握市場脈搏，捕捉先機。

07

市場廣度指標

7.1 市場廣度(Market Breadth)的作用

很多時，我們會被一些片面的言詞所誤導，例如說：「昨日股市大幅上升！」這句說話是報章常見的市場評論，但細想一下，這句話所帶給我們的訊息甚為含糊，究竟評論者所說的股市上升，是指哪類股票呢？

在某些情況下，某些股票可以創新高或新低，但其他則不然。這種互不確認的情況，其實我們可以說，股市並非全面上升或全面下跌。

這種情況在股市中十分普遍，在某些市勢的上升中，股市指數氣勢如虹，但所上升者只是藍籌股而已，而二、三線股卻仍然是一潭死水。相反，股市指數牛皮上落，但個別股票卻可能獨佔鰲頭。

因此，在我們了解市場的走勢時，必須有一個「市場廣度」的觀點，才不致「只見森林，不見樹木」。

在上升的趨勢到達尾聲的時候，市場的廣度通常大幅減少，發出警告的訊號。相反，在上升趨勢醞釀時，市場的廣度通常大幅增加，可以以此確認上升趨勢的開始。

因此，「市場廣度」是技術分析者不可或缺的分析工具。

7.2 升降股數

研究市場廣度的技術之中，分析家當然首推升降指數(Advance / Decline Indices)。

升降指數是一系列應用在股市的指標，主要以每天上升的股數與下跌的股數作為計算的基礎，從而了解市場整體的表現。主要的指標如下：

升降股數 (Advancing-declining Issues)。這種指標是計算每天上升股數減去下跌股數的淨額，從而計算大市上升的力量。其公式是：

升降股數 = 上升股數 - 下跌股數

$$A - D = AI - DI$$

在應用上，不少分析家以移動平均線將 A - D 平滑化，以助分析。

一般而言，升降股數愈高，表示當天上升的股票愈多，資金流入充足；升降股數愈低，表示當天下跌的股票愈多，資金流出。

不過，我們可以作出以下兩種不同的理解：

(a) 升降股數上升，大市上升動力充沛；

(b) 升降股數上升，大市進入超買水平。

如何決定市況屬於上述哪一種理解呢？一般我們可以從升降股數從前的高峰數額決定市況是否超買。另一方面，我們亦可以將升降股數與市場價格走勢比較，從而判斷後市的方向。

不過，升降股數的分析有一缺點，就是如果將之作為長時期的分析，市場上升的股數增加將會扭曲升降股數分析的功效。雖然我們可以反駁，上升股數增加，正好反映市場壯旺，但我們實際上亦可以數學方法將其影響消除，這個方法我們稱為升降比率(Advance / Decline Ratio)。

升降比率的計算方法是將上升股數除以下降股數，從而得出其比率，公式為：

升降比率 = 上升股數 ÷ 下降股數
A / D Ratio = AI ÷ DI

在應用時，不少分析家以移動平均線將升降比率平滑化，以了解其趨向。升降比率的理解大致上與升降股數相同。

7.3 升降線 (A-D Line)

在眾多的市場廣度指標之中，相信升降線(Advance / Decline Line)是最為人所熟悉的。升降線之所以大行其道，大抵是因為升降線能更有效地反映市場的趨勢，並可以在轉勢關頭預早發出警告的訊號。

升降線的製作方法其實甚為簡單，就是將市場的升降股數累進計算，從而製作一條反映市場的曲線，其公式如下：

$$A - D\ Line = (A - D)_1 + (A - D)_2 + \ldots + (A - D)_n$$

升降線的分析方法十分簡單，若升降線走勢一浪高於一浪，表示市勢存在上升的趨勢，當升降線一浪低於一浪地下跌時，表示市場處於下跌的趨勢。

在市場出現轉勢之前，升降線與市場走勢會出現背馳作用，這是市場轉勢的重要訊號。

圖 72 是指數的日線圖與升降線，從圖中可見，市價反覆上升，但升降線卻反覆下跌，互不確認，表示市底仍然頗弱。

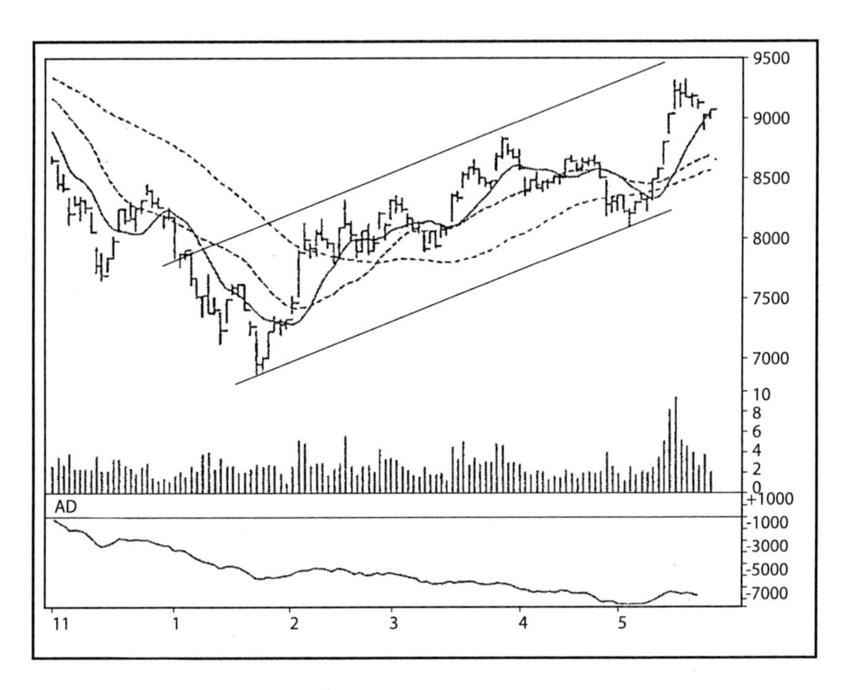

圖 72：指數日線圖與升降線

7.4 絕對廣度指標 (ABI)

事實上，升降股數的用途相當大，既可反映市場趨勢，亦可反映市場的動量。分析家諾曼・福斯貝克(Norman Fosback)便將注意力集中在後者。

福氏認為，無論是上升股數大於下跌股數，還是下跌股數大於上升股數，其實意義不大，最重要是市場出現一面倒的情況。升降股數的絕對值愈大，市場便愈活躍，波幅亦愈大，這正是風險與回報大增的時機。

因此，他創製了另一種市場廣度指標，稱為「絕對廣度指標」(Absolute Breadth Index, ABD)。其公式如下：

ABI = (上升股數 - 下跌股數) 的絕對值

ABI = | AI - DI |

當 ABI 上升，表示市勢將急轉；相反，ABI 指數低落時，表示市勢牛皮。

福氏的分析方法，是將 ABI 除以股市上升總數 (TI)，從而得到大市活躍程度的比例。之後，以 10 星期平均線將之平滑，從而計算市場的超買或超賣指標，其公式為：

$$OB \div OS = MA\ (ABI \div TI, 10)$$

根據他的研究，其指數在 40% 之上為利好，在 15% 之下為利淡。不過，在實際應用時，我們仍然需要就個別市場的情況而加以測試才可投入應用。

7.5 廣度動力指標(BTI)

其實，福氏的絕對廣度指標與著名技術分析家馬田‧斯維格(Martin Zweig)的廣度動力指標如出一轍。

斯維格的廣度動力指標(Breadth Thrust Indicator, BTI)對於預測大趨勢的來臨異常準確，這種指標是計算上升股數(AI)除以上升加下跌股數(AI + DI)的比率，並以 10 天移動平均線加以平滑，其公式是：

$$BTI = MA〔AI \div (AI + DI), 10〕$$

斯維格指出，大部分牛市都始於一個廣度的動力。他把廣度動力(Breadth Thrust)定義為該指數由低於 40% 上升至 61.5%，意即由超賣區進入強勢區。自 1945 年以來，美國股市只出現過 14 次廣度的動力，平均在 11 個月上升 24.6%，數字可謂相當驚人。

7.6 STIX 指標

利用上述方分析市場超買 / 超賣情況的，還有另一種指標，稱為 STIX。

STIX 指標是計算上升股數 (AI) 與上升加下跌股數 (AI+DI) 的百分比，再以 0.09 的指數移動平均數平滑而成，其公式為：

$$STIX = EMA〔AI \div (AI + DI) \times 100\% \times 0.09〕$$

STIX 是一種超買及超賣指標，一般以 42% 以下為極度超賣，可以趁低吸納。在 58% 之上則為極度超買，可作沽出。

一般情況下，45% 以下為超賣區，56% 以上為超買區。

當然，在實際買賣時，要清楚了解市況的發展，才可應用以上的通則。

7.7 麥加倫波動指標 (MCO)

另一種甚為普及的市場廣度指標，亦如上面的幾種指標一樣，以市場的超買及超賣情況為分析的焦點，稱為「麥加倫波動指標」(McClellan Oscillator)。

這種指標類似 MACD，但以升降股數為計算的基礎，從而捕捉市場長短周期中市場廣度的循環變化，其計算方法是計算 0.10 指數移動平均數與 0.05 指數移動平均數之差。公式為：

MCO = EMA (A - D, 0.10) - EMA (A - D, 0.05)

這種指標的指數含意如下：

極度超買	100 以上
超買	70 至 100
中性	-70 至 70
超賣	-100 至 -70
極度超賣	-100 以下

在應用上，該指數超出 -100 或 +100，是避免逆市買賣的區域。若指數由 -100 至 -70 見底回升，是趁低吸納的訊號。若指數由 +70 至 +100 區域見頂回落，則為沽出的訊號。

7.8 成交量升降指標(A-D Volume)

筆者一直介紹升降指數在分析市場廣度上的應用，似乎忽略了成交量所扮演的角色。的確，如果升降指數上升，但成交量下跌，其意義已完全不同。事實上，目前我們已經有幾種指標，專門針對上述的因素而作出計算。

一般而言，我們可以根據以下的矩陣，分析升降股數與成交量的關係：

升降股數	成交量	方向
上升股數上升	上升股的成交量上升	利好
上升股數上升	上升股的成交量下跌	略淡
上升股數下跌	上升股的成交量上升	略好
上升股數下跌	上升股的成交量下跌	利淡
下跌股數上升	上升股的成交量上升	利淡
下跌股數上升	上升股的成交量下跌	略淡
下跌股數下跌	下跌股的成交量上升	略好
下跌股數下跌	下跌股的成交量下跌	利好

上面的關係雖然複雜，但可以用以下兩種方式加以計算：

第一種稱為升降成交量(Upside-downside Volume)，是計算上升股的成交量與下降股的成交量之差。

第二種稱為升降成交量比率（Upside-downside Ratio），是計算上升股的成交量與下降股成交量之比例。其公式如下：

$$U - DV = UV - DV$$
$$U - DR = UV \div DV$$

在理解方面，一般是指數愈低，市場愈弱，可以沽出。相反，指數愈高，市勢愈強，可以吸納。

7.9 累進成交量指標（CVI）

理所當然地，上述升降股成交量指標可由超買及超賣指標發展而成趨勢指標。這種指標可稱之為「累進成交量指標」(Cumulative Volume Index, CVI)。

這種指標是累進計數升降股成交量。公式如下：

$$CVI_n = (UV - DV)_1 + (UV - DV)_2 + \ldots + (UV - DV)_n$$

以上的公式與升降線 (A-D Line) 如出一轍，可有效反映市場的趨勢。此外，亦會在轉勢前，經常發出與價位背馳的訊號。

7.10 岩斯指數(Arms Index)

雖然以上的分析方法有效解決成交量對市場廣度的影響，但話説回頭，我們又失去了由升降股數所帶來對後市的啓示。

理查德・岩斯(Richard Arms, Jr.)在1967年發展出來的岩斯指數，正好為我們解決上述兩難。

岩斯指數又稱為TRIN，是一種短線買賣的指標，其計算方式綜合了市場的升降比率與升降股成交量，其公式如下：

$$ARM = (AI \div DI) \div (UV \div DV)$$

上述指數將由移動平均線加以平滑化。

一般而言，岩斯指數低於1為利好，高於1為利淡。其原因是，若上升股數集中伴隨著更大的成交量，有利好的作用，而指數亦會低於1。相反，若下降股數集中伴隨著較大的成交量，有利淡的作用，而指數亦會高於1。

以上筆者帶大家走馬看花，瀏覽過多種市場廣度的分析技術，冀能為讀者打開另一個分析市場的角度。

事實上，我們還有一些分析的方法，就是計算當天創新高股份數目與創新低股份數目之差或比率，但由於其分析方法與上述的如出一轍，故不再贅述。

08

程式買賣系統

所謂「電腦程式買賣系統」(Program Trading)，其實並無神秘之處，其意思是將分析技術利用電腦程式的運算，化為入市買賣及平倉的訊號，從而達至「讓利潤滾存，趁早止蝕」的投資獲利目標。

在應用上，買賣系統的重要意義是不存在主觀性，一切買賣的指標由系統客觀計算而來，理論上可以減低投資買賣上主觀心理情緒的不良影響，使投資決策更加理性化。

8.1 設計買賣系統須知

在設計買賣系統方面，著名分析家比利・告魯斯（Bill Cruz）提出五點須知，甚有參考價值，以下綜合以供讀者參考：

(a) 系統的適用性

投資者設計買賣系統時，必須首先分清楚其買賣系統所面對的是甚麼市場，一般而言有三類：

(i) 趨勢市；

(ii) 上落波動市；

(iii) 出現突破的市場。

三種市況中，沒有一種買賣系統可以完全適用於任何一種情況。因此，分析者必須針對不同的市況發展不同的買賣系統。一般而言，在趨勢市中，當然以跟隨趨勢的買賣方法來發展買賣系統；對於上落波動的市況，根據支持及阻力位設置買賣的系統當然大派用場。至於出現突破的市場，應以波幅擴張（Volatility Expansion）的買賣系統為優。

發展買賣系統的原則是，針對其中一種市況設計買賣規則，同時減低在其餘兩種市況中的買賣損失。

(b) 避免過度倚賴技術指標

比利‧告魯斯的公式是，技術指標愈複雜，其可用性及獲利能力愈低。他的忠告是，在設計買賣系統時，盡量根據價位的關係及價位的運行而制定入市及平倉的訊號，不應胡亂根據指標訊號入市。

筆者的經驗中，確知有些炒家不看價位，只看技術指標的訊號買賣，認為這樣才夠客觀。其實，這種做法甚有商榷的餘地，原因是不同技術指標的有效性都局限於某一類市況，並不是「全天候」適用，因此忽視價位的變化，對投資決策影響甚大。

設計買賣系統前，投資者必須首先了解技術指標的計算方法，以了解該技術指標在不同市況的適用性。

(c) 買賣系統不應過於複雜

太多價位形態及指標，只會製造更多的組合。比利‧告魯斯建議入市的技巧，只採用兩至三種，平倉技巧則用一至兩種，而止蝕盤則用資金損失直接計算（當然要設於一般市況波動難以殃及的水平）。

(d) 切忌曲線配對

一般設計買賣系統的投資者，都會首先用過往市場價位數據作一買賣系統測試，當遇到損失的買賣時，便增加一條買賣規則以糾正之，殊不知這正正犯了曲線配對（Curve-fitting）的錯誤。

因為這種設計買賣系統的方法，並無考慮所增加的買賣規則對全套買賣系統的影響。比利·告魯斯認為，應集中修正入市的技巧。

(e) 相信你的買賣系統

通常優秀的買賣系統設計者，未必同樣是一個出色的投資者，原因是買賣系統的設計者經常認為自己既設計了該系統，他對市場的判斷應比系統高超。因此，投資買賣時往往用主觀的判斷代替系統的買賣訊號，結果往往坐失良機。

事實上，買賣系統優秀與否，並不取決於設計者的判斷力，而在於該買賣系統根據歷史數據的測試結果，以及其買賣規則。因此，買賣系統的設計者在實戰買賣時，仍需遵從系統的規則及買賣訊號行事，至於研究及改良已是後話。

8.2 波幅指數買賣系統 (Volatility Index)

以下筆者將陸續介紹分析家韋爾斯・衛奕達（Welles Wilder）的兩個買賣系統，以供參考。

移動平均線是一種跟隨趨勢的指標，不過無論如何修改移動平均線的程式，移動平均數的主要局限就是未有充分將市場波動情況計算入方程式之中。換句話説，移動平均數只考慮收市價，未有將高低價之波幅作出評估。

衛奕達在他的名著《技術性買賣系統的嶄新觀念》（*New Concepts in Technical Trading Systems*）裡，將移動平均數及市場波幅融合為一種跟隨趨勢買賣的技術指標，名為波幅系統（Volatility System）。他所計算的波幅指數（Volatility Index）並非計算期權價值的波幅率（Volatility）。他所使用的工具如下：

(a) 重要收市價 (Significant Close, SIC)

若以買貨為主的話，則 SIC 是某段時間櫥窗（例如 7 天）內的最高收市價。若以沽貨為主，則是這段時間櫥窗的最低收市價。

(b) 平均真實波幅 (Average True Range, ATR)

真實波幅（TR）的定義前文已經介紹過，就是：

(i) 當天高位至低位；

(ii) 當天高位至昨天收市；

(iii) 昨天收市至當天低位，三者之中的最大者。

平均真實波幅是真實波幅在某段時間內的移動平均值乘以某個參數 K。公式如下：

$$TR = MEMA\ (TR) \times K$$

K 參數的理想數值為 2.8 至 3.1。

根據波幅指數的公式如下：

$$VI = (N-1) \div N \times VI\ (P) + (1 \div N) \times TR\ (P)$$

VI (P) 及 TR (P) 是昨日的波幅指數與昨日的真實波幅。

衛奕達根據重要收市價 SIC 及平均真實波幅 ATR，製作了一種跟隨市勢買賣的訊號，這個買賣引發點名為 SAR（英文為 Stop and Reverse，即平倉及反倉之意思）。這些買賣引發點 SAR 可見於圖 73 的日線圖。

圖 73：恒生指數日線圖與 SAR (0.02, 0.2)

(a) 若現時是買盤，則反倉的水平應為昨天重要收市價減平均真實波幅。公式如下：

SAR = SIC -ATR

若當天﹝市價等於或低於 SAR 的價位，則買盤應在收市時轉為沽盤，則下一天的 SAR 便要轉為當天的 SIC 加上當天的 ATR。

(b) 若現時是沽盤，則反倉的水平應為重要收市價加上平均真實波幅。公式如下：

SAR = SIC + ATR

若當天收市等於或高於 SAR 的價位，則沽盤應在收市時轉為買盤。下一天的 SAR 的程式便應為 SIC 減去 ATR。

這種買賣方法適合市場波幅大及趨勢明顯的市況，SAR 會與市價相差頗遠。若市況進入牛皮上落局面的話，則 SAR 會與市價相當接近，可能會出現錯誤的買賣訊號。

8.3 拋物線時間 / 價位系統 (SAR)

除了波幅指數 (Volatility Index) 外，衛奕達亦介紹了一種類似、跟隨趨勢買賣的方法，其特點亦是以反倉的方法，利用 SAR 的形式買賣，衛奕達稱之為「拋物線時間價位系統」(Parabolic Time / Price System)。

所謂跟隨市勢買賣，其意義是利用跟隨性止蝕位 (Trailing Stop) 的方法跟著市勢將止蝕位上移或下移，以保障所得到的利潤。因此，這個系統既不撈底，亦不摸頂，往往趨勢走了四分之一才開始入市，而市勢見頂回落後才開始反倉。

這個買賣方法與簡單畫一條趨勢線買賣不同，因其止蝕位的設計，亦是這個方法最重要的部分。

(a) 止蝕位不放在當天與昨天的高低波幅之內，以免被波動的市況吃掉止蝕位；

(b) 當入市時，首先把止蝕位放在之前趨勢的頂或底，除非揸貨時一浪低於一浪，或沽貨時一浪高於一浪，否則第一止蝕位不會被觸及；

(c) 若持好倉而市勢向上，投資者便有利可圖。如何將止蝕位上移以保障所得利潤，但又可避免被市勢的波動吃掉止蝕位，是跟隨趨勢買賣方法中最困難的地方。

衛奕達對於上述問題的解決辦法，是將價位及時間因素計算在內，令止蝕位跟隨趨勢的速度按日逐增，形成向上拋物線 (Parabola) 的圖形，或所謂法式曲線 (French Curve)。

換言之，在入市初段，止蝕位離市價最遠，之後，市價每見新高，止蝕位便逐步調高，而創新高的日數愈多，止蝕位的上移幅度便自動擴大。因此，止蝕位上移速度會愈來愈快，直至到達某個水平，上移速度才會穩定下來。

這個拋物線式的跟隨性止蝕位方法的具體操作如下：

(a) 若持有好倉，而趨勢向上，則第一天的止蝕位可放在趨勢的底部；

(b) 若第二天的最高價創新高，止蝕位理應上移，上移的幅度應為趨勢中最高價至上一個止蝕位的五分之一。

公式如下：

$$SAR(2) = SAR(1) + AF(EP - SAR(1))$$

其中， SAR 是止蝕位，而在衛奕達的系統裡，更被應用為止蝕及反倉位。SAR (1) 是第一天止蝕及反倉位，而 SAR (2) 是第二天的止蝕及反倉位。AF 是加速因數 (Accelerating Factor)，在上述公式中為 0.02。EP 是入市持好倉後的最高價。

(c) 若第三天市價再創新高，則止蝕位上升的速度將增加一倍，AF 上升至 0.04。公式如下：

$$SAR(3) = SAR(2) + 0.04(EP - SAR(2))$$

(d) 若第四天市價沒有創新高，則止蝕位上升速度不變，AF 維持 0.04，公式如下：

$$SAR(4) = SAR(3) + 0.04(EP + SAR(3))$$

利用拋物線原理去釐定跟隨性止蝕位，竅妙的地方在於加速因數 (AF)。在以下的公式裡：

$$SAR = SAR(p) + AF(EP - SAR(p))$$

在上升趨勢時，市況每創一次新高，AF 便自動上升 0.02，AF 的限度為 0.02 至 0.20。亦即是説，在上升趨勢之中，若有十個交易日是創出上升趨勢中的新高，AF 便會上升至極限 0.20。之後，無論市況再創多少次新高，止蝕位上移的速度亦會轉為固定，止蝕位上移的幅度便固定為趨勢中最高位至昨日止蝕位的五分之一。到此階段，若市況連續幾天未創新高，SAR 便會逐步接近這個最高點，但理論上，止蝕位只會極為接近最高點，而不會觸及最高點。

此外，公式亦有一個條件，就是 SAR 是不應處於當天及昨天的高低波幅之內。因此，若有違此條件，SAR 應下移至當天或昨天的最低位。

若翌日的高低位觸及計算出來的 SAR 時，便平倉並反倉沽，而新的 SAR 便設置在上一個趨勢的頂部，而 SAR 下移的方式亦是根據以上的公式進行。

這種跟隨市勢買賣的方式對於大趨勢相當有用，可參考圖 74 的恒生指數日線圖。不過，若處於上落市，SAR 的方法便絕不宜使用。

圖 74：恒生指數日線圖與 SAR (0.02, 0.2)

8.3.1 跟隨趨勢買賣優劣

筆者先後討論過兩種跟隨趨勢買賣的方法，包括波幅指數（Volatility Index）及拋物線時間 / 價位系統（Parabolic Time / Price System）。兩種方法都有一共通點，就是以跟隨性止蝕及反倉買賣的方法入市（Stop and Reverse, SAR）。這種方法在市況一面倒的時候最為有用。但遇到上落市，則上述系統將出現頗多錯誤的訊號。

衛奕達在 70 年代研究上述兩種買賣方法的時候，正值期貨市場受到石油危機的衝擊，大上大落，大趨勢比比皆是，因此上述跟隨趨勢買賣的方式正是英雄有用武之地。不過，當市況大趨勢不復見，代之而起的是小趨勢，甚至是牛皮上落的無趨勢市況， 這種市況便令跟隨趨勢買賣的方式大受考驗。因此，當我們強調買賣原則，順勢買賣的時候，小心不要將此原則變成了教條，使投機買賣失去靈活性。當我們強調順勢買賣時，我們首先要問：在甚麼市況下順勢買賣？趨勢在哪一方向？所順的勢是大趨勢，中趨勢，還是小趨勢？入市的動機著眼於長線、中線，還是短線？

8.4 如何衡量買賣系統優劣

設立電腦買賣系統，一般人以為只要正確選擇買賣規則、出入市策略及風險回報控制，投資者便可找人每天根據系統指標向經紀落單，賺取豐厚利潤，自己則到加勒比海曬太陽去。這種想法完全錯誤，利用電腦買賣系統的投資者，雖然不應以主觀判斷取代買賣系統的訊號，但亦不應完全置之不理。投資者需要經常觀察買賣系統對於市場的適用情況。

事實上，即使你的買賣系統擁有最優越的買賣規則，市場的波動情況仍會經常改變，因而買賣系統內的技術指標參數亦需要經常作出修正。

根據分析家肯·卡爾霍恩 (Ken Calhoun) 的研究，市場的周期經常出現四個不同的階段，而市場價格會在不同的階段存在不同的波幅率 (Price Volatility)，因而引致買賣系統的技術指標理想參數改變。這四個階段是：

(a) 收集階段 (Accumulation Phase)	在跌市的尾聲，成交量及未平倉的合約少，價格的波幅亦甚細
(b) 上升階段 (Upmove Phase)	市價大升，成交量及未平倉合約增加，價格波幅擴大
(c) 派發階段 (Distribution Phase)	在升市的頂部，成交量及未平倉合約大增，市價大幅上落
(d) 下跌階段 (Downmove Phase)	在跌市之中，成交量及未平倉合約收縮，波幅收細

決定一套買賣系統是否優秀，一般可考慮以下幾點：

(a) 買賣規則明確；

(b) 買賣的策略不應過於複雜；

(c) 有良好的歷史價位測試結果；

(d) 最大損失 (Maximum Drawdown) 相對利潤必須要細；

(e) 買賣系統不應發出過頻密的買賣訊號，以免付出過量經紀佣金 (Commission) 及買賣差價 (Slippage)。買賣差價的意思是由買賣系統的落單價至實際成交價相差的差價；

(f) 買賣系統不應發出太疏落的買賣訊號，否則買賣系統有等於無；

(g) 買賣系統要有嚴格的風險回報控制。例如：止蝕位的釐定可合理地控制風險；

(h) 買賣系統需用的參數愈少愈好，因為這樣的系統的外在影響因素將會減少，而影響買賣訊號的因素主要是由系統內部產生。

上述八點應為初涉買賣系統者所必須謹記。除此之外，筆者以經驗所得，若買賣系統能夠有分辨不同市勢的功能，從而因應市勢改變買賣系統的規則及策略，以至修正參數，應為一種更理想的買賣系統。

8.4.1 買賣系統三部曲

買賣系統的設計牽涉三個主要的部分：

(a) 買賣規則的釐定，包括用技術指標的方法，例如，跟隨趨勢的買賣方式，如移動平均數組合、拋物線 SAR 等方式，超買及超賣指標的高沽低揸方式，或波幅突破 (Volatility Breakout) 的追市方式。

(b) 買賣策略的釐定，例如：

(i) 先定下趨勢方向，只作單邊買賣；

(ii) 先定下上落市的範圍，在波幅內兩邊買賣；

(iii) 決定永遠持有倉盤，用不停買賣的方式；或作「塘邊鶴」耐心等候入市機會，見好即收；

(iv) 決定佣金 (Commission) 及買賣差價 (Slippage) 的成本。成本的多少將決定買賣的密度。

(c) 決定買賣系統的參數。一般而言，買賣系統的參數以歷史價位的利潤測試為依歸 (Profitability Optimization)。設計者首先訂定所測試的參數範圍，然後由電腦逐一測試參數每一級變化所產生的利潤。一般而言，利潤愈高，參數的可行性愈大，這個選取參數的過程由利潤矩陣 (Profit Matrix) 決定。

8.4.2 如何選取買賣系統參數

買賣系統的重要組成部分，是系統中技術買賣指標的參數釐定，例如：移動平均線的天數或周數等。

一般而言，技術指標的參數都有一個範圍的有效性，例如500天或以上的移動平均線已失去其作用。因此，在選用技術指標的參數時，一般會利用電腦在所限定的參數幅度內逐一作「獲利的測試」(Profitability Testing)，從而計算最佳的參數(Optimal Parameter)。若系統涉及兩個或以上的參數，則獲利的測試結果，將出現一個「獲利矩陣」(Profitability Matrix)。

然而，利用歷史價位數據所測試出的最佳參數，往往在實戰中卻得不到最好的成績，原因是隨著市場不同階段的變化，市場的動量及波幅都出現改變，因而歷史價位的最佳參數未必能在未來保持其成績，此稱為「參數移動」現象(Parametric Shift)。

因此在選取參數作實戰買賣時，分析者應留意的是測試中的利潤與參數變化比率(Profit to Parameter Ratio)，若參數改變，測試出的利潤大跌，則表示該「最佳參數」並不穩定，不宜使用。分析者應該選取參數變化時，利潤數據變化較小的參數，作為實戰所應用的買賣系統參數。

8.5 專家系統 (Expert System)

電腦程式買賣系統一般以技術指標的計算作為買賣訊號，以歷史價位的測試作為優劣的準則。隨著市場的發展，目前市場技術人員已逐漸走向發展「專家系統」的方向。「專家系統」簡而言之是一套模擬人類決策過程、按演繹法邏輯 (Deductive Logic) 而設計的電腦程式系統。

在設計專家系統的初段，設計者訪問了不同的市場專家，從而獲取專家在不同領域方面的知識，以供非專家應用，因此稱為「專家系統」。

專家系統的設計者就所研究的領域，盡量搜集有關的知識，並更進一步建立一系列規則以代表所搜集到的知識。這些規則是以「如果……因此……否則……」的形式制訂 (英文是 if...then... else)。

知識數據庫的生產過程如下：

(a) 如果輸入的句子或算式是「真」的話，則「因此」的輸入部分亦為「真」，「因此」的輸入部分可加入知識數據庫中作為「事實」(Fact)；

(b) 如果輸入的句子或算式是「假」的話，則「否則」的輸入部分便為「真」，這部分便可輸入知識數據庫。

如是者，電腦程式可根據知識數據庫的規則，為當前有關領域的問題按機會率的先後次序作出可能的答案。

知識數據庫有幾個層次(Layers)，最基層的是大量簡單的規則，這些簡單的規則將為其上一層次較複雜的規則提供輸入的信息。如是者，經過多重的數據庫層次，專家系統便可以為複雜的問題提供最大機會率的答案。

事實上，專家系統最強的功能在於「後向連鎖」的過程(Backward-chaining Process)。這個過程的意思是，分析者只要為系統提供最基本的規則，系統較高層次的複雜規則便可由這些基本規則的邏輯中找到有用的結論。因此，專家系統是一種十分有用的市場預測方法。

專家系統的電腦程式一般包括以下幾個部分：

(a) 可作修改的知識數據庫；

(b) 使用者介面(User Interface)；

(c) 數據結構或試算表介面(Database/Spreadsheet Interface)；

(d) 介面驅動器(Interface Engine)，用以作邏輯決策。

專家預測系統一般會經過以下的運作程序：

(a) 詢問數據；

(b) 根據有關的預測規則加以運算；

(c) 輸出信息；

(d) 將輸出信息的機會率予以加權化 (Probability-weighted)；

(e) 預測的數值正常化為 0 至 100 的幅度內 (Normalization)；

(f) 將數值分為不同的預測級數，例如：非常看好、看好、謹慎看好、中性、謹慎看淡、看淡、非常看淡不同的級別。

以下試引一例子予以解釋。假設在過往 30 年的美元走勢中，出現以下統計結果：

(a) 利率上升，貿易盈餘，美元上升機會率 75%；

(b) 利率上升，貿易赤字，美元上升機會率 55%；

(c) 利率下跌，貿易盈餘，美元上升機會率 45%；

(d) 利率下跌，貿易赤字，美元上升機會率 20%。

專家預測系統詢問數據時，若上面第二條規則成立，則美元上升的機會率 55 % 便會進入預測的數值。假設類似的規則共有 20 條成立，則系統會計算 20 條規則的平均機會率，或以累進計算。之後，這個結果會以不同的級數分類，以表達美元上升的可能性。

8.5.1 設計專家系統

專家預測系統所應用的，是多層次的規則應用，換言之，低層次規則的結果將輸入較高層次的規則再作計算，如是者，用以解決複雜的問題。

在設計時，有兩種結構可供應用：

(a) 將最基本的規則按其性質分類，各自組成一個綜合指標，經過一個高層次的規則分析，以達至市場走勢的預測；

(b) 將最基本的規則以性質分類，各自經過一個專家系統整合，然後再透過一個專家系統分析，得出最後的總結。

分析家麥可·弗拉納根（Michael Flanagan）設計專家系統時，是按三個綜合指標分析，可供讀者參考，包括：金融指標（Monetary Indicator）、市場情緒指標（Sentiment Indicator）及市場結構指標（Market Structure Indicator）。

金融指標	包括： 最優惠利率、貼現率、聯邦基金利率，儲備及孖展要求、工廠生產力使用率、金價、就業領先指標、消費信貸
市場情緒指標	包括： 公眾沽售比率、專家沽售比率、顧問情緒、沽空利率比率、認沽 / 認購期權成交量比率、期權金比率、股票孖展債務、負債項目、新股、批股、股市成交量及互惠基金現金資產比率
市場結構指標	包括： (i) 紐約證交所（NYSE）及納斯達克（NASDAQ）的升降線（Advance / Decline Lines）； (ii) 上述市場的價格趨勢及動量； (iii) 紐約證交所升降線與道瓊斯工業平均指數的不一致比率（Disparity Ratio）； (iiii) 道瓊斯公用平均指數（DJUA）與道瓊斯工業平均指數（DJIA）的不一致比率； (v) 極端的上升及下跌成交量； (vi) 創新高股對創新低股的比率； (vii) 岩斯指數（Arms Index）； (viii) 負成交量指標（Negative Volume Index）； (ix) 無起跌股指數（Unchanged Issues Index）

弗拉納根的系統可謂包羅萬有，他將每一條規則都按以下級數予以評分，最後總結當前市況所得總分與最高可得分數，化為一個 0 至 100 的指數作為預測未來市勢的機會率：

+6 = 極為看好	+4 = 看好	+2 = 審慎看好

-6 = 極為看淡	-4 = 看淡	-2 = 審慎看淡	0 = 中性

弗拉納根在設計專家系統時，大量應用市場所有的數據，包括基本因素及技術因素，從而綜合而成三種綜合指數，以下簡單解釋其部分的規則：

(a) 投資顧問情緒（Advisory Sentiment）

這條規則是統計受調查的投資顧問，將看好的人數，除以看好加看淡的人數，從而得出一個百分比。該指數高表示利淡；指數低表示利好；

(b) 互惠基金的現金/資產比率（Mutual Fund Cash/Asset Ratio）

該比率是基金公布所持有的現金相對其投資金額的比率。他用過往五年來最高及最低的比率數值為比較的基礎，該比率愈高表示利好，比率愈低表示利淡；

(c) 短期買賣指標（Short-term Trading Index）

該指數是分析股市中上升股隻數目與下跌股隻數目之比率（Advancing Issues / Declining Issues）除以上升股數的成交量與下跌股數的成交量之比率（Advancing Volume / Declining Volume）。指數高於 1 是利好，低於 1 則為利淡；

(d) 無起跌股數指數(Unchanged-issues Index)

該指數計算當天無起跌股隻數目與股隻總數之比率;

(e) 指數移動平均數(Exponential Moving Average)

其規則是,當市價在 50 天平均線之上時,表示中線利好;當市價在 200 天平均線之上時,表示長線利好;相反則利淡;

(f) 動量指數(Price Momentum)

利用當天價位與前天價位之差,計算市場的變化速度(Velocity);再計算速度的變化,可得出變速率(Acceleration),從而計算市勢的利好及利淡;

(g) 負成交量指數(Negative Volume Index, NVI)

每當成交量比前天為低時,將指數百分比的變化加在 NVI 之數值上,從而計算市場利好的程度。

專家系統將各規則的好淡程度分級,並賦予一個數值,以計算市場整體後市的表現。

另一個分級的方法則類似「模糊邏輯」(Fuzzy Logic),將市場指標不同數值分級,但每一級別的相對數值部分會互相重疊。

這種設計方法一般是希望從數值中反映不同規則之間的關係,換言之,市場的情況並不是非黑即白的「量子跳躍」,而是一個由「好」至「淡」的連續體。

模糊邏輯在專家系統的應用可參考以下規則的例子：

(a) 如果情緒指標大於 58 及小於 70，則情緒指標是利好；

(b) 如果情緒指標大於 48 及小於 62，則情緒指標是中性。

換言之，如果情緒指標目前所得的數據為 59 至 61，則上述兩條規則皆可成立。市場預測可按以下規則運行：

(a) 如果情緒指標是利好及不 (and not) 中性及 (and) 金融指標是利好或 (or) 極為利好，則市場中期走勢利好 (比重 =35) 及長期市場走勢利好 (比重 =35)。此外，若情緒指標的數值高於 62，則上面第二條規則將不成立；

(b) 如果市場情緒指標是利好及不中性及金融指標是利好或極為利好，則中期市場走勢利好 (比重 =40) 及長期市場走勢利好 (比重 =40)。

總括而言，專家系統利用不同規則的組合作一等級的評分，從而達至市場預測的作用。

專家系統並非一經設計便會自動運作，設計者需要經常從事以下的檢測工作：

(a) 檢查輸入專家系統知識數據庫的規則，以改正邏輯上的錯誤，以及可能出現的「恒等」規則；

(b) 為所有用以預測的指標作統計測試，從而計算指標預測的成功機會率；

(c) 為整個專家系統作歷史價位的測試，以了解專家系統的表現；

(d) 發展新的綜合指標，例如：各市場相互關係的綜合指標、經濟綜合指標、政治綜合指標等。以上各市場的相互關係綜合指標包括：債券、外匯、金價以至其他期貨或股市的相互影響。

上述專家系統可說包羅萬有，綜合所有可能影響市場走勢的因素，再作機會率的評估，從而得出一個綜合的市場預測。

理論上，專家系統較一般的電腦買賣系統更為全面地分析市場各個因素，不過，投資者亦應謹記一點，專家系統是建基於機會率之上，並不完全保證市場未來會根據從前的歷史而重現。因此，萬種行情歸於市，世事如棋局局新，資金風險管理是極為重要的一環。

8.6
神經網絡系統(Neural Networks)

投資分析技術日新月異，近年人們已流行應用現代科技進行市場預測，其中最引人注目的，是分析家將電子工程中的人工智能過程控制系統(Process Control)，轉而應用在市場預測的分析系統上。這些人工智能分析系統有不同的分析入手方法及數學基礎，但其共通特點是模仿人類思維及決策過程。這些不同的系統包括：

(a) 神經網絡系統(Neural Network)；

(b) 專家系統(Expert System)；

(c) 模糊邏輯(Fuzzy Logic)；

(d) 遺傳基因系統(Genetic Algorithms)；

(e) 混沌理論(Chaos Theory)等。

簡單而言，神經網絡系統是由不同層次(Layers)的信息處理單位(Processing Elements)或稱為神經細胞(Neurons)所組成，經過「回饋」的過程而分析信息中的隱含關係，從而達至有效的預測。

專家系統是以知識的規則為基礎，以判斷市場走勢的發展。

模糊邏輯是將一個輸入信息與多組因素關連，從不同的關係組合以分析市場的趨勢。

遺傳基因系統是模擬生物進化過程，以選出問題的最佳答案。

混沌理論則研究一個細微因素如何產生巨大影響的過程。

在過往數十年，人工智能的電腦分析系統得到長足的發展，並且在金融界已開始得到廣泛的應用，這種人工智能系統，突破了傳統電腦程式買賣系統的框框，成為一種有相對學習能力的分析系統，理論上，更適用於瞬息萬變的金融市場。

神經網絡系統 (Neural Networks) 是一種模仿人類神經網絡結構而成的一種電腦系統。這種系統的基本單位為神經細胞，亦即一個信息處理單位。

每一個神經細胞與其他神經細胞相連，成為一個神經網絡。事實上，神經細胞本身所組成的網絡，可自成系統，並與不同的網絡互相關連，因而形成多層次的神經網絡系統。

換言之，在一個神經網絡系統之中，最少有三個層次：

(a) **輸入層次 (Input Layer)**

這個層次的網絡要接收所輸入的信息，並予以整理，然後傳送往隱藏層次；

(b) **隱藏層次 (Hidden Layer)**

這個層次的網絡處理所收到的信息數據，學習數據的結構形態及分析；

(c) 輸出層次 (Output Layer)

這個層次的網絡是處理分析的結果。

神經網絡系統內的「神經細胞」，最初並無解決問題的能力，它像人類一樣需要透過「學習」及「訓練」才能獲得解決問題的能力。

在「訓練」神經網絡系統進行市場預測的時候，分析者並不需要輸入預測的規則，只要給予系統一組「訓練」的價位數據，包括原始數據及答案，系統便會從輸入與輸出的數據之間反覆比較，自動模擬出數據變化的規則，直至市場預測到最佳的或然率。

換句話説，神經網絡系統利用任何可供數量化的數據，「學習」其輸入及輸出之間的數學模型，從而達到有效的預測公式。

輸入的數據方面，既可以是市場高、低、收市、成交量等原始數據，亦可以是經過處理而成的技術指標數據，例如移動平均數 (Moving Average)、動量指標 (Momentum)，其本因素數據如利率、貨幣供應，更可以是其他市場的價格數據，例如金價、CRB 指數等。

輸出的數據方面，其形式是由系統設計者自行釐定，即可以是簡單至上升或下跌的方向，亦可以複雜至價位的預測。（見圖 75）

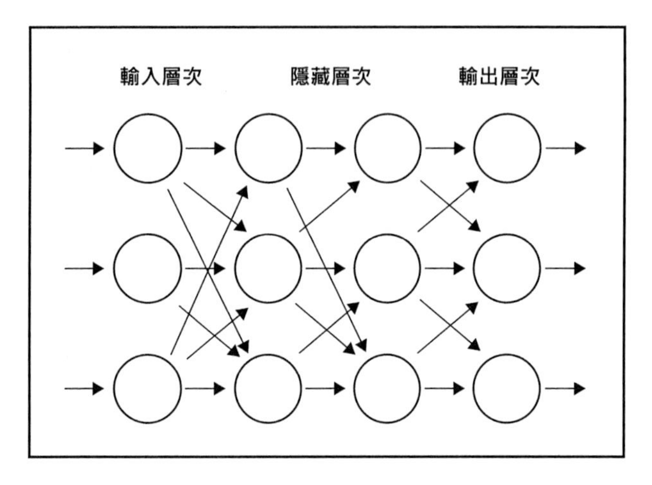

圖 75：神經網絡系統運作圖示

神經網絡系統的基本單位──「神經細胞」究竟如何進行運算？主要有以下三個步驟：

(a) 輸入信息

系統會將所輸入的原始數據乘以一個加權數 (Weight)，如是者，不同的數據乘以不同的加權數，然後將結果相加，成為一個綜合輸入數據；

(b) 轉化信息

系統會將上述的綜合輸入數據轉化而成一個尺度之上，例如由 0 至 1 之間的小數位。一般而言，轉化信息的過程是一個非線性的統計學模型 (Non-linear Statistical Model)，常用的函數包括：Sigmoid 及 Hyperbolic Tangent 等；

(c) 輸出信息

神經細胞若果是處身於隱藏的層次（Hidden Layer），則其輸出的數據會乘以另一個神經細胞的輸出數據，再乘以另一個加權數，作為下一個神經細胞的輸入信息。若這個神經細胞本身已處於輸出的層次（Output Layer），則其輸出的數據本身便已是神經網絡系統的分析結果。（見圖 76）

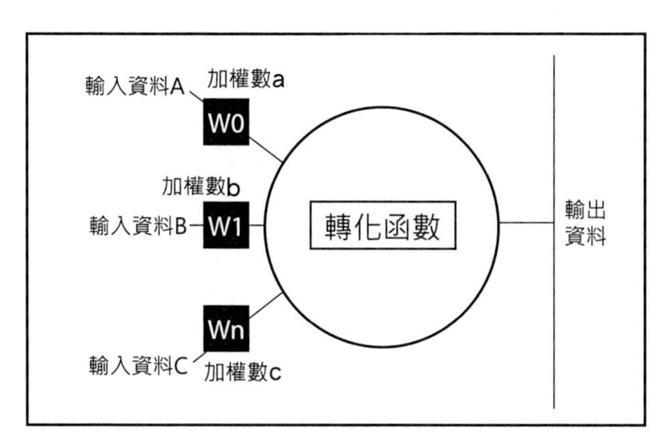

圖 76：「神經細胞」運算步驟示意圖

總括而言，神經網絡系統的設計有三個主要的考慮點：

(a) 神經細胞的數目；

(b) 神經細胞之間的關係結構；

(c) 神經細胞的轉化函數（Transfer Function）。

神經網絡系統的結構關係並無固定的形式，完全由設計者決定。不過，最廣為人知的一種結構，稱為向前回饋網絡(Feedforward Back-propagation Networks)。這種網絡的結構由至少三種層次構成：(1) 輸入層次、(2) 隱藏層次及 (3) 輸出層次；其中隱藏層次可超過一層以上。

簡而言之，輸入層次是網絡系統接收數據的地方，這數據的數值傳至隱藏層次，經過加權、相加及轉化函數的過程，再傳至另一隱藏層次或輸出層次。

在某些設計中，每一個輸入層次的神經細胞都與隱藏層次的神經細胞相連，每一個隱藏層次的神經細胞亦與輸出層次的神經細胞相連。不過，神經細胞之間的聯繫並非硬性規定，實際上是由設計者自行決定。

在數據轉化過程中，加權數成為系統預測準確與否的關鍵。神經網絡系統達至準確市場預測之前，需經過一個學習的過程，這個學習過程是給予系統一組訓練的輸入數據及其理想輸出結果，該網絡便會根據所輸入的數據及系統內隨機產生的加權數值而計算輸出結果。最初來説，系統的輸出結果與理想的輸出結果相差甚大，這個誤差（Errors）會回饋至網絡的層次，調整加權數，以產生更佳的輸出，如是者以產生最低誤差的輸出結果。（見圖77）

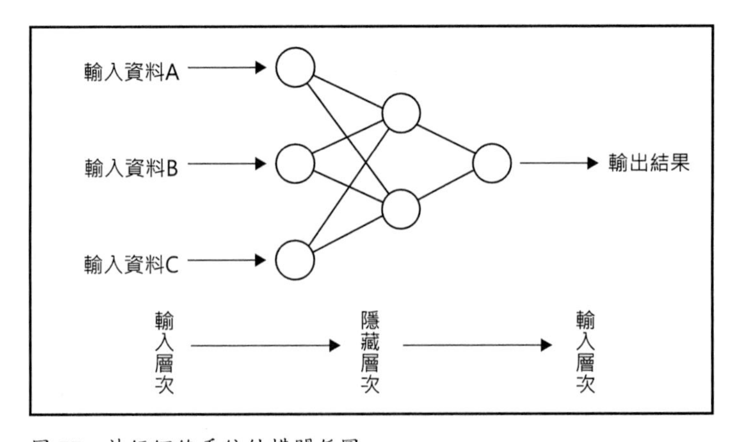

圖 77：神經網絡系統結構關係圖

在神經網絡系統之中，每一個神經細胞都以兩種數學函數處理所收到的訊息，包括：

(a) 加數函數 (Summation Function)；

(b) 轉化函數 (Transfer Function)

加數函數的目的，是將每一個輸入的數據 I，以其相對的重要性乘以一個加權數 W，然後將之相加，以求得到一個綜合的數值。電腦系統會不斷調節加權數 W，以求綜合數值最近預測的結果。其數學公式如下：

$$Y = W_1 I_1 + W_2 I_2 + \ldots\ldots + W_n I_n$$

轉化函數的目的，則是保證所輸出的數值，能夠控制在一定的數值範圍內，因為系統在經過幾個層次的計算後，很多時會出現過大的數值，為電腦所難以處理。因此，一般轉化函數會將數值轉化為 0 至 1 之間的小數位。例如，一個常用的轉化函數是 Sigmoid Function，其公式如下：

$$T = 1 \div (1 + e^{-y})$$

以下是一個計算的例子。假設目前有三個輸入的數據：$I_1 = 3$，$I_2 = 1$ 及 $I_3 = 2$，每一個數據乘上加權數 $W_1 = 0.2$，$W_2 = 0.4$ 及 $W_3 = 0.1$；加數函數的結果是：

$$Y = 3\,(0.2) + 1\,(0.4) + 2\,(0.1) = 1.2$$

經過轉化函數後，結果等於：

$$T = 1 \div (1 + e - 1.2) = 0.77$$

關於神經網絡系統如何學習一種知識，以下引用羅伯特·特里普（Robert Trippi）及埃弗雷姆·杜班（Efraim Turban）編撰的《金融及投資的神經網絡》（*Neural Networks in Finance and Investment*）一書以作說明。書中這個例子是要訓練電腦系統學習「或然」的邏輯（OR Operation），這個邏輯是：如有兩個輸入的數據，只要其中一個為正數，則輸出的結果便為正數，見下面四種情況：

X_1	X_2	Z 理論結果
0	0	0
0	1	1
1	0	1
1	1	1

首先，神經細胞會將以上兩個輸入的數據 X_1 及 X_2 利用加數函數互相關連如下：

$$X_1W_1 + X_2W_2 = Y$$

起初的加權數 W_1 及 W_2 為隨機的數值。

最初計算出的結果 Z 多數與理想結果 Y 相差甚大。其誤差（Error）可由以下公式代表：

$$\triangle = Z - Y$$

這個誤差數值將會回饋至加數函數的加權數 W_1 及 W_2 之上，然後按參數 a 作一調整。其公式為：

$$W' = W + \triangle aX$$

這個回饋過程會不斷進行，直至誤差△接近零為止。參數 a 亦稱為學習率（Learning Rate）。

在訓練神經細胞學習「或然」邏輯時，首先設定學習率 a =0.2；此外，若加數函數結果 Y 大於 0.5，則 Y 為 1；否則變為 0，0.5 稱為 0 與 1 之間的臨界值（Threshold）。

在第一次「訓練」時，輸入以下四個情況：

輸入			運算			輸出		
X_1	X_2	Z	W_1	W_2	Y	△	W_1	W_2
0.0	0.0	0.0	0.1	0.3	0.0	0.0	0.1	0.3
0.0	1.0	1.0	0.1	0.3	0.0	1.0	0.1	0.5
1.0	0.0	1.0	0.1	0.5	0.0	1.0	0.3	0.5
1.0	1.0	1.0	0.3	0.5	1.0	0.0	0.3	0.5

Y 的運算規則是以以下公式進行：

$$X_1W_1 + X_2W_2 = Y$$

Y 的數值會根據以上的臨界值 0.5 化為 0 或 1。

上述理論值 Z 若與計算值 Y 一致時，該加權數 W_1 及 W_2 維持不變，留作下一個情況中再作測試；若 Z 與 Y 不一致時，有正輸入值的加權數會按學習率 a 加上 0.2。在上表第二個情況中，由於 Z 與 Y 有誤差，而△是正數，則 W_2 由 0.3 增加至 0.5，0.5 成為第三個情況測試時的加權數 W_2。在第三個情況測試時。由於亦有誤差，W_1 亦由 0.1 增至加至 0.3。第四個情況利用 $W_1 = 0.3$ 及 $W_2 = 0.5$ 計算時，並無誤差出現。

因此 W_1 及 W_2 的現值可帶到下一次訓練時使用。

經過第一次訓練時，神經細胞得到的加權數 W_1 及 W_2 為 0.3 及 0.5，然後便可再進行第二次訓練。

輸入			運算			輸出		
X_1	X_2	Z	W_1	W_2	Y	△	W_1	W2
0.0	0.0	0.0	0.3	0.5	0.0	0.0	0.3	0.5
0.0	1.0	1.0	0.3	0.5	0.0	1.0	0.3	0.7
1.0	0.0	1.0	0.3	0.7	0.0	1.0	0.5	0.7
1.0	1.0	1.0	0.5	0.7	1.0	0.0	0.5	0.7

以上第二及第三個情況中出現 Z 與 Y 的誤差，因此 W_2 由 0.5 增加至 0.7，而 W_1 由 0.3 增加至 0.5，然後以此再作第三次訓練。

輸入			運算			輸出		
X_1	X_2	Z	W_1	W_2	Y	△	W_1	W2
0.0	0.0	0.0	0.5	0.7	0.0	0.0	0.5	0.7
0.0	1.0	1.0	0.5	0.7	1.0	1.0	0.7	0.7
1.0	0.0	1.0	0.5	0.7	0.0	1.0	0.7	0.7
1.0	1.0	1.0	0.7	0.7	1.0	0.0	0.7	0.7

經過第三次訓練後，神經細胞只出現一次誤差，而 W_1 及 W_2 則一同調整至 0.7，再以此作第四次的訓練。

輸入	運算	輸出
X_1 X_2 Z	W_1 W_2 Y	△ W_1 W2
0.0 0.0 0.0	0.7 0.7 0.0	0.0 0.7 0.7
0.0 1.0 1.0	0.7 0.7 1.0	0.0 0.7 0.7
1.0 0.0 1.0	0.7 0.7 1.0	0.0 0.7 0.7
1.0 1.0 1.0	0.7 0.7 1.0	0.0 0.7 0.7

經過第四次訓練後，神經細胞已完成「或然」邏輯的學習過程，而 W_1 =0.7 及 W_2 =0.7 便成為神經細胞有關該邏輯的記憶數據。

總括神經網絡分析系統的發展及應用，共有七個步驟以供參考：

(a) 代模 (Paradigm)

分析者需要選擇神經網絡系統的回饋過程及組合形式，以作市場分析之用；

(b) 結構 (Architecture)

分析者要決定網絡神經細胞的數目、有多少層隱藏層次、神經細胞的轉化函數 (Transfer Function) 是甚麼等；

(c) 輸入 (Input)

分析者要決定輸入的原始數據是甚麼，包括市場高、低收市數據、技術指標數據或其他金融市場的相關數據，例如利率、貨幣供應等；

(d) 預先數據處理 (Pre-processing)

所有輸入的數據會被尺度化 (Normalize)，使數據永遠在 0 與 1 或 -1 與 +1 之間；

(e) 選擇事實(Fact Selection)

分析者需要選擇一段時間價位數據以作訓練及測試之用；

(f) 訓練與測試

利用系統測試其不同形式的誤差；

(g) 應用

決定神經網絡系統是用作買賣數據系統或用作決策的買賣系統。

一般走勢分析系統都免不了要對市場的結構作出假設。分析系統的優劣，完全視乎其假設是否優良及有用。

神經網絡分析系統的不同之處，在於這種分析系統在設計上並不以先驗的市場結構假設作為起點。這種分析系統實際上是利用統計學，盡量模擬所輸入數據的結構，從而以數學公式代表市場波動的規律。

在學習過程上，神經網絡系統在設計者既定的網絡結構上開始學習輸入的數據，然而，系統實際上並非永遠根據既定的網絡結構運行。反之，系統會根據實際數據與模擬計算之間的誤差，修改不同神經細胞甚至隱藏層次之間的訊號強弱，從而釐定不同神經細胞的重要性。

換言之，系統會逐步揚棄無用的神經細胞或隱藏層次，只用有用的一部分結構。此外，系統亦會甄選輸入的數據，將部分影響較小的數據逐步排除於分析系統之外。

由此可見，神經網絡系統最終會根據學習記憶，重組系統的結構。

8.7 遺傳分析系統(Genetic Algorithm System)

遺傳分析系統(以下簡稱 GA),是由數學家及心理學家約翰·霍蘭德(John Holland)於 20 年前發展出來的分析方法。GA 的基本原理是維持一組規則(或稱為個體 Individuals),這些規則可看作為解決問題的眾多可能答案。GA 系統會根據「適者生存」的原理,選出成功率較高的個體,再在這些個體中,經過條件交換(Crossover)及突變(Mutation)的方法,以產生新的個體(或新的規則),最後產生更佳的答案。

分析家丹薩·越蘭(Deniz Yuret)及麥可·戴·亞·馬沙(Michael de la Maza)將上述系統應用在市場預測上,認為一個 GA 分析系統基本上包括以下四個步驟:

(a) 個體的代表方式(Representation of Individuals)

這個步驟意指設計者將會決定市場預測的可能計算方式;

(b) 適者生存條件(Fittest Criterion)

這個條件將評估市場預測計算方式的優劣次序;

(c) 個體的選取(Selecting Individuals)

這個步驟將根據以上的適者生存條件選取一批計算方式較佳的個體;

(d) 生產新個體(Generating New Individuals)

這個步驟是將所選出的一批個體的計算方式,部分加以交換或改變,以產生新的計算方式,最後得到最佳的答案。

假設現時要尋找一種預測明天收市價比當天收市價高的規則，以下面的條件為起點：

(a) 昨天收市價較前天最高價為高；及

(b) 昨天最低價比三天前的最高價為高。

公式可寫成：

(C〔1〕> H〔2〕) AND (L〔1〕> H〔3〕)

另一組規則的條件是：

(c) 前天最高價較三天前最高價高；及

(d) 前天收市價較三天前最高價高

公式可寫成：

(H〔2〕> H〔3〕) AND (C〔2〕> H〔3〕)

GA 系統從大量類似上述的規則中選取成功率較高的一批規則，例如在過往 500 個交易日中，出現該規則條件共 50 次，其中有 30 次作出成功的預測，則這個成功率便可作為優劣等次的排列。

設計者可按其分析的需要，將成功率較低的一批規則淘汰，以集中改善成功率較佳的一批規則，這個甄選的過程稱為適者生存的淘汰過程。

遺傳分析系統經過適者生存的淘汰過程後，下一個步驟便是條件交換 (Crossover) 的優化過程。

條件交換的意義是將兩條市場預測規則的重要條件交換，以得出新的預測規則，以下列兩條規則為例：

(C〔1〕> H〔2〕) AND (L〔1〕> H〔3〕)
(H〔2〕> H〔3〕) AND (C〔2〕> H〔3〕)

這兩條規則的條件交換結果，產生以下兩條新的規則：

(C〔1〕> H〔2〕) AND (C〔2〕> H〔3〕)
(H〔2〕> H〔3〕) AND (L〔1〕> H〔3〕)

另一種規則的產生方法，是根據原有的規則進行突變 (Mutation) 的過程，以改變個別規則中的條件因素，例如第 1 及第 2 項規則可突變如下：

(C〔1〕> L〔2〕) AND (L〔1〕> H〔3〕)
(H〔2〕> L〔3〕) AND (C〔2〕>H〔3〕)

利用上述的條件交換及突變方法，新的規則將與舊的規則互相競爭，以市場歷史價位數據的測試，以判斷何者預測成功率較高。之後 GA 系統會再經過一個適者生存的淘汰過程，周而復始，最後 GA 系統便可以得出一條較佳的市場預測規則。

這種分析系統較一般參數優化的分析系統具有較高的可變性，更加適合瞬息萬變的市場。

一般而言，所謂適者生存的條件，是指作出市場預測成功率較高的規則得到保留，而成功率較低的則被剔除。至於究竟應剔除多少成功率較低的規則，則完全視乎分析者的選擇。

如果分析者已經得到不俗的買賣規則，而目標只是希望改良其效果，則大部分成功率較低的規則將可剔除，留下較佳的規則再作條件交換（Crossover）的運算過程。相反，分析者若不滿意所得到的買賣規則，則應保留大部分成功率較低的規則，讓這批規則再作條件交換，以圖產生更佳的市場預測規則。

在一批規則之中，適者生存的過程是首先計算這批規則的平均成功率（F），術語稱為平均配對（Average Fittest），然後就個別規則的成功率（f）與平均比較，所得到的比率為：

$$R = f \div F$$

若這個比率 R 為 2，則表示這個別規則比平均優異兩倍，則這條規則將複製為 2，其在整體規則的比重將增加兩倍。如是者，某一條規則最終將脫穎而出，成為最佳的市場預測規則。

應用電腦分析系統作買賣測試時，一般分析家所找到的最佳買賣規則或參數在實戰應用時都令人大失所望。究其原因，部分可歸因於「過度測試」（Overfitting）。這是因為分析系統的建立，是以同一組市價價位數據為基礎，該系統在同一組系統上的測試效果自然理想。但這個系統未必適用於其他市場或不同時間的市場數據。

在這方面，分析家越蘭及馬沙介紹了以下的測試方法，以避免上述的問題：

(a) 選取 1,000 個價位數據作為測試分析系統的基礎，然後選出一批市場的買賣規則；

(b) 將所選出的買賣規則應用在另外一組的價位數據上，以進一步改進其分析預測的效果；

(c) 將最佳的買賣規則應用在另外 10 天的價位數據上，作為分析預測的最後測試報告。

以上三個測試步驟並非僅僅運作一次，而是利用現有的數據，每 50 或 10 個時間單位移動測試一次，以計算其平均的測試成績。

例如：若以 1,000 個交易日為測試的數據數量，第一次測試是第 1 至 1,000 個交易日，第二次測試為第 10 至 1,009 個交易日，如此類推。

09

即市買賣策略

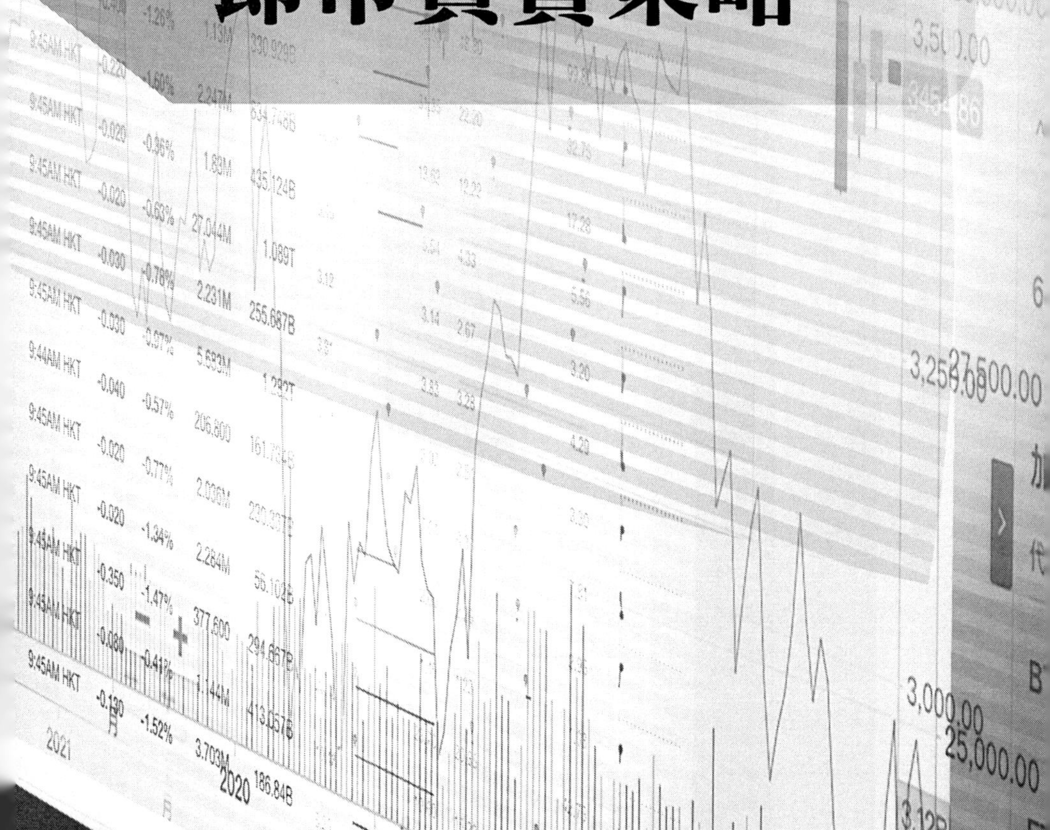

金融市場每天都有頗大的波動，即市炒家除了根據全日的升跌規律，制訂入市買賣策略外，亦會根據一系列既定策略入市。循環理論家華達・博斯（Walter Bressert），於 *"The Power of Oscillator / Cycle Combinations"* 一書中，曾經介紹過十二種即市買賣的時間與價位策略，以下將逐一介紹。

價位方面，Bressert 要考慮的只是昨天與今天開市後頭 30 分鐘的關係，以釐定當天的買賣策略。主要的考慮為：

1）昨天高位與開市 30 分鐘高位的關係

2）昨天低位與開市 30 分鐘低位的關係

3）開市 30 分鐘後波幅與昨日收市價的關係

上面第三項考慮點的主要作用，是要了解有否出現開市裂口，以及開市 30 分鐘後開市裂口有否回補，亦即是說，了解開市 30 分鐘後的波幅是否包括昨日的收市價。

時間方面，Bressert 只考慮以下三段時間入市買賣：

1）開市 30 分鐘後

2）交易日的中段

3）收市前 35 分鐘

上面第一及第二項適合即日買賣平倉，而第三項則希望博取收市前的反彈或回吐，或者希望賺取過市的波幅。過市的風險雖然較大，但由昨天收市至今天開市後 30 分鐘，一般市況會有全日波幅的三分之一至一半，是十分快捷的短線獲利方法。

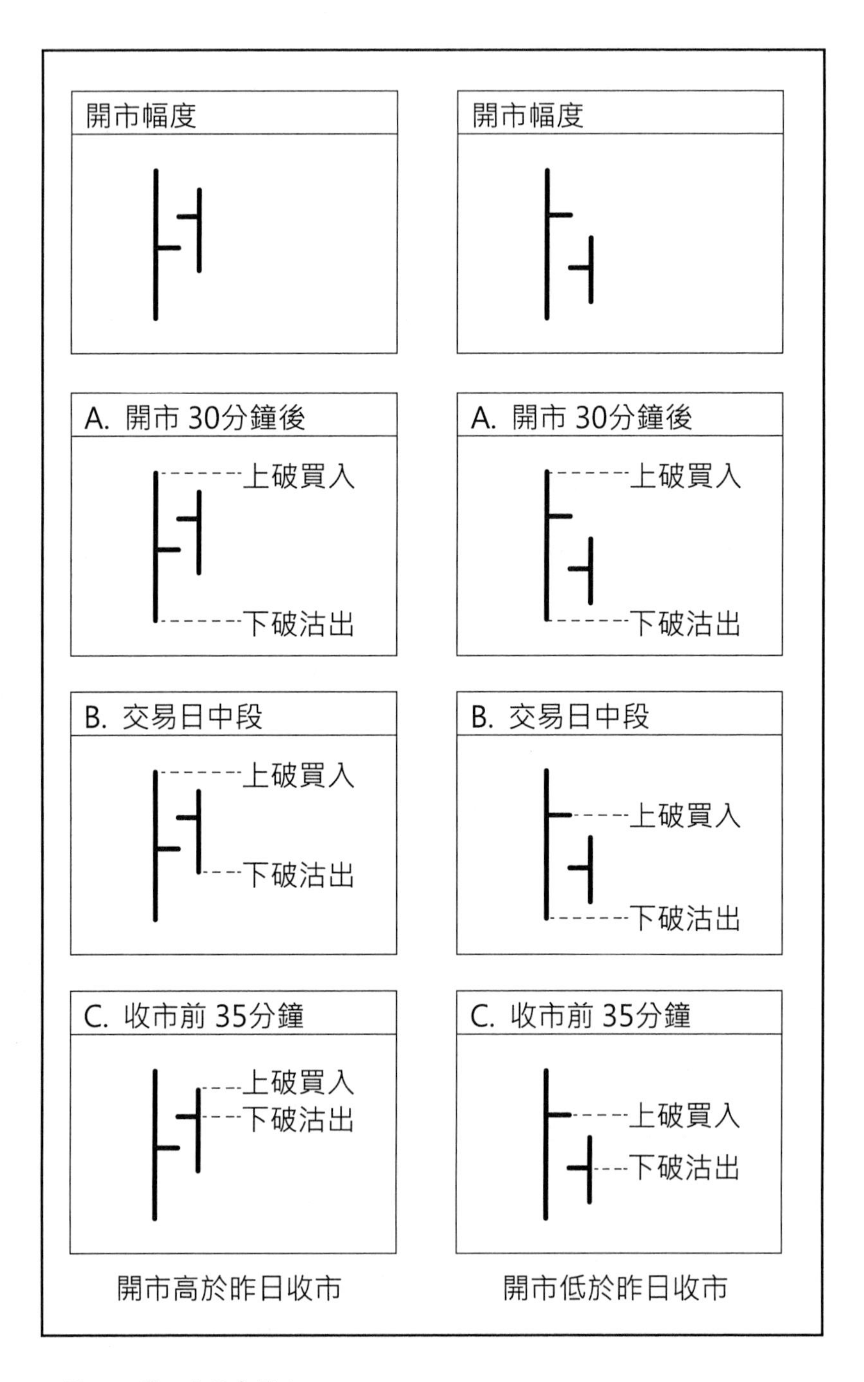
開市幅度
開市幅度
A. 開市 30分鐘後
上破買入
下破沽出
A. 開市 30分鐘後
上破買入
下破沽出
B. 交易日中段
上破買入
下破沽出
B. 交易日中段
上破買入
下破沽出
C. 收市前 35分鐘
上破買入
下破沽出
C. 收市前 35分鐘
上破買入
下破沽出
開市高於昨日收市
開市低於昨日收市

圖 78：第一種買賣策略

9.1 第一種買賣策略

Bressert 第一種即市買賣策略（圖 78）的兩項先決條件是：

1） 開市頭 30 分鐘的高位低於昨日高位

2） 開市頭 30 分鐘的低位高於昨日低位

上面的開市情況反映市況早段方向感不大，窄幅徘徊。

若開市價比對上一個交易日的收市價為高的話，則 Bressert 的即市買賣策略為：

A） 開市 30 分鐘後，價位上破昨日高位，可入市揸貨；而下破昨日低位，則可入市沽貨。

B） 在交易日中段，若價位上破昨日的高位，可入市揸貨，而下破開市 30 分鐘的波幅低位，可入市沽貨。

C） 在收市前 35 分鐘，若價位上破開市 30 分鐘的波幅，可入市揸貨；若下破開市價，便可入市沽貨。

若開市價比對上一個交易日的收市價為低的話，即市買賣策略為：

A） 開市 30 分鐘後上破昨日高位，可以入市揸貨；若下破昨日低位，則入市沽貨。

B） 在交易日中段，若價位上破昨日的收市價位，可入市揸貨；下破昨日低位則沽貨。

C） 在收市前 35 分鐘，若上破昨日收市價，可入市揸貨；否則，下破開市價便可沽貨。

Bressert 的第一種即市買賣策略，乃是針對開市後早段市場變化不大而制定，適用於向上趨勢的市況。

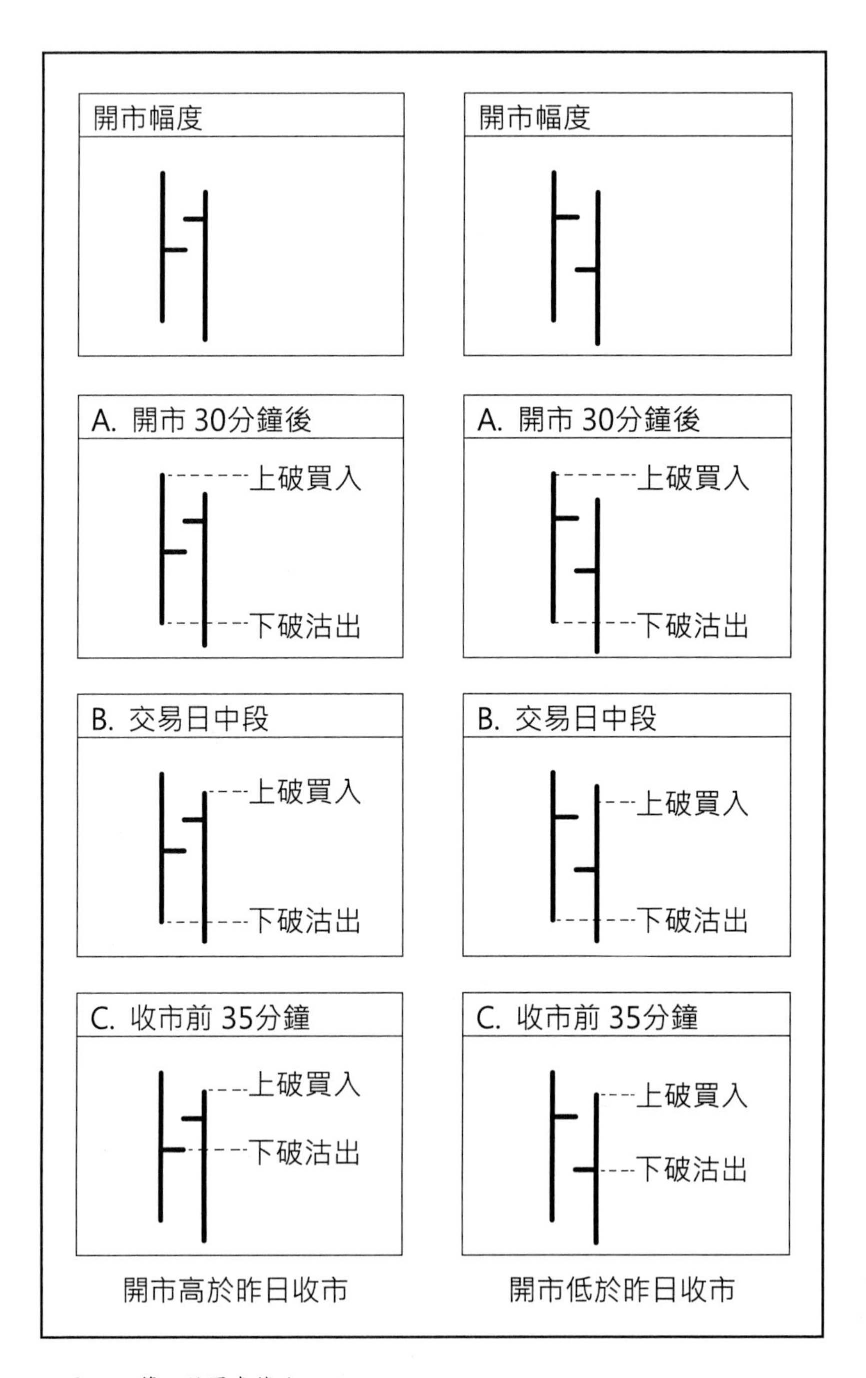
開市幅度
開市幅度
A. 開市 30分鐘後
上破買入
下破沽出
A. 開市 30分鐘後
上破買入
下破沽出
B. 交易日中段
上破買入
下破沽出
B. 交易日中段
上破買入
下破沽出
C. 收市前 35分鐘
上破買入
下破沽出
C. 收市前 35分鐘
上破買入
下破沽出
開市高於昨日收市
開市低於昨日收市

圖 79：第二種買賣策略

9.2 第二種買賣策略

第二種買賣策略（圖 79 ）亦是適用於向上趨勢的市況。基本的條件是，當開市 30 分鐘之後：

1) 開市波幅的高位，低於昨日的全日高位

2) 開市波幅的低位，低於昨日的全日低位

3) 開市波幅已包括了昨日的收市價

若開市價高於昨日的收市價，Bressert 建議的策略為：

A) 當開市或開市 30 分鐘後，市價升破昨日高位，可以入市揸貨，當市價再次跌破昨日全日低位則沽貨。

B) 交易日的中段，當市價上破開市 30 分鐘波幅的高位，已可入市揸貨；否則，如 A 項一樣，下破昨日的低位便可入市沽貨。

C) 在收市前 35 分鐘，若價位上破開市波幅高位，亦可入市揸貨；否則，下破昨日收市價便已經可入市沽貨，因為預期會出現高開低收的格局。

若開市價低於昨日的收市價，買賣策略將為：

A) 開市後或 30 分鐘後，市價回升破昨日的全日高位，可以揸貨；否則跌破昨日低位便可沽貨。

B) 交易日中段，價位跌破昨日低位後，有力升破開市波幅的高位，可入市揸貨；跌破昨日低位則可沽貨。

C) 收市前 35 分鐘，升破開市波幅高位可揸貨，而下破開市價便可沽貨。

其實，用昨天全日波幅與今天開市 30 分鐘的波幅比較，若昨天收市價位，於今天開市後已經見過的話，邏輯上只有四個可能出現的市況：

1) 開市波幅比昨天全日高低位都小

2) 開市波幅比昨天波幅下移

3) 開市波幅比昨天波幅上移

4) 開市波幅比昨日全日高低位都大

上述第一、二種的情況我們已先後討論過。至於第四種情況，邏輯上雖然可能，但在開市 30 分鐘便已穿頭破腳的，實甚罕見。基本買賣方法應與第一種市況一樣。

9.3 第三種買賣策略

若開市比昨日收市為高：

A) 開市 30 分鐘後，上破開市波幅高位可入市揸貨，下破昨日低位則沽貨。

B) 交易日的中段，方法仍以上破開市波幅高位揸貨，但下破開市波幅下限便可沽貨。

c) 收市前 35 分鐘，由於整體趨勢仍然向上，上破昨日高位的話，便不要放過機會再入市追揸，但下破開市價便可能會出現單日轉向，可入市沽貨。

根據上述討論的買賣邏輯，**如果市況的趨勢上升，開市價比昨天收市價為低，但開市 30 分鐘後，開市的波幅已經上移，亦**

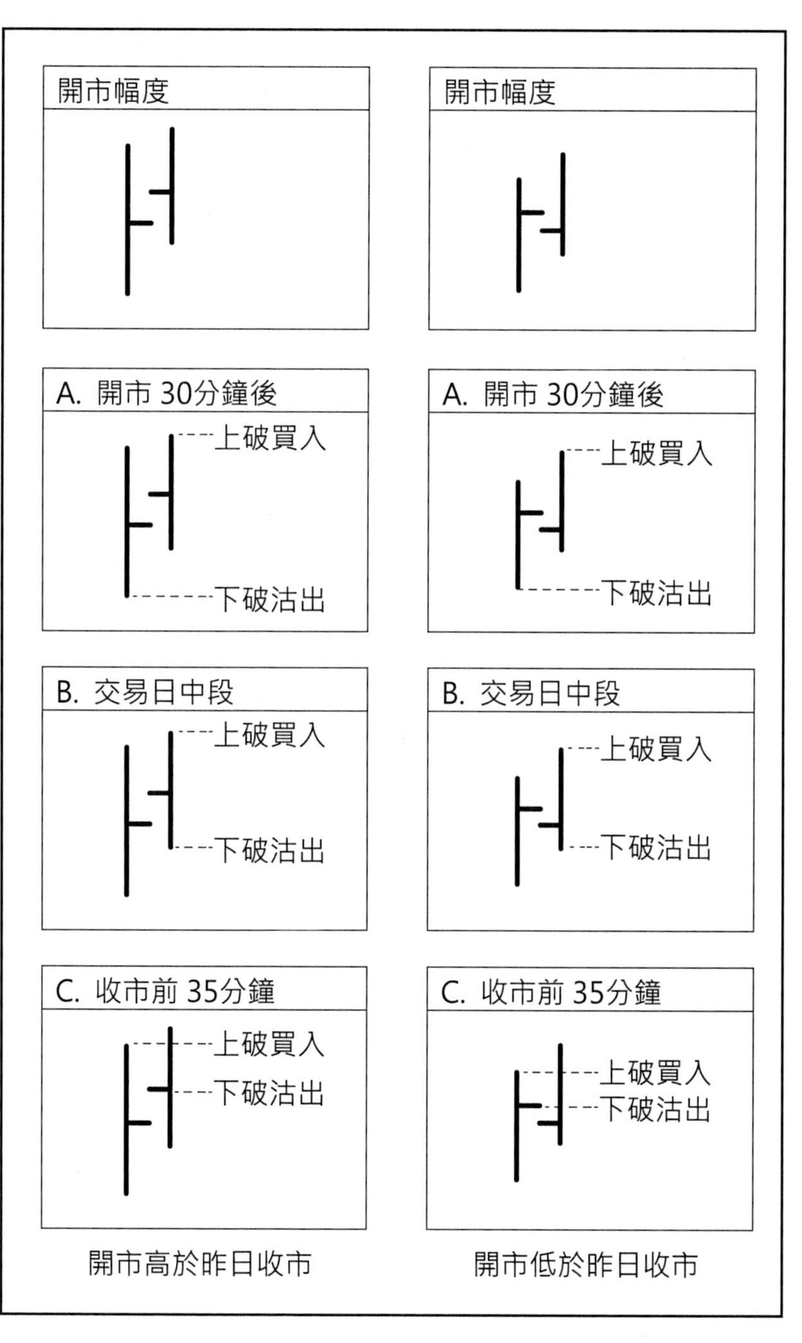
開市幅度
開市幅度
A. 開市 30分鐘後
上破買入
下破沽出
A. 開市 30分鐘後
上破買入
下破沽出
B. 交易日中段
上破買入
下破沽出
B. 交易日中段
上破買入
下破沽出
C. 收市前 35分鐘
上破買入
下破沽出
C. 收市前 35分鐘
上破買入
下破沽出
開市高於昨日收市
開市低於昨日收市

圖 80：第三種買賣策略

即是說開市波幅未跌破昨日低位，並且上破昨日的全日高位，將反映市況十分向好，在低位有大量買盤入市，推高價位。這種情況下，可以預期當日市況應十分向好，買賣的策略為：

A) 開市 30 分鐘後，上破開市波幅高位，可入市追揸，對市況向好的假設要待跌破昨日低位才會被否定，屆時可入市沽貨。

B) 在交易日的中段，買賣的策略一樣，當開市的波幅高位上破時，可入市追揸。不過，若在此時下破開市波幅的下限，則當日可能以低收告終，因此，下破開市 30 分鐘的低位便要沽貨。

C) 在收市前的 35 分鐘，是最後衝刺時間，即使未破開市波幅的高位，但上破昨日全日高位，亦值得一博，入市揸貨。不過，在這段時間，市況是十分敏感的，若下破昨日收市價，則市況可能逆轉，以低收告終。因此，即市炒家不會放過這個機會，下破昨日收市價時便入市沽貨。

以上所討論的市況，是以普通市況為主，開市 30 分鐘的價位已經重疊昨日的收市價，即當天開市 30 分鐘內，市場人士對昨日的收市價水平仍感合理。不過有些市況是十分極端的，開市出現裂口，對後市有強烈的啟示。

9.4 第四種買賣策略

一般而言，開市波幅愈小，當日市況出現趨勢的機會便愈大；當開市波幅愈大的話，則當日市況為上落市的機會便愈大。正如物理上一樣，開市波幅愈細，當天的「支持點」便愈弱，只要大戶一入市，市況隨時會像「倒瀉籮蟹」般出現單邊市。若開市波幅大的話，表示揸貨與沽貨的大戶已經出場角力，在之後的市況，誰也不敢胡亂走出這個波幅之外，因此，當天的市況是上落市的機會便會大增。

第四種即市買賣策略（圖 81）的條件是：

1） 開市波幅高位比昨日全日高位為低
2） 開市波幅的低位比昨日全日低位為高
3） 開市波幅未能補回開市價與昨日收市價間的裂口

上述市況顯然是開市波幅甚細的格局，**若開市價比昨日收市價為高，則當天的市況是假設向好的。**買賣策略是：

A） 開市 30 分鐘後突破昨日的全日高位便可入市揸貨；不過，若下破昨日全日低位便可入市沽貨。

B） 若到交易目的中段，波幅仍然比昨日為小，且仍未見過昨日的收市價的話，則市況正是山雨欲來。只要價位上破開市波幅上限，便可入市揸貨；若下破昨日收市價，則已可沽貨。

C） 到收市前 35 分鐘，仍以上破開市波幅高位便揸貨，不過，若尾市下破當日開市價，便已可入市沽貨，預期會回到昨日收市價上。

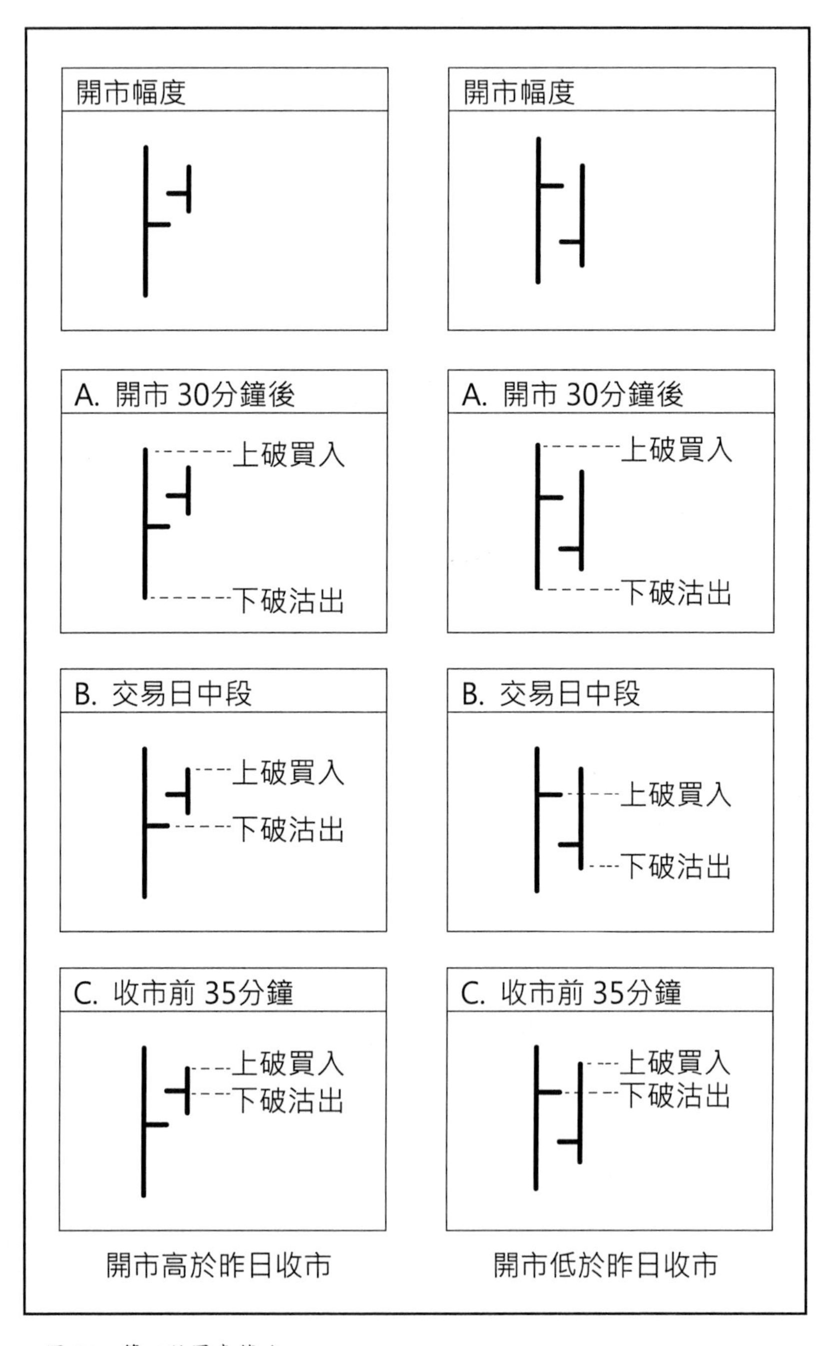
開市幅度
開市幅度
A. 開市 30分鐘後
上破買入
下破沽出
A. 開市 30分鐘後
上破買入
下破沽出
B. 交易日中段
上破買入
下破沽出
B. 交易日中段
上破買入
下破沽出
C. 收市前 35分鐘
上破買入
下破沽出
C. 收市前 35分鐘
上破買入
下破沽出
開市高於昨日收市
開市低於昨日收市

圖 81：第四種買賣策略

9.5 第五種買賣策略

就之前提及，第一至第三種即市買賣策略都較為適合一般的市況，這些市況通常在開市頭 30 分鐘會重疊昨日的收市價，即市場大致認為經過一天，昨天收市價仍算合理。不過，在一些特別的情況下，例如隔夜市場出現突發消息，或大戶經過一日的分析，認為昨日收市價並不合理，因此在開市頭 30 分鐘便入市而開市 30 分鐘後仍未能回見昨日收市價，反映市況一面倒的情況可能出現。

若市況趨勢上升，而開市出現裂口，頭 30 分鐘已上破昨日全日高位，開市波幅最低卻未能補回昨日收市價，則 Bressert 的買賣策略是：

A) 在開市 30 分鐘後，若價位進一步上破開市波幅的高位，可入市揸貨；而沽貨的策略則較為保守，要等待價位下破昨日全日最低價後才有所行動。

B) 在交易日中段，若價位上破開市波幅，可入市揸貨；若交易日中段仍未見上升的話，下破開市波幅最低便已可沽貨。

C) 在收市前 35 分鐘，若波幅仍維持當日開市波幅之內，市況將會相當敏感，因為到收市前波幅仍然狹窄的話，市況收市前可能會出現突破性的發展。因此，只要價位上破昨日全日最高價，便可入市揸貨；相反地，若價位下破開市價，則可能出現高開低收的格局，即市炒家可入市沽貨。

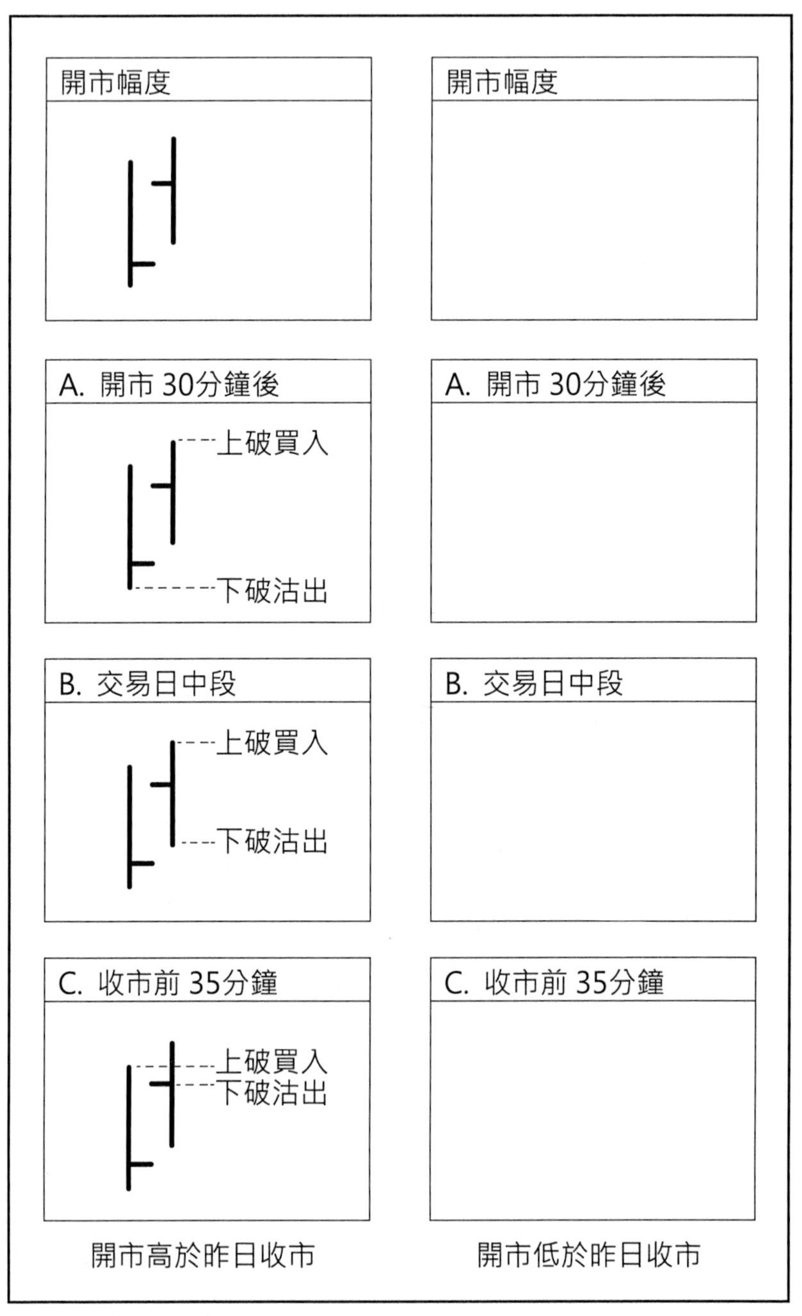
開市幅度
開市幅度
A. 開市 30分鐘後
上破買入
下破沽出
A. 開市 30分鐘後
B. 交易日中段
上破買入
下破沽出
B. 交易日中段
C. 收市前 35分鐘
上破買入
下破沽出
C. 收市前 35分鐘
開市高於昨日收市
開市低於昨日收市

圖 82：第五種買賣策略

9.6 第六種買賣策略

開市 30 分鐘後出現開市裂口，邏輯上只有兩種，不是向上便是向下，第五種買賣策略中已交待過向上的市況。若趨勢向上， 而出現開市裂口向下的市況的話，則反映當日市況可能會出現調整。因此，**若開市波幅高位低於昨日收市價，而開市波幅下破昨日的全日低位的話**，則即市炒家不會放過任何機會：

A) 開市後，只要價位下破昨日全日低位，便已可入市沽貨；若價位回升破昨日高位，則入市追揸。

B) 交易日的中段時，沽貨的策略要較為保守。若至交易日中段仍未有突破開市波幅，將反映市場未有進一步沽家在早段入市，市場看淡情緒已稍緩和，因此，要沽貨必須待突破開市波幅後才有所行動。若價位突破昨日收市價，則反映市況已經改善，即市炒家可搭順風車入市。

C) 到收市前的 35 分鐘，市況已變得十分敏感，因此到收市前波幅仍維持開市波幅的水平的話，將反映博反彈的揸家已經絕迹，市況可能進一步向下。只要價位下破開市價，即市炒家亦值得一博入市沽貨。相反，若尾市價位被挾高至昨日收市價之上，顯然大戶已急不及待入市揸貨或空倉回補，市況可能發展成為一個低開高收的市況。而且，由於趨勢是向上的，市況有可能經過短暫調整後便會再入升勢，因此，即市的炒家可待上破昨日收市價時入市揸貨，然後在收市前出貨，甚至冒險過市。

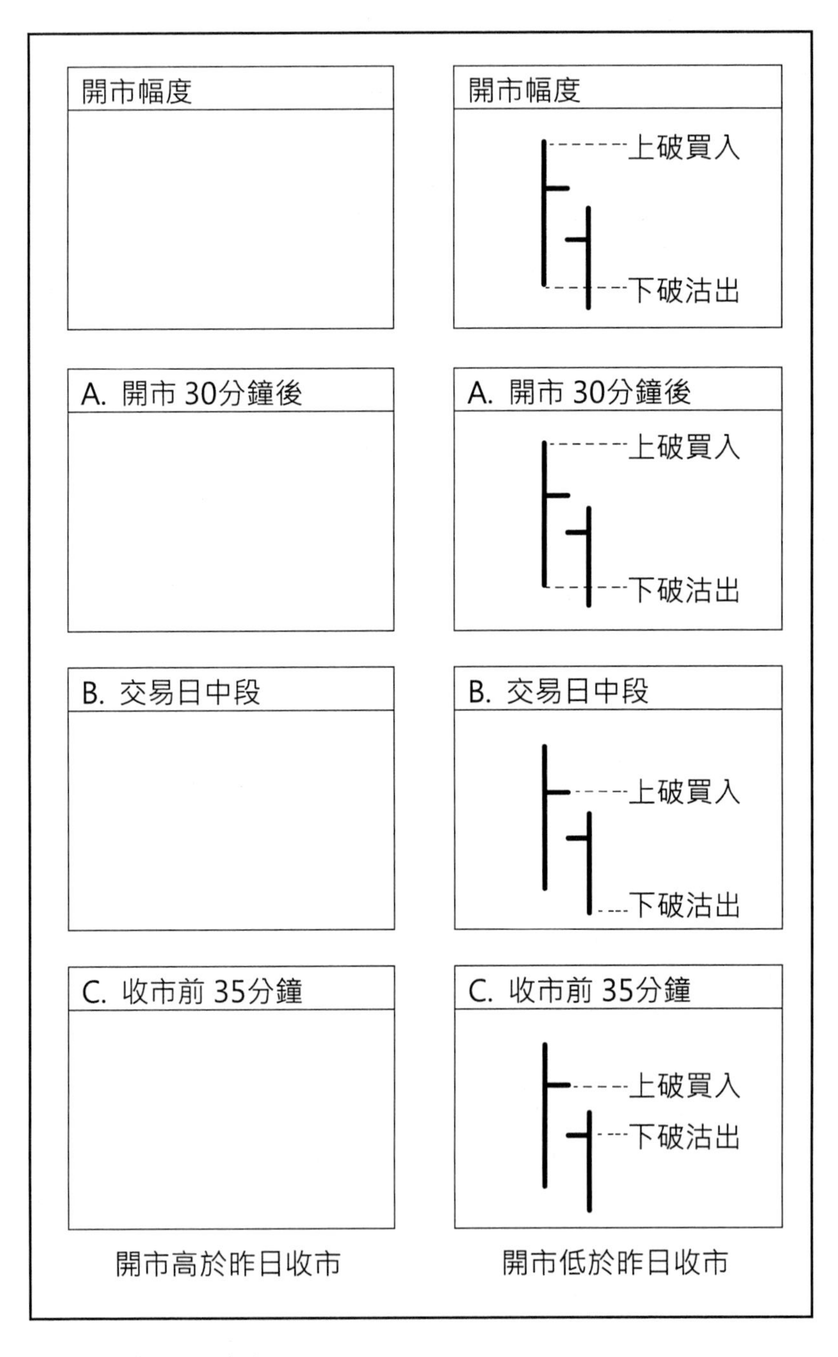
開市幅度
開市幅度
上破買入
下破沽出
A. 開市 30分鐘後
A. 開市 30分鐘後
上破買入
下破沽出
B. 交易日中段
B. 交易日中段
上破買入
下破沽出
C. 收市前 35分鐘
C. 收市前 35分鐘
上破買入
下破沽出
開市高於昨日收市
開市低於昨日收市

圖 83：第六種買賣策略

利用 Bressert 的即市買賣策略，相信大家可以了解在金融市場之中的應用。究其買賣的基本原理，是愈強愈買（Buy on Strength），愈弱俞沽（Sell on Weakness）的「突破訊號」買賣方法（Breakout System）。這種方法有其好處，就是待市場發出強勁的訊號後才入市，避免在窄幅牛皮的時間入市呆等，徒增風險。

不過，利用突破訊號作買賣通常會遇到兩個買賣的問題：

1） 價位短暫突破阻力後，可能市場缺乏追捧而瞬即退回開市波幅之內，是為「假突破」的訊號。面對這個問題，沒有特定的解決方法，一般要靠經驗作出判斷。不過，在牛皮上落市中，通常假突破機會甚多，而在趨勢市之中，突破訊號通常會頗有效。此外，即市炒家亦會留意價位突破阻力後的造價是否密集，如果突破後價位只「閃」過兩、三次便回頭，通常假突破的機會甚大；若 Ticks（價格的跳動）數目超過十個以上，則這個突破將較為有效。最後當然是以趁早止蝕的方法去減少入錯市的風險。

2） 第二個問題乃是突破開市波幅後，市場未必直線上升或下跌，很多時是突破 10 多 20 點子後便出現後抽，回到開市波幅之內，然後才向原定方向進發。這種市況有如潮漲、朝退一樣，是一浪接一浪而來。因此，掌握市場規律的話，可耐心等待後抽盡時入市，乘浪而去。一般這類後抽是無力後抽過當日波幅中位的，可作為止蝕或入市的參考價位。

基於上述的問題，市場有另一種相反買賣哲學，乃是「愈弱愈買」的方去(Buy on Weakness)。這種方法完全解決上述的問題，就是支持位上入市，不用等候突破阻力位，因此可以避免假突破，而由支持位到阻力位的一段價位更可以「食盡」。這種方法，如能準確運用，是最美妙不過的。不過，問題是這種入市方法是與市勢對抗，須保證支持位不被跌破。應用在即市買賣裡面，一般便是摸當日的頂和底。這種買賣方法無可厚非，因為所得的利潤隨時可以是利用突破訊號買賣方法所得利潤的一倍或以上。

無可否認，「愈弱愈買」方法的風險較「愈強愈買」的方法為高，但由於利潤可能甚大，因此，技巧高超的即市炒家仍會放止蝕盤在支持位之下，以避免風險增加。不過，在趨勢市之中，反趨勢而行通常會是吃力不討好的。因此，穩健的即市買賣方法仍以利用突破訊號入市為主，以刀仔鋸大樹的方法將利潤累積，盡量減低風險。

筆者討論的即市買賣策略，一直強調開市頭 30 分鐘波幅的重要性，以決定其後數小時的買賣。開市 30 分鐘的波幅較開市價更為重要，原因是開市價很容易受到個別買賣盤的影響，以致出現偏高或偏低的現象。

開市 30 分鐘的波幅意義在於，若開市價由於個別買賣盤的影響，而出現市場不接受的偏高或偏低的價位時，由於缺乏追捧，慢慢地市場便會作出調整，令價位回到市場買賣雙方都有興趣交易的水平。而市場人士經過對昨日市況的分析後，不少買賣盤已在開市前落單。因此，開市頭 30 分鐘，好友和淡友的買賣盤都已出現角力，經此角力後，當天的支持及阻力位都已試過。這個開市頭 30 分鐘的波幅，已經反映了市場人士對昨日市況與及其他市場好淡因素的考慮。若在開市 30 分鐘後，價位突破了開市波幅的支持或阻力，將反映市場有新的影響因素出現，並已經改變了開市頭 30 分鐘的供求關係。

Bressert 的即市買賣策略，甚少建議在開市後立即入市，因為我們無法知道，究竟開市的上升或下跌，是真正的好淡角力的結果，還是「傻瓜」價。因此在開市頭 30 分鐘，靜觀其變是較為穩健的做法。而這種觀望的做法，是可以幫助即市炒家不會被個人對市況的偏見所影響，因為即市炒家的責任，是順水推舟，乘每一個浪的上落而獲利，最忌是用買賣來證明自己的看法。

筆者已經先後介紹過 Bressert 的六種即市買賣策略，而這六種買賣策略是以上升的趨勢為主的。以下將開始介紹餘下的六種買賣策略，這六種買賣策略則以處於下跌的趨勢為主。

9.7 第七種買賣策略

第七種即市買賣策略（圖 84）的條件是：

1) 開市頭 30 分鐘波幅上限未破昨日的高位

2) 開市頭 30 分鐘波幅下限未破昨日的低位

若當日的開市價比昨日的收市價為高的話，則入市策略是：

A) 開市 30 分鐘後，若價位上破昨日高位則揸貨；若下破昨日低位則進一步沽貨，否則只宜靜觀其變。

B) 若到交易日的中段，價位上破開市波幅的高位，將可揸貨，而下破昨日低位則沽貨。

C) 若到收市前的 35 分鐘，價位仍未走出昨日波幅的範圍，則若上破當日開市價便已可入市揸貨，預期會出現低開高收的市況；若價位下破當日的波幅下限，已可入市沽貨，預期可繼續其跌勢。

若開市價比昨日收市價為低，則入市的策略為：

A) 開市 30 分鐘後，若上破昨日高位，則揸貨，而下破昨日低位則沽貨。

B) 在交易日中段，若上破昨日收市價，則揸貨，而下破昨日低位則沽貨。

C) 到收市前 35 分鐘，若上破開市波幅上限已可揸貨，而下破開市波幅下限便可沽貨。

在下跌的趨勢裡面，買賣策略是以沽空為主，而揸貨只宜平沽倉或短線博反彈。在上升的趨勢裡面，買賣策略是以揸貨為主，而沽貨只宜平揸倉或博短線調整。上述兩點是即市炒家的主要買賣方法，因此，大家應用 Bressert 的即市買賣策略時，必須先了解市況的趨勢，然後決定揸沽策略是新倉或是平倉。

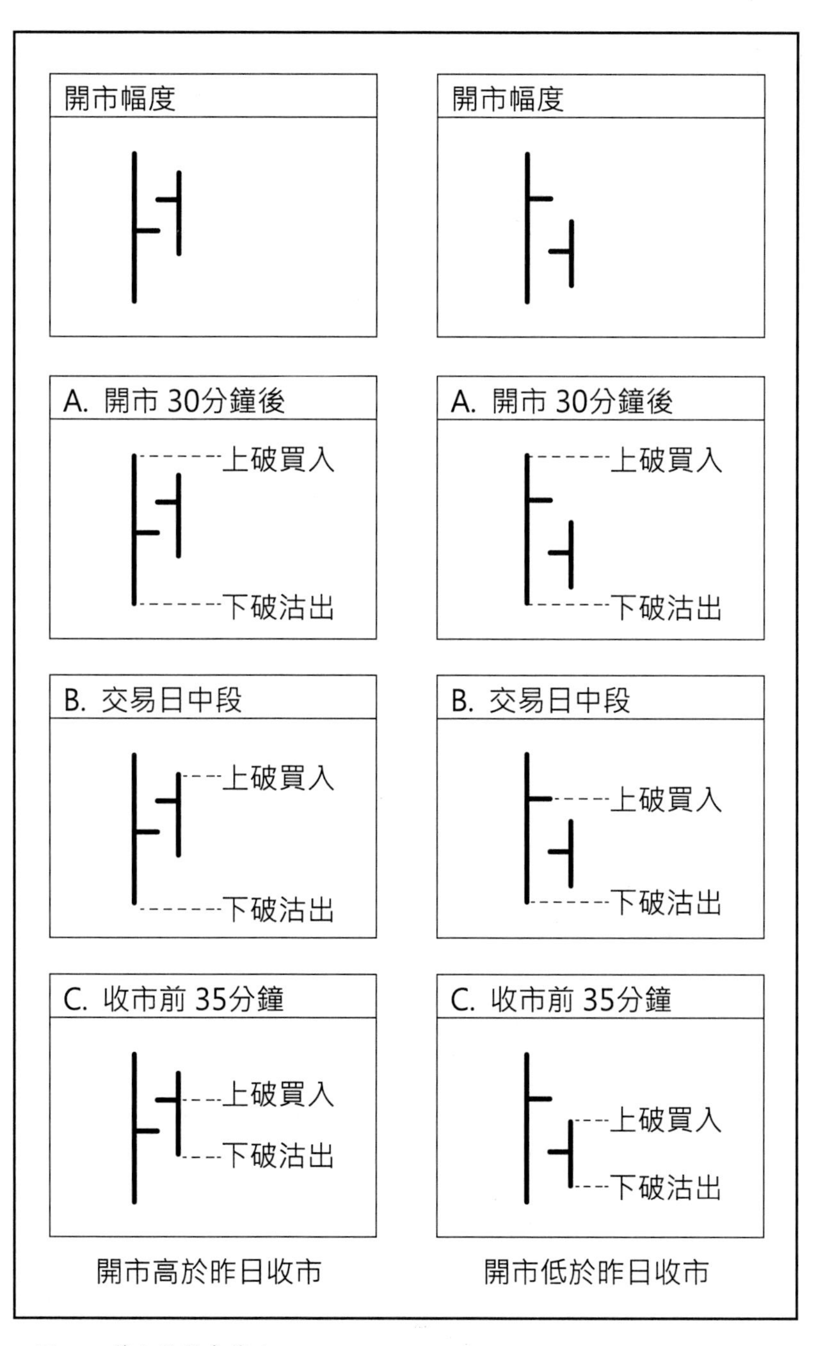
開市幅度
開市幅度
A. 開市 30分鐘後
上破買入
下破沽出
A. 開市 30分鐘後
上破買入
下破沽出
B. 交易日中段
上破買入
下破沽出
B. 交易日中段
上破買入
下破沽出
C. 收市前 35分鐘
上破買入
下破沽出
C. 收市前 35分鐘
上破買入
下破沽出
開市高於昨日收市
開市低於昨日收市

圖 84：第七種買賣策略

9.8 第八種買賣策略

第八種即市買賣策略（圖 85）的條件是：

1) 開市 30 分鐘內的高位低於昨日的高位

2) 開市 30 分鐘內的低位低於昨日的低位

3) 開市 30 分鐘內，曾造過昨日收市的水平

若開市比昨日收市為高，而開市波幅已經下移，反映開市後反彈乏力，市場正延續一直以來的跌勢。在這種情形下的買賣策略為：

A) 開市 30 分鐘後，若價位下破開市波幅低位，可入市沽貨，而揸貨則要待價位再破昨日高位。

B) 在交易日中段，價位下破昨日低位已可沽貨，而上破開市波幅高位則揸貨。

c) 收市前 35 分鐘，若價位下破昨日低位可沽貨，而揸貨則需待價位上破昨日收市價。

若開市價比昨日為低的話，沽勢更明顯：

A) 開市 30 分鐘後，價位下破開市波幅低位便沽貨，升破昨日高位則揸貨。

B) 交易日中段，價位突破開市波幅便順勢揸沽。

C) 收市前 35 分鐘，破昨日低位便，上破開市價則揸。

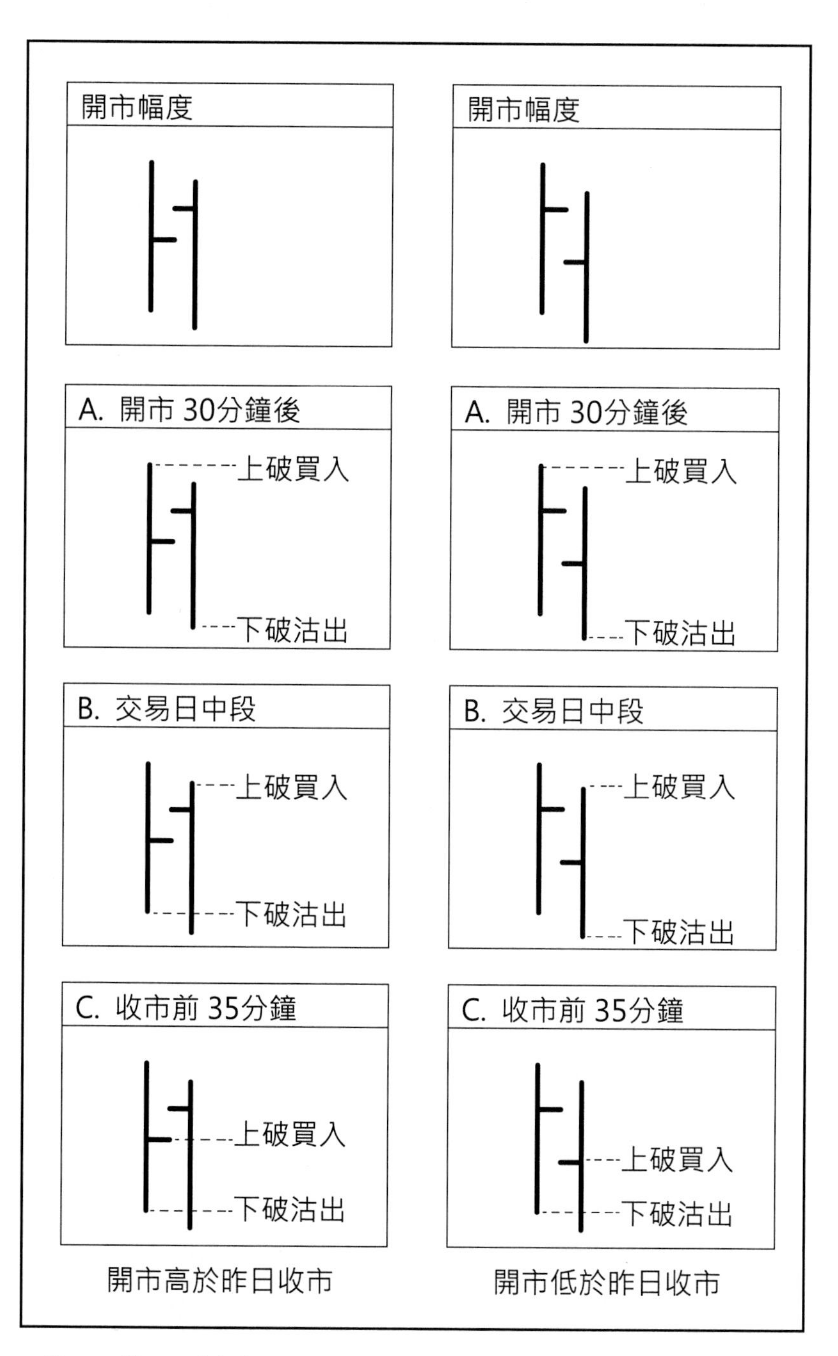
開市幅度
開市幅度
A. 開市 30分鐘後
上破買入
下破沽出
A. 開市 30分鐘後
上破買入
下破沽出
B. 交易日中段
上破買入
下破沽出
B. 交易日中段
上破買入
下破沽出
C. 收市前 35分鐘
上破買入
下破沽出
C. 收市前 35分鐘
上破買入
下破沽出
開市高於昨日收市
開市低於昨日收市

圖 85：第八種買賣策略

9.9 第九種買賣策略

第九種即市買賣策略（圖 86）與第八種剛剛相反，專門處理在下跌的趨勢中，開市波幅反趨勢而上移時的市況。

主要條件是：

1) 開市 30 分鐘的高位比對上一日的高位為高

2) 開市 30 分鐘的低位比昨日的低位為高

3) 開市 30 分鐘已見過昨日收市價

若開市價比昨日收市價為高的話：

A) 開市 30 分鐘後上破開市波幅的高位，可入市揸貨，否則下破昨日低位可沽貨。

B) 在交易日中段，若上破開市波幅高位，可入市揸貨，不過，只要下破開市波幅低位已可沽貨。

C) 到收市前 35 分鐘，若價位上破昨日高位，已可入市揸貨，預期會有進一步反彈。相反，若下破昨日收市價，已可入市沽貨，預期下跌的趨勢將可以得到延續。

若開市價比昨日收市價為低的話：

A) 開市 30 分鐘後上破開市波幅高位可以入市揸貨，若下破昨日低位可沽貨。

B) 在交易日的中段，揸貨時間仍以上破開市波幅為主，而沽貨則較進取，下破開市波幅低位便已可入市沽貨。

C) 到收市前 35 分鐘，若上破昨日高位便可揸貨，不必等上破開市波幅；沽貨方面的方法一樣，只要下破開市波幅下限已可入市沽貨。

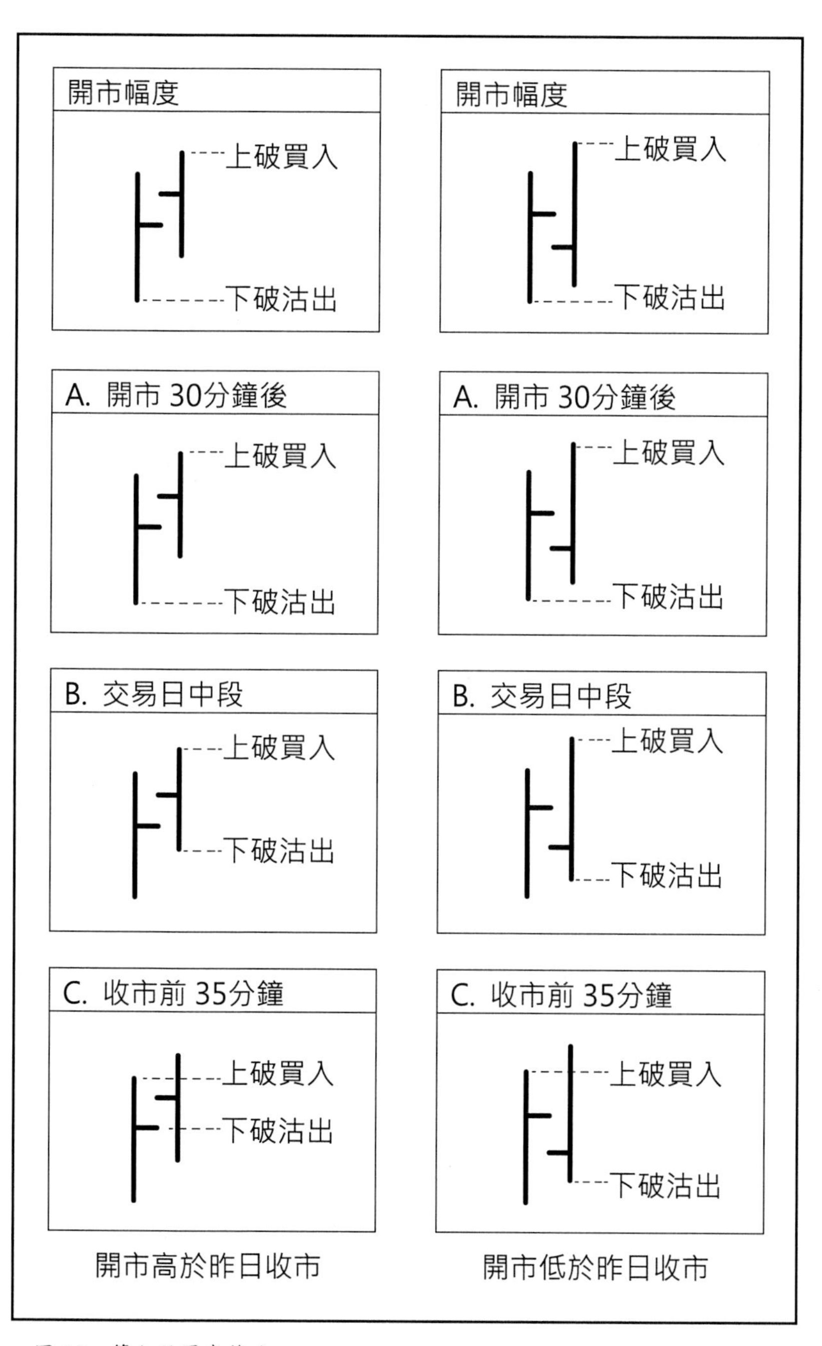
開市幅度
上破買入
下破沽出
開市幅度
上破買入
下破沽出
A. 開市 30分鐘後
上破買入
下破沽出
A. 開市 30分鐘後
上破買入
下破沽出
B. 交易日中段
上破買入
下破沽出
B. 交易日中段
上破買入
下破沽出
C. 收市前 35分鐘
上破買入
下破沽出
C. 收市前 35分鐘
上破買入
下破沽出
開市高於昨日收市
開市低於昨日收市

圖 86：第九種買賣策略

六種下跌趨勢中的即市買賣策略裡面，已先後討論過三種，都是開市 30 分鐘內已造過昨日的收市價，即已補回開市的裂口。餘下的三種則專門對付開市 30 分鐘內仍無法補回開市裂口的市況。這種市況反映市場人士對於後市甚有方向感，可以預期當天的市況波動會較大。這三種不同的市況包括：

1) 開市波幅處昨日全日波幅之內

2) 開市波幅較昨日波幅上移

3) 開市波幅較昨日波幅下移

9.10 第十種買賣策略

第十種即市買賣策略（圖 87）專對付：

1) 開市波幅高位低於昨日高位

2) 開市波幅低位高於昨日低位

3) 開市波幅未補回開市裂口

若開市價比昨日收市價為高的話：

A) 開市 30 分鐘後，若價位上破昨日高位可揸貨，而下破昨日低位則可沽貨。

B) 交易日中段，若價位上破開市波幅已可揸貨，預期開市裂口已不必補回。若價位下破昨日收市價則可沽貨。

C) 收市前 35 分鐘，若價位上破開市價，已可揸貨，預期會在高位收市。而下破昨日收市價則沽貨。

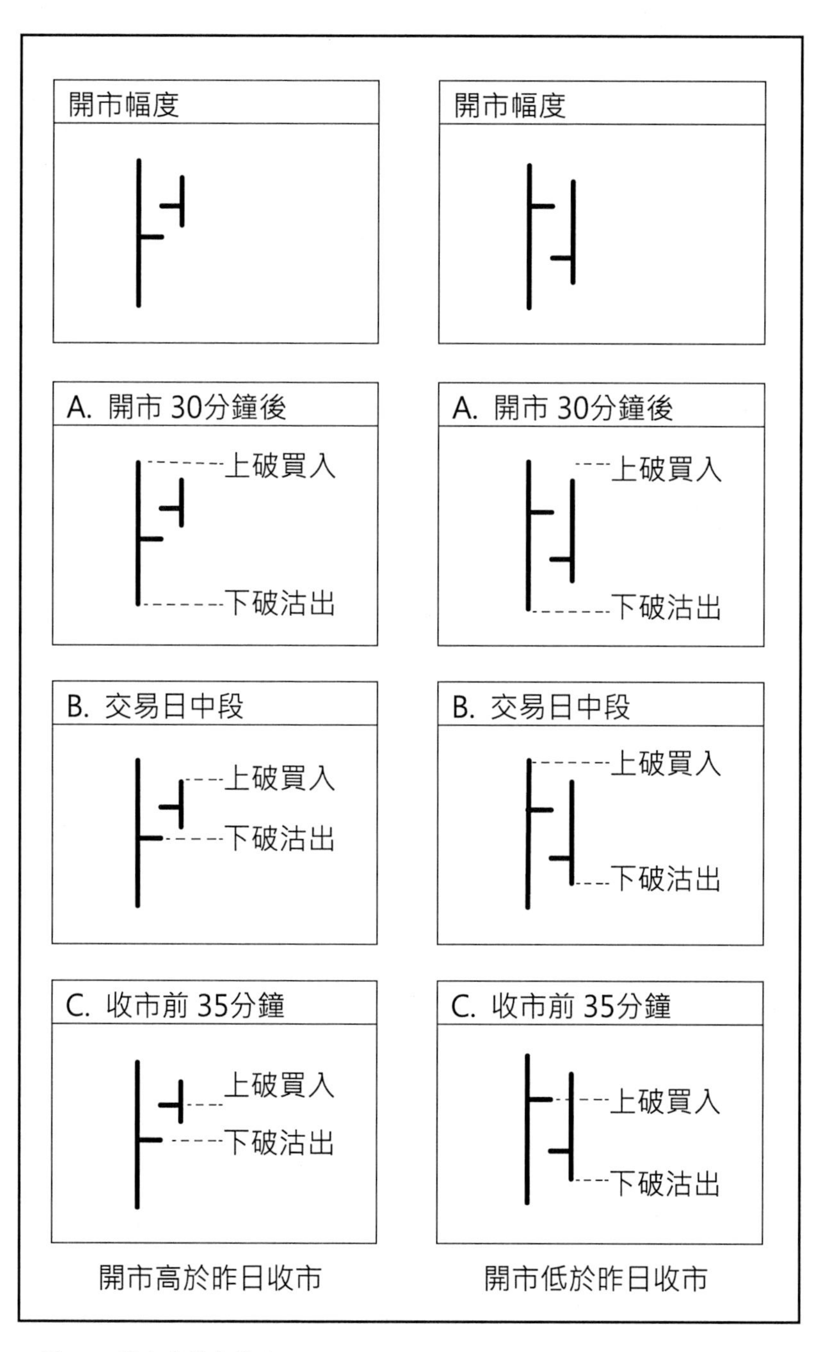
開市幅度
開市幅度
A. 開市 30分鐘後
上破買入
下破沽出
A. 開市 30分鐘後
上破買入
下破沽出
B. 交易日中段
上破買入
下破沽出
B. 交易日中段
上破買入
下破沽出
C. 收市前 35分鐘
上破買入
下破沽出
C. 收市前 35分鐘
上破買入
下破沽出
開市高於昨日收市
開市低於昨日收市

圖 87：第十種買賣策略

若開市價比昨日收市價低的話：

A）開市 30 分鐘後，若價位上破昨日高位便揸貨，下破昨日低位則沽貨。

B）交易日中段，價位上破昨日高位便揸貨，下破開市波幅低位則沽貨。

C）收市前 35 分鐘，若上破昨日收市價水平已可揸貨，下破開市波幅低位便沽貨。

第十一及第十二種即市買賣策略，要處理的是開市波幅裂口上移，及裂口下移的市況。這兩種市況所面對的是在下跌趨勢中，一種是反趨勢裂口開市，30 分鐘後仍未補回開市裂口；另一種是沿趨勢裂口開市，30 分鐘後未補回開市裂口。前者是市況急劇逆轉，後者市況是愈跌愈急。

9.11 第十一種買賣策略

第十一種買賣策略（圖 88）的市況條件是：

1）開市波幅高位高於昨日高位

2）開市波幅低位高於昨日收市價

買賣策略方面：

A）開市 30 分鐘後，價位上破開市波幅高位便揸貨，下破昨日低位則沽貨。

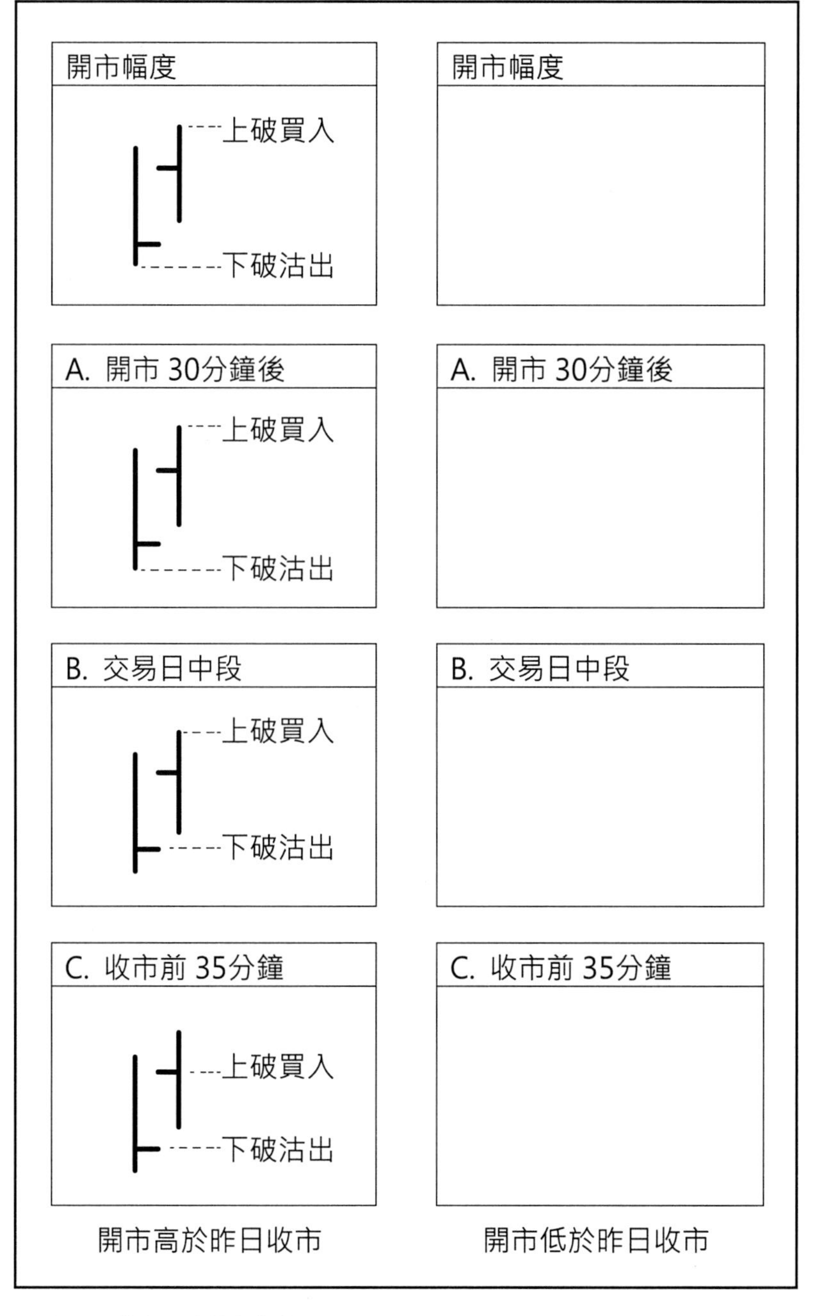

圖 88：第十一種買賣策略

B) 交易日中段，價位上破開市波幅高位便揸貨，下破昨日收市價則沽貨。

C) 收市前 35 分鐘，若價位上破開市價便揸貨，下破昨日收市價則沽貨。

9.12 第十二種買賣策略

第十二種買賣策略 (圖 89) 的市況條件是：

1) 開市波幅低位低於昨日全日低位

2) 開市波幅高位低於昨日收市價

在這種市況下，買賣策略是：

A) 開市 30 分鐘後，價位若上破昨日高位可揸貨，而下破開市波幅低位可沽貨。

B) 交易日的中段，價位上破開市波幅高位可揸貨，下破開市波幅低位可沽貨。

C) 收市前 35 分鐘，價位上破開市波幅高位揸貨，而價位下破昨日低位可入市沽貨。

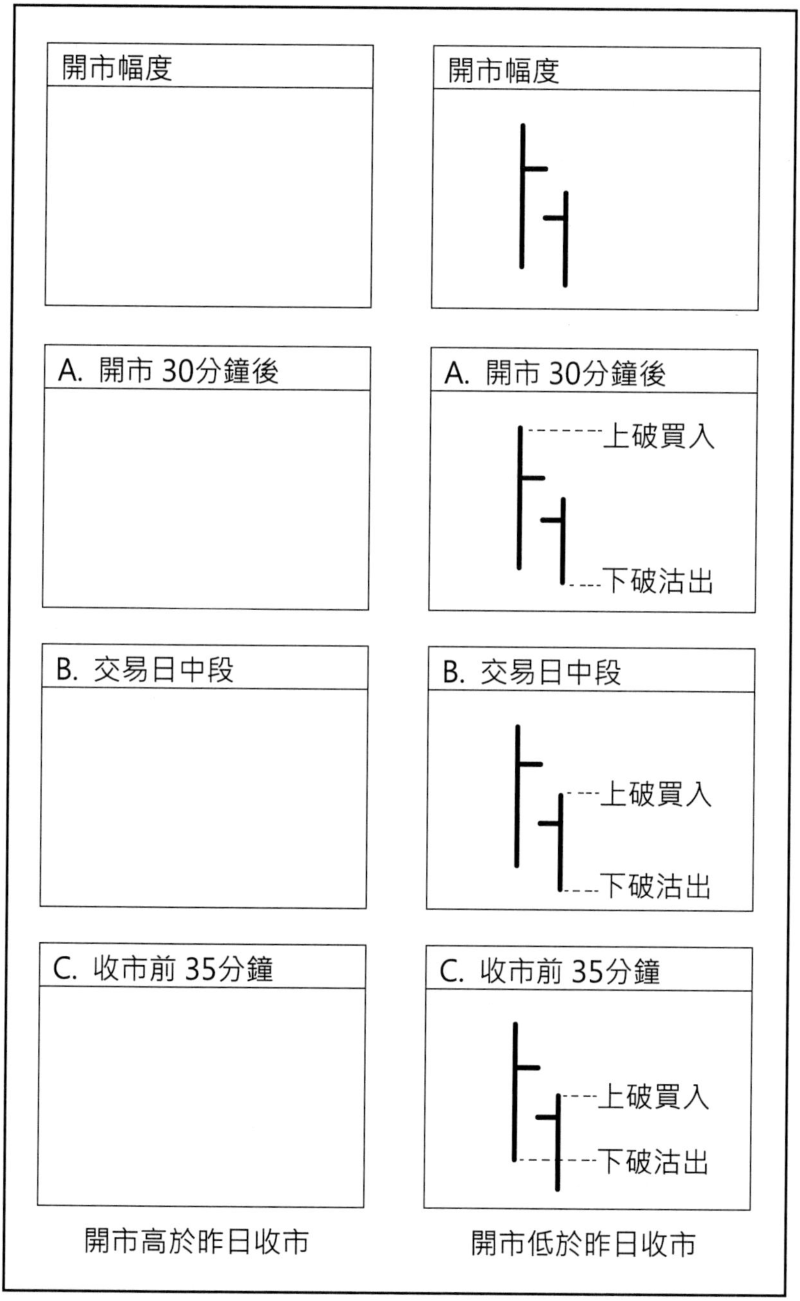

開市幅度

開市幅度

A. 開市 30分鐘後

A. 開市 30分鐘後

上破買入

下破沽出

B. 交易日中段

B. 交易日中段

上破買入

下破沽出

C. 收市前 35分鐘

C. 收市前 35分鐘

上破買入

下破沽出

開市高於昨日收市

開市低於昨日收市

圖 89：第十二種買賣策略

9.13 總結

Bressert 的十二種即市買賣策略已經先後介紹完畢，其中不同時間的買賣策略變化頗為複雜，總結而言，其精神乃是：

1) 開市的 30 分鐘後，買賣的策略較為保守，主要以昨日波幅及當日的開市波幅綜合作為支持及阻力，突破兩者作為入市買賣的訊號。

2) 交易日的中段，注意力則集中在當日的開市波幅，大部分的策略以突破開市波幅作為入市的機制。

3) 到收市前 35 分鐘，市場將會相當敏感，因收市方向既定，很少會有反覆的市況出現。即市炒家在這個階段所期望看到的，是市場方向的啟示，因此，突破昨日的高低、收市價及當日開市波幅的高低及開市價，將會是市勢方向的指標，亦成為即市買賣的入市訊號。

由於即市買賣的出入市次數頗多，因此仍然要加上個人對市勢的判斷。即市炒家每日出入的次數之多，出入市時通常未能對市勢作出全面分析，於是憑感覺以判斷真假突破多於一切，因此，判斷錯誤時，止蝕是相當重要的。

即市買賣策略入市的引發點其實只有幾個：

1) 當日開市價
2) 當日開市波幅的上下限
3) 前一個交易日的收市價
4) 前一個交易日的最高及最低價

由此可見到的，共有六個參考價位。實際買賣時，即市炒家會以突破上述價位作為買賣的引發點。

除此之外，即市炒家亦會計算以下兩個水平，作為分辨市勢好淡的方法：

1) 當日開市波幅的中位

2) 前一個交易日的中位

上述兩個中位，通常是用以衡量價位突破之後的後抽阻力。

除此之外，即市炒家更以上一個交易日的波幅分為三份，將其水平作為即日買賣的支持阻力位。

有分析家批評上面的方法，未能將前一個交易日的市場重點水平清楚計算出來，因為高低位及收市價只是轉瞬即逝的價位，真正買賣意義不大，因此有分析家建議將前一天的最高 (H)、最低 (L) 及收市價 (C) 相加，然後除以 3，來計算一個綜合的參考水平，這點值得即市買賣時作為參考，其公式是 $P = (H + L + C) \div 3$。

9.14 開市部署

即市買賣以開市波幅作為入市買賣的根據，理論上是較為穩健的，因為開市波幅反映揸家及沽家的力量，開市一輪爭持後，市底強弱才有頭緒，因此，根據上面的策略，即市炒家不會在開市頭半小時即入市買賣，而是要等待開市後塵埃落定才做買賣。

不過，在一些情況下，開市的頭 30 分鐘波幅可能已經十分大，之後整天的市況都只是牛皮上落，錯失入市良機。此外，開市波幅隨時可以是整天波幅的三分之二，因此，若不在開市時買賣，亦會錯失機會。

基於此考慮，有即市炒家會選擇冒過市的風險，以換取開市波幅的利潤，亦即是説，上一個交易日收市時入市，預期市場會裂口高開或低開，從而得到這個市場空隙的利潤。

若能準確預計市場走勢，過市的利潤是相當吸引的，但必須承認，風險亦相當大，要技巧高超的炒家才能勝任。

至於膽子較小、但技巧一樣厲害的即市炒家又會如何處理這個問題？這批炒家通常會與前者對著幹。

首先，過市的炒家在裂口開市後，通常便會獲利回吐，令價位傾向補回這個開市的裂口，而第二批炒家在即市時便會順水推舟，在這段時間入市，與開市方向相反買賣，時間上通常是開市後的 15 分鐘。由於這段市場的波動只屬後抽性質，因此見好即收非常重要，否則，時間拖得愈久，愈不利買賣。

這個買賣方式如下：

1）若昨日高收，而當日開市繼續裂口高開，則可以預期開市 15 分鐘內便有獲利回吐出現，可在阻力位下沽貨，博取後抽的利潤。這種後抽可形容為市場試圖補回開市裂口的行為，因此重要的支持為上日收市價。

2）若昨日高收，而當日開市裂口低開，則可以預期開市15分鐘內，市場便會空倉回補，即市炒家便可趁這段時間在支持位上入市揸貨，以博取後抽時的利潤。

至於跌市時，上面市場邏輯仍然適用。

若在普通的市況，開市波幅加上開市的裂口，隨時可以是全日波幅的三分之二。因此，若在上一天的收市前能夠估計得到下一個交易日開市的方向的話，利潤是相當大的。這種市況在買賣時特別有用。

9.15 入市前部署

即市買賣策略其實未必只適用於即日平倉的買賣，亦可作為中長線買賣的入市引發點。當我們經過價位及循環的分析後，發覺市場即將轉勢，但在低價貿然摸底入市，是存在頗大風險的，有時必須依靠一日內市價的表現來決定分析是否正確。

一般的中線技術分析方法，往往著眼於幫助投資者分析趨勢或轉勢，但主要出入市點一年只出現三、四次，這種分析方法對於中長線投資者十分重要，但入市機會一過的話，投資者便很難再找到適當的位置入市。即市買賣策略的好處乃是每天都可找到入市的引發點，入市後若市況一面倒的話，便可將之變為中線的買賣。要緊記的是若根據即市買賣策略入市而失利的話，則切勿將之變為中線買賣，應即日止蝕為宜。

筆者討論即市炒家買賣方法看似簡單，但其實在開市之前是必須做足工夫的：

1）辨認清楚中期及短期的趨勢

2）評估昨日影響市價波動的消息及掌握市場的焦點及情緒

3）估量現時的盤路

4）記清當日可能影響市價的消息、數據及其公布時間

5）估計當日市況可能發展的模式，並有一至兩套另類模式

6）分析清楚當日的支持及阻力位

7）制訂入市位、出市位及止蝕位

當然，在做足上述工夫之外，必須配合以個人的觀察力，甚至直覺去發動攻勢，不過，直覺不應令炒家失去應有的紀律。這些紀律包括：

1）不應將短線的買賣變成長線的買賣

2）入市前所定下的止蝕位，入市後不應隨便更改，免增風險

3）入市後見勢頭不對，便應即時平倉，將風險減至最低

雖然入市前投資者可能已分析清楚，自信十足，但實際上亦有機會遭遇止蝕，屆時，即市炒家未必會即時離場，炒家會根據預先已估計好的另一種市況發展模式入市。由於其中一種模式已證明錯誤，另一種模式成真的機會便自然增加，機不可失。

10

圖表形態分析的即市應用

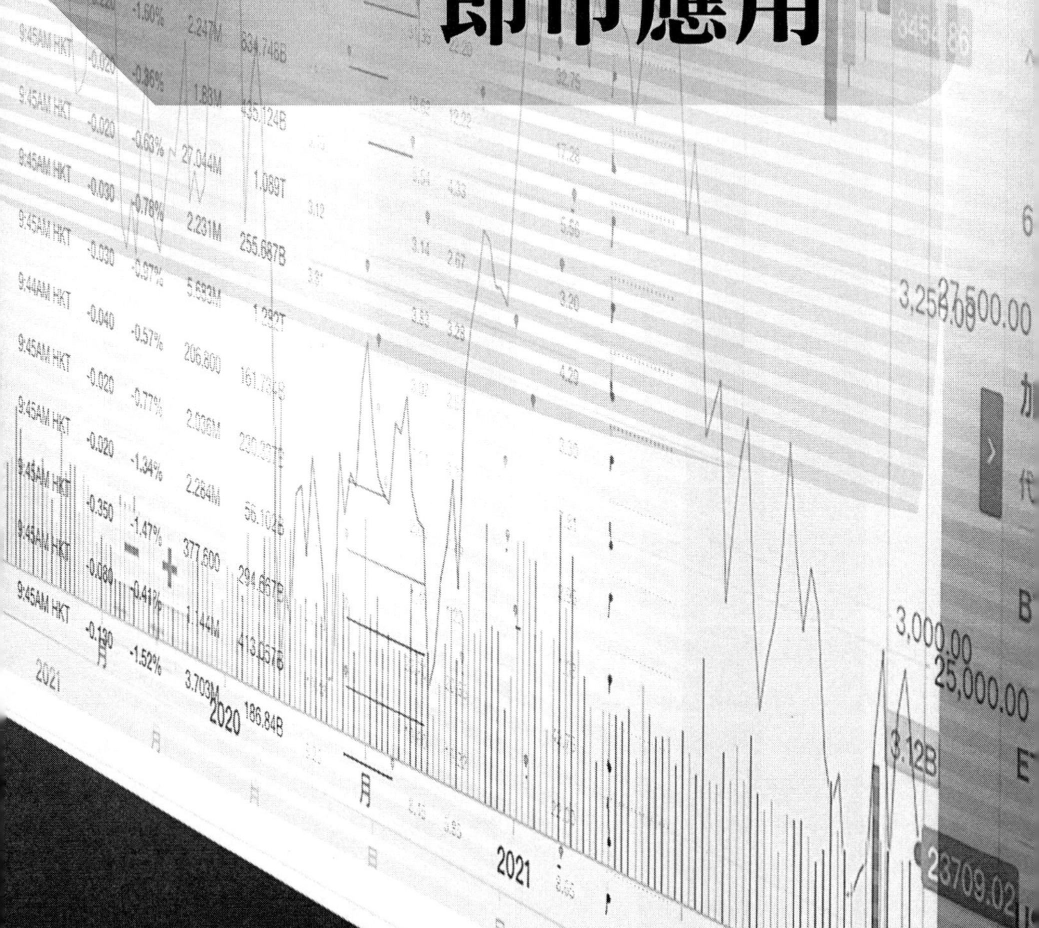

圖表形態分析法與其他分析法一樣，都旨在提高勝算，當市況發展與預期不符時勇於止蝕，再作部署，才能真正發揮即市買賣的精神。

在即市買賣的範疇裡，其實大部分的傳統圖表分析方法都可以應用，不過，投資者要注意以下幾個中 / 短線分析與即市分析的最大不同之處：

第一、**波幅的變化**。即市走勢可以用靜若處子、動若脱免來形容，因為在買賣之中，有不少時間是處於主要活躍市場之間，交投較為淡靜。此外，市場在等候消息公布之前，走勢亦較為淡靜。不過，當有重大消息公布後，市場人士開始調整倉盤、令市場波幅大增。這種波幅變化很多時會破壞原先的市場平衡或供求關係，令市場出現新的景象。

第二、**時間窗戶愈短、圖表形態愈不明顯**。由於在時間很短的窗戶內，例如，1 分鐘或 5 分鐘圖表，短暫市場的供求變化足以影響圖表形態的形成，亦可以將圖表形態複雜化，甚至破壞形態的形成。相反，時間愈長，市場力量愈為均衡，市場圖表形態形成的機會較高，而且準確性亦較大。

第三、**即市圖表分析容易見樹林不見森林**。有時候在即市圖上看到大趨勢，但在較長的時間窗戶來看，只屬於中線趨勢內的短期波動而已。即市投資者要見好即收，以免走錯方向。若投資者見到即市圖表上錯縱複雜、毫無形態可言，不妨將時間窗戶拉長，譬如由 5 分鐘圖改為 30 分鐘圖，或小時圖，則趨勢及形態將能清晰可見，買賣策略亦較為容易訂定。在即市買賣之中，投資者的「長線投資」是看 4 小時圖，影響的時間約為 2 至 4 個星期。投資者的「中線投資」是看 1 小時圖，影響的時間約為 1 至 2 星期。投資者的「短線投資」是看 15 分鐘圖，影響的時間約為 1 至 3 天。至於即日的交易，則看 5 分鐘圖。

不過，要留意的是，投資者不能夠單看 5 分鐘圖而作一天的買賣部署，他應該看 4 小時及 1 小時圖以判斷趨勢及整體形走勢，然後利用 15 分鐘圖來作出買賣的判斷。

上面三點注意帶出一個重要的即市買賣原則，就是「多時窗買賣法」(Multi-time FrameTrading)。所謂多時窗買賣法，即買賣決定是以長、中、短線的共同方向作買賣的根據，例如 4 小時 / 1 小時 / 5 分鐘或 1 小時 / 15 分鐘 / 5 分鐘的組合。

回到圖表形態分析之上，一般圖表形態分兩種：

一、持續趨勢形態

二、轉向形態

10.1 持續趨勢形態

在判斷趨勢方面，4 小時圖的趨勢較為有效。這包括：趨勢線、平衡線及趨勢通道。

圖 90 是美元兑日圓的 4 小時走勢圖，由圖可見，由 10 月 20 日至 11 月 30 日的期間，美元兑日圓大致上以一個下降通道的形式滑落。

若在同一張 4 小時圖上看，10 月 25 日至 11 月 25 日是一個三角形態的趨勢中整固期。見圖 91。

當美元兑日圓向下突破三角形的支持線後，市價亦急促下滑，最後下跌至下降趨勢通道的下限。

若由三角形形態的下限線突破後的入市點 117.70 沽出，至下降通道下限支持水平 115.30 平倉，回報為 2.40 日圓，而時間僅在數天內完成。

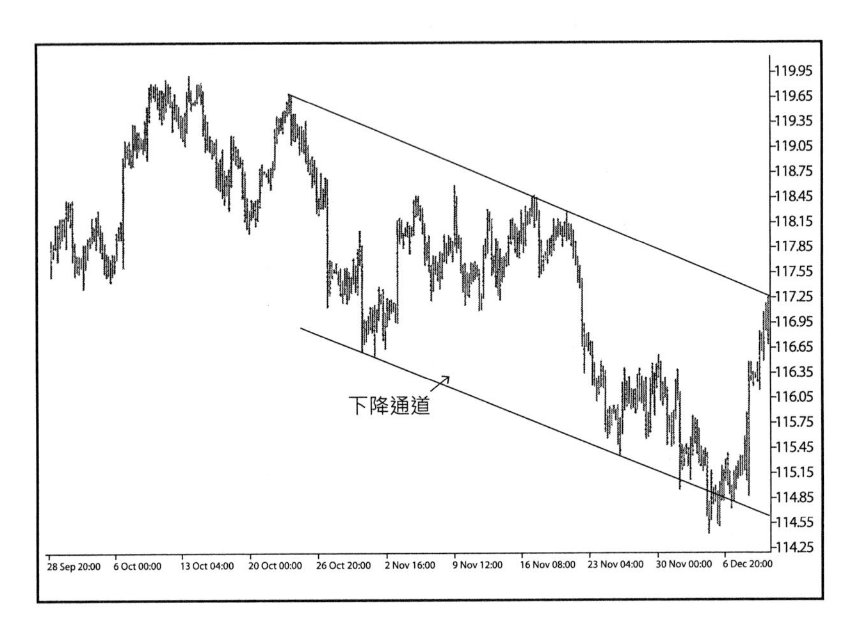

圖 90：美元兌日圓 4 小時走勢圖

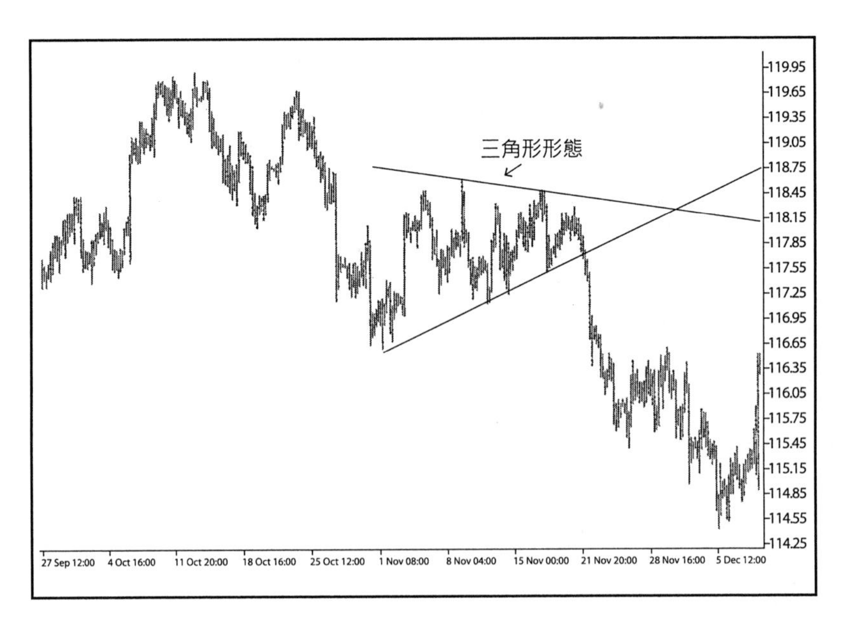

圖 91：美元兌日圓 4 小時走勢圖

換言之，圖表形態上超過一個月的形成及組織，僅在數天內便完成目標。這有如攻城略地一樣，組織軍事需時，但執行時卻是千鈞一髮，迅即達成目標，當中不容時間思考及了解。

10.2 趨勢中的三角形態

在 4 小時或 1 小時圖表上，三角形形態經常出現，它代表了市場在趨勢中的整固時間，然後再繼續其趨勢的方向。

由圖 92 的美元兑日圓 1 小時圖可見，在趨勢運行一段時間後，美元兑日圓進入 6 天的調整期，以三角形的形態運行。於 10 月 6 日向上突破後，滙價持續上升趨勢。按三角形的高度 105 點計，由 118.10 上破後，量度目標為 119.15 日圓，目標於即日到達。

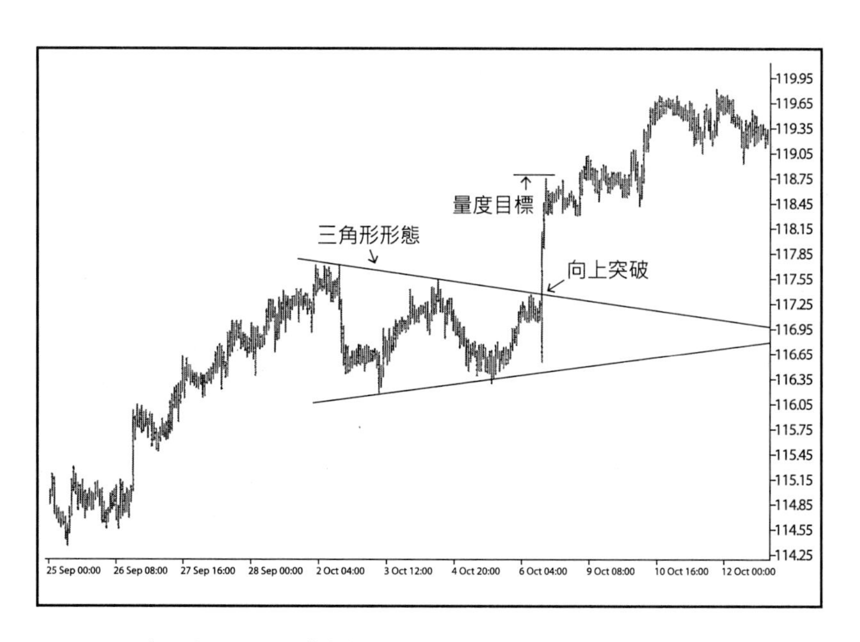

圖 92：美元兑日圓 1 小時走勢圖

10.3 旗形

對於趨勢中的調整形態，另一個常見的形態是旗形。旗形形態是在一個主流趨勢中，出現反方向的調整，形成一個短暫的下降通道，形狀為一幅四邊形的旗形形態。

由圖 93 可見，於美元兌日圓 15 分鐘圖上，10 月 7 至 10 日期間出現的是一個兩個交易天的旗形，旗形高度為 35 點子。於 10 月 10 日滙價上破 113.80 上限後，量度目標為 114.15 日圓，目標於即日到達。

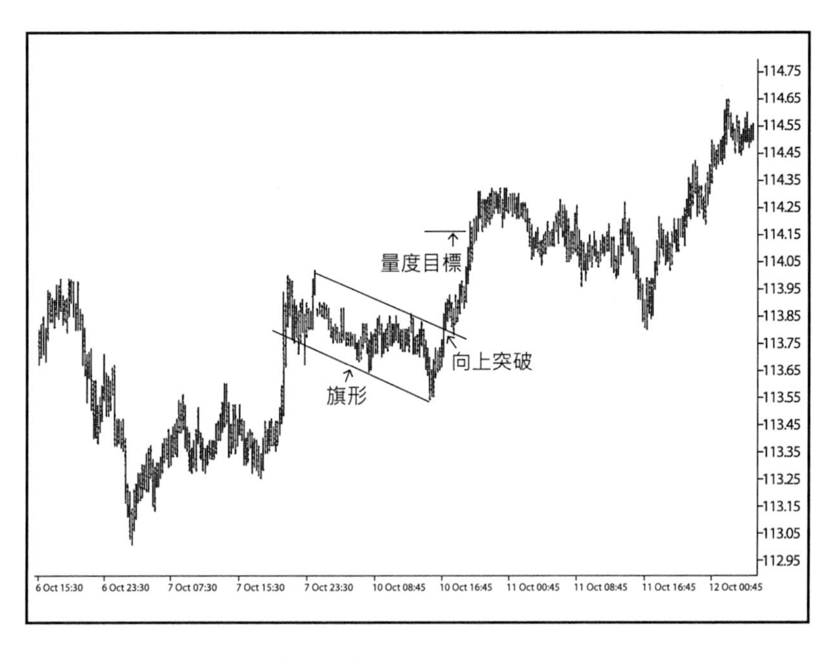

圖 93：美元兌日圓 15 分鐘走勢圖

另一個關於旗形的例子，可見於圖 94 的美元兑日圓 15 分鐘圖。由圖可見，10 月 13 日形成另一個下降旗形，即在下降趨勢中的反方向旗形調整形態。上述旗形的高度為 50 點子由向下突破點 114.50 起計，量度目標為 114.00 日圓。事實上，美元向下突破後，即日完成 114.00 的目標。要留意的是這個旗形的止蝕點在 115.00 之上。

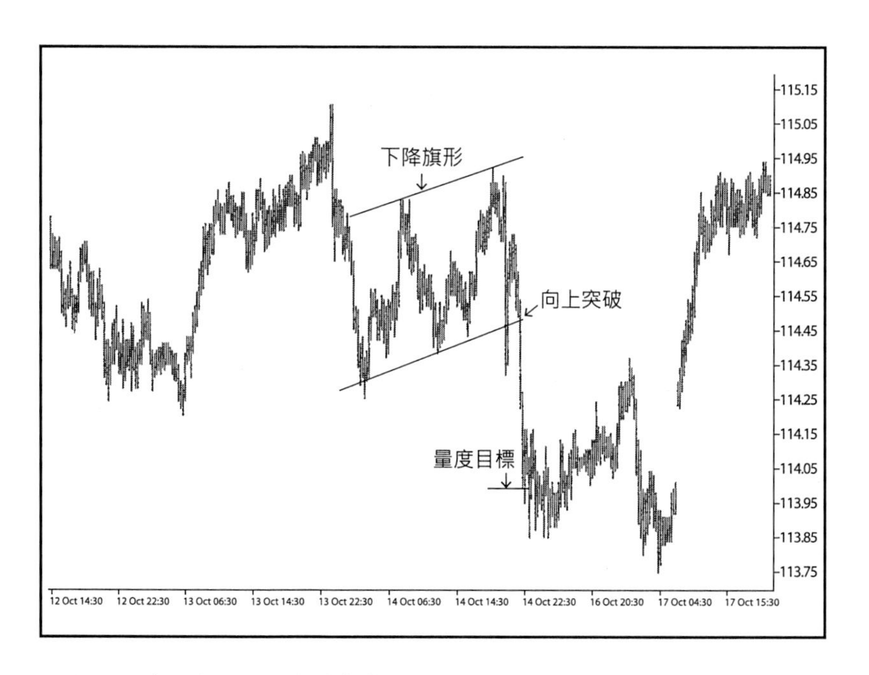

圖 94：美元兑日圓 15 分鐘走勢圖

10.4 楔形

在趨勢的調整形態中，除了旗形外，另一種常見的形態是楔形形態，亦即一個反趨勢的上升三角或下降三角形態。

在圖 95 美元兑日圓 4 小時的走勢圖上，由 3 月 17 日至 4 月 14 日滙價形成一個上升楔形的形態。一般而言，若滙價下破楔形下限的支持線，滙價可回到楔形的起始點。在上述的走勢圖上，該起始點在 115.60。事實上，在 4 月 14 日一周，美元兑日圓下破楔形下限支持點 117.70 後，在數天內下跌至 115.60 目標，並以向下趨勢延續而下。

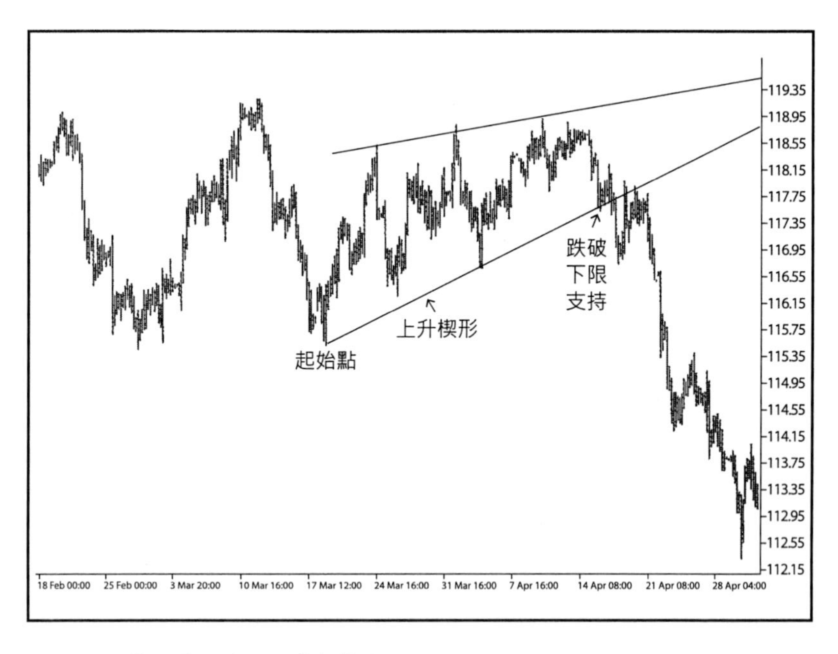

圖 95：美元兑日圓 4 小時走勢圖

10.5 轉向形態

在即市買賣中，大趨勢不是經常出現，相反在短期上落市中，轉向形態的出現似乎更有實戰的意義。其中最重要的轉向形態包括著名的頭肩頂 / 底、雙頂 / 底、三頂 / 底，及其他轉向形態。

10.6 頭肩頂 / 底

頭肩頂 / 底是一個兩邊較小，中間較大的轉向形態，是一個典形的轉向前市勢波動的形態。

圖 96 是美元兑日圓 5 分鐘圖，在圖上於 1 月 25 日形成一個一天的頭肩底形態，其頸線在 120.72 日圓。由頭至頸線的高度為 50 點子，由向上突破頸線位 120.72 起計，量度目標在 121.22。

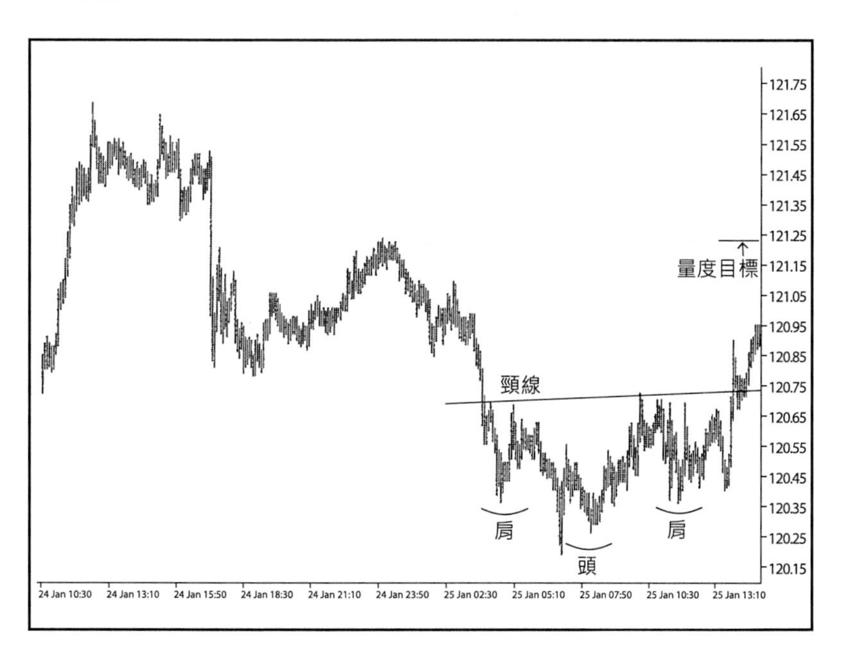

圖 96：美元兑日圓 15 分鐘走勢圖

由圖 97 可見其結果，美元兑日圓於 1 月 25 日即日上升到達 121.22，最高曾見 121.65。值得留意的是，這次交易的止蝕點應設在 120.40 之下，即右肩之下。

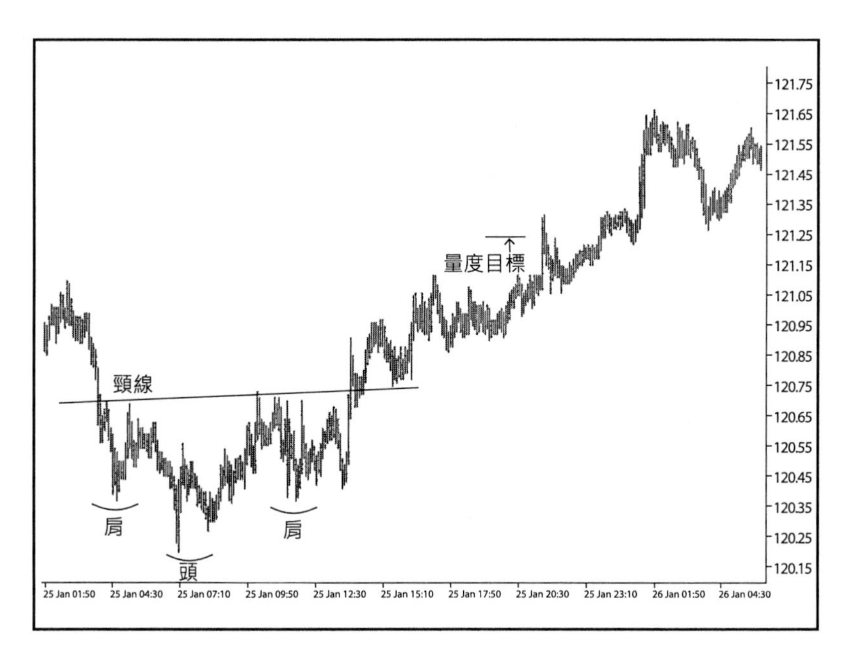

圖 97：美元兑日圓 5 分鐘走勢圖

10.7 三頂 / 底

三頂 / 底形態通常出現於一次較大的轉勢之中，在即市圖上通常三至五天，圖表上形成的是三個大小相若的調整上落形態。

由圖 98 美元兑日圓 1 小時圖看，9 月 21 至 26 日所形成的是一個三底形態，三個底分別在 116.05 至 116.25 水平，中間底部至頸線的高度為 60 點子。由突破點 116.80 起計，量度目標為 117.40 日圓。事實上，美元兑日圓於 9 月 27 日到達 117.40 目標，而且延伸趨勢至 118.00 之上。

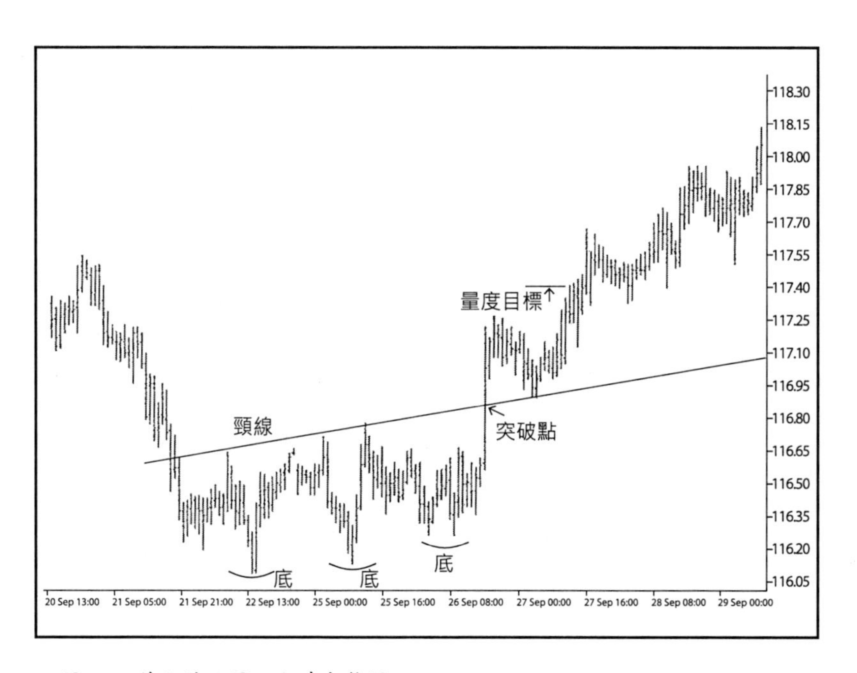

圖 98：美元兑日圓 1 小時走勢圖

10.8 雙頂 / 底

常見的轉向形態中，雙頂 / 底形態是十分重要的形態，其圖形是兩個大小相若的上落整固形態。

圖 99 是美元兑日圓 1 小時圖，在 10 月 10 日至 16 日形成一個雙頂形態。該雙頂形態高點為 80 點子，頸線在 119.05。若由下破頸線位 119.05 起計，量度目標為 118.25。

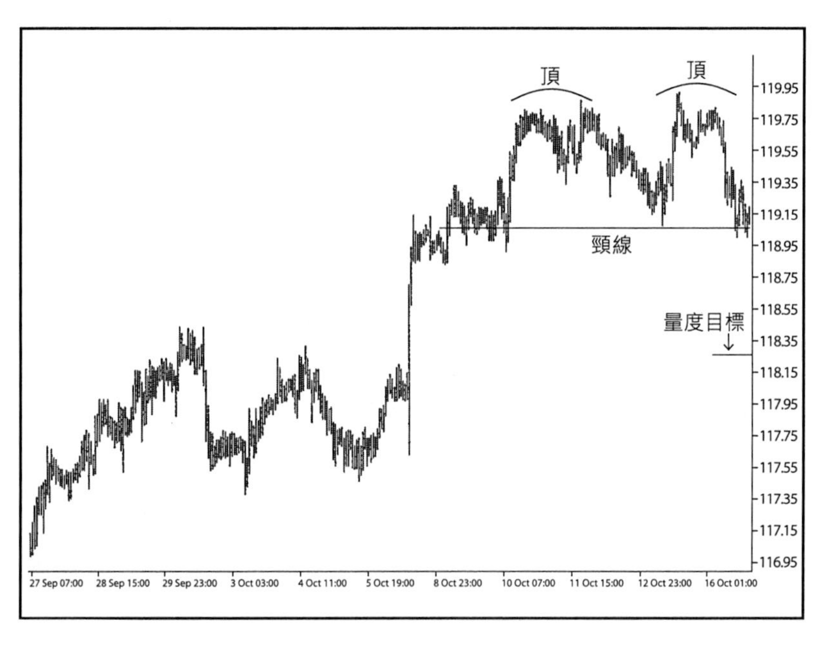

圖 99：美元兑日圓 1 小時走勢圖

事實上，由圖 100 看，美元兑日圓於 10 月 19 日下跌至 118.25 目標。值得留意的是，雙頂的止蝕點是在雙頂之上，即 119.90。

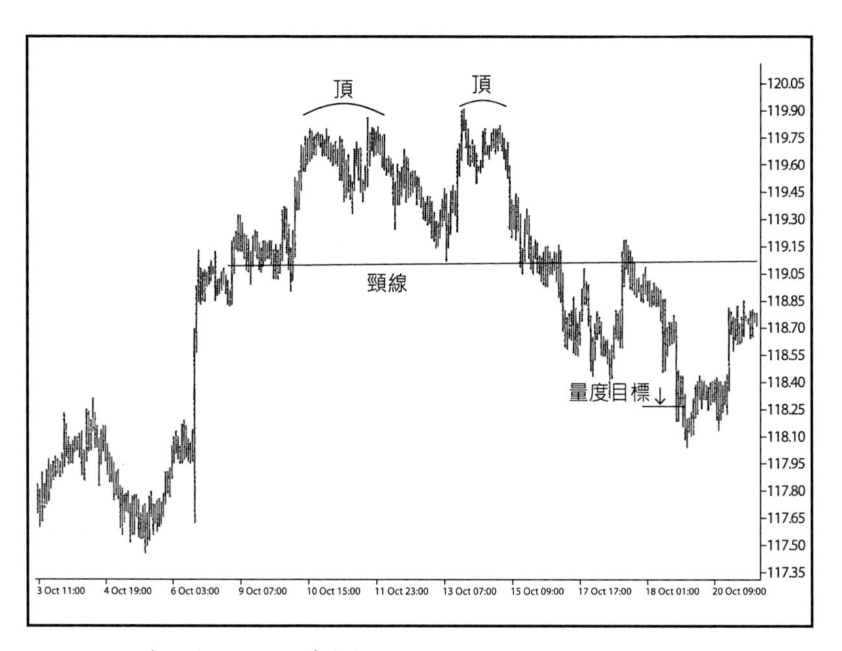

圖 100：美元兑日圓 1 小時走勢圖

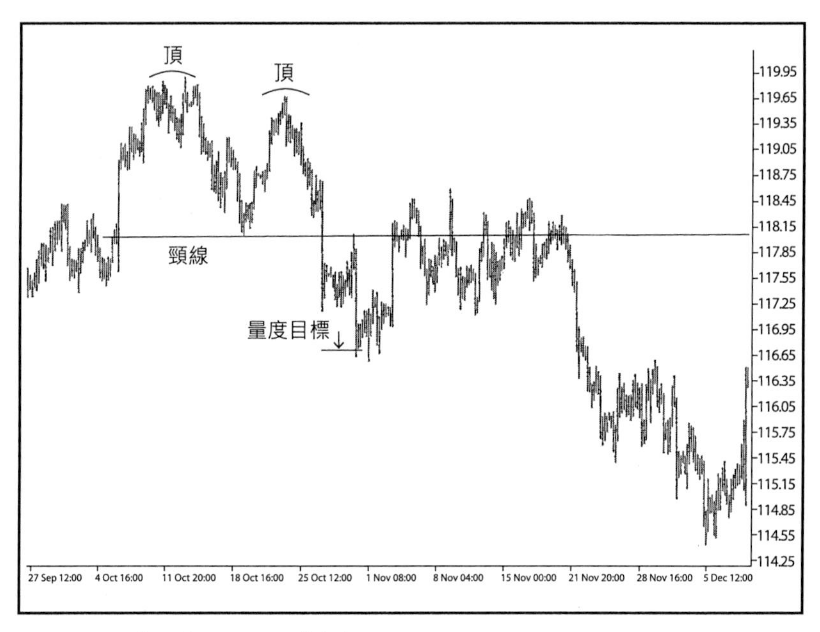

圖 101：美元兑日圓 1 小時走勢圖

較早前筆者指出，即市買賣是只見樹林不見森林，若我們將上述圖表的時窗拉闊，看一看 4 小時圖，其實 10 月 10 至 16 日的走勢只屬於一個三個星期的雙頂形態的第一個頂而已，其後，在 10 月 16 至 25 日，在 4 小時圖上更形成了另一個更大的雙頂形態。按圖 101 這個更大的雙頂形態看，頸線在 118.05，雙頂形態的度為 180 點，由頸線突破點 118.50 起計，量度下跌目標為 116.70，上述目標亦於 10 月 30 日到達。

10.9 其他轉向形態

在即市圖表中，轉向形態其實有多種，包括三角形形態、楔形形態、長方形形態等。

圖 102 是美元兑日圓 15 分鐘圖，圖表上形成的是一個楔形形態，按照分析理論，滙價下破楔形下限支持線後可回到楔形的起點。在附圖中，楔形下限支持線在 114.20，而量度目標為 113.85，即楔形起始點，該目標於 10 月 5 日即日到達。

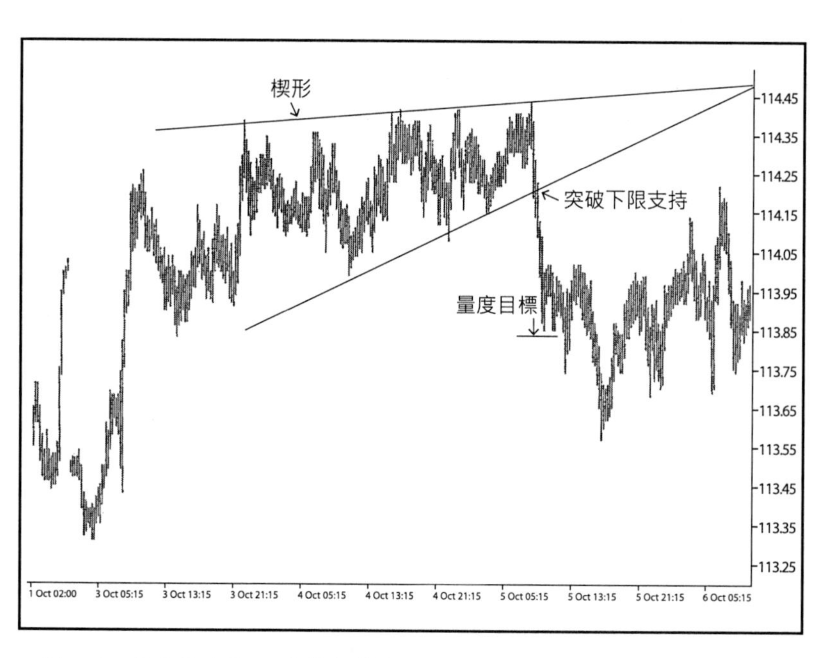

圖 102：美元兑日圓 15 分鐘走勢圖

10.10 總結

上述的例子示範圖表形態分析在即市買賣中的應用，其中，多時窗分析法有助交易者捕捉即市走勢的波動。不過，上述分析法與其他分析法一樣，都旨在提高勝算，但由於實戰市況變化萬千，交易者要作出臨場應變，當市況發展與預期不符時勇於止蝕，再作部署，才能真正發揮即市買賣的精神。

11

點數圖的即市應用

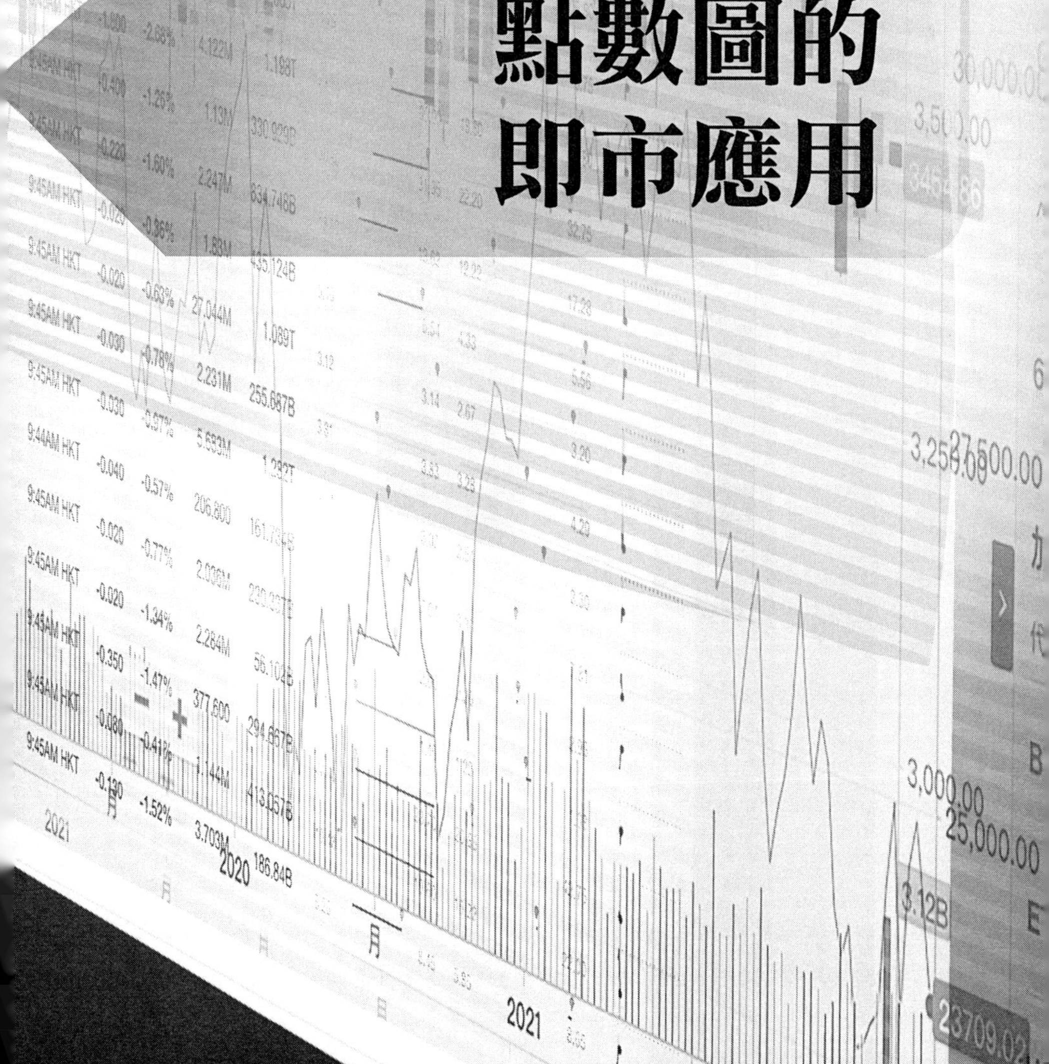

點數圖是將圖表上的時間因素撇除，只將市場波動的規律反映出來，以幫助投資者對於市價的上落作出明確的分析。

傳統的技術分析方法之中，柱線圖的形態分析最為普及，而與此方法齊名，又得到廣泛應用的，便是點數圖（Point & Figure Charts）。對於老一輩的投資者來說，點數圖是一種十分常用的即市買賣圖表，經常有助投資者清楚判斷市勢。

我們應用柱線圖或陰陽燭圖於即市的圖表走勢分析上時，經常遇到一些難題，就是：

1）即市買賣中，市況並非經常活躍波動，而是在某一段時間，價位會特別牛皮，造成圖表形態上一些密集區域。在這些密集區域之中，柱線圖或陰陽燭圖經常會發出一些錯誤的買賣訊號，誤導投資者。而市勢出現真正突破時，柱線圖及陰陽燭圖卻未能及時地發出相應的指示。

2）即市買賣中，若市況已經出現趨勢，柱線圖及陰陽燭圖的分析都甚難為我們即時界定市場的短暫調整究竟是轉勢還是中途的整固。

然而，對於上面兩大難題，點數圖的分析正好為我們提供一些解決的方法。點數圖是將圖表上時間因素撇除，只將市場波動的規律反映出來，以幫助投資者對於市價的上落作出明確的分析。

點數圖有一重要特點，就是一切以價位的波動為準，即使在即市圖中，市況出現長時間牛皮悶局，只要其價位的上落幅度，不超過某個特定的範圍，點數圖一概將之省略，因此，若點數圖上真的出現突破性發展，其可靠性將會提高。

11.1 即市點數圖的製作方法

點數圖的製作方法十分簡單，是以「X」代表上升，「〇」代表下跌。

對於每一個「X」或「〇」，都代表一個特定的價位數目，以將市場的活動化約為較大的幅度。

例如：市價最少為 0.0001 的幅度，但在一般的即市買賣活動裡面，市價有時並非以 0.0001 作為跳動的單位，有時是以 0.0002 甚至 0.0005 點。因此，選擇一個較為「適用」的上落單位幅度，英文稱為「Box Size」，對於我們辨認市場的趨勢甚有幫助。

話得說回來，市場的即市波動有時甚難理解，究竟短暫的上升或下跌是市場的轉勢，抑或只屬市場趨勢之中的調整呢？點數圖有一個有效的方法去決定轉勢與否，就是計算逆勢的波動運行多少個「X」「〇」單位。一般而言，三個「X」「〇」單位的逆勢活動代表市場轉勢，並稱之為轉勢數目（Reversal Amount）。

點數圖原則上並無時間的限制，一切只從市價波動的幅度去決定，但由於現時不少電腦的儲存價位資料方法都以 5 分鐘、30 分鐘、小時、交易日或星期的高、低、收市價為單位，因此點數圖計算市勢升跌時，會以每個時段的收市價為基礎。是故，點數圖亦有分為 5 分鐘、30 分鐘、小時或其他時間的形式。

一般而言，點數圖的製作方法是：

若市價逆勢上升或下跌，超過三個單位的幅度（即英文術語的 BOX「×」及「○」），則點數圖便會轉到右邊一行，以表達市場趨勢的變化。此種製作圖表的方法稱為「三點圖」(Three Points Charts)。

現實中，「三點轉勢」並沒有必然性，投資者實際上可因應市場的情況以設定轉勢的點數，可作兩點或五點的轉勢。不過，一般來説，三點轉勢是最為常用的設定。

「三點轉勢」的意思是，若當時市價的逆勢波動，沒有超過三點的價位幅度的話，則該波動可以被忽略，並隱沒在原有的一行點數圖內。

由此可見，點數圖實際上是一種跟隨趨勢的圖表分析方法。在點數圖上，分析者只見到趨勢，而看不見短期的市價波動。

在傳統的點數圖裡面，圖表上尚有一些符號，以幫助分析者了解市勢的發展。

1) **0 與 5** ──除「×」及「○」之外，圖表上每逢到達尾數為 0 與 5 的水平時，都會將「×」或「○」的符號更改為 0 與 5 的數字，以資識認。

2) **月份的起始** ──除「×」及「○」之外，圖表上每逢到達一個月的開始，圖表上的「×」及「○」都會更改為該月份第一個英文字母，例如：J 為 1 月份 (Jan)，F 為 2 月份 (Feb)，M 為 3 月份 (Mar)，如此類推，以幫助分析者了解市況升跌情況。

上述的符號表明市場的一些重要觀察：

1）首先，市場價格每逢在 0 與 5 的整數水平便會出現自然心理的支持阻力，應小心注意。事實上，所謂 0 與 5 只是一個單位，可以是指 00 與 50 的價位尾數。

2）其次，市場每個月的交易起始價位亦相當重要，為市場的一些關鍵性支持及阻力位水平。分析者可以將過往數年的周期性波動清楚地從點數圖中分辨出來。

11.2 即市點數圖的分析方法

在利用點數圖分析即市走勢時有兩個主題必須清楚：

1）點數圖將市場無關痛癢的波動撇除，只反映市場趨勢的方向。

2）點數圖反映趨勢的同時，亦將市場上真正的收集與派發的價位水平，透過圖表的「密集區」反映出來。

因此，點數圖所反映的是當時市場的真正情況，分析者對當時市況可以一目了然。

在分析點數圖時，既有最傳統的分析方法，亦有點數圖所獨有的價位預測方法。以下首先介紹傳統的點數圖分析方法：

1）**趨勢線**——點數圖撇除了時間的因素，在圖表上將市場趨勢清楚呈現，分析者只要應用趨勢線，便可了解市場的好淡情況。

2）**中途密集區**——在趨勢之中，圖表上經常會出現整固，這些密集區可以清楚反映收集與派發爭持的價位，只要市價突破這些價位，新的趨勢亦隨之開始。在某些情況下，這些密集區亦會不斷收窄，形成三角形態。當價位突破任何一方的趨勢線時，都會帶來新的趨勢，而且，點數圖上的三角形往往會比柱線圖的三角形來得準確。

3）**轉向形態**——點數圖上常出現收集或派發的形態，例如雙頂 / 雙底、頭肩頂 / 底、長方形頂 / 底等形態，只要市價突破頸線，都是買入或沽出的訊號。

點數圖本身有其一套獨特的測市方法，對於如美元兑日圓這種有強勁趨勢的市場來説，最為有用。

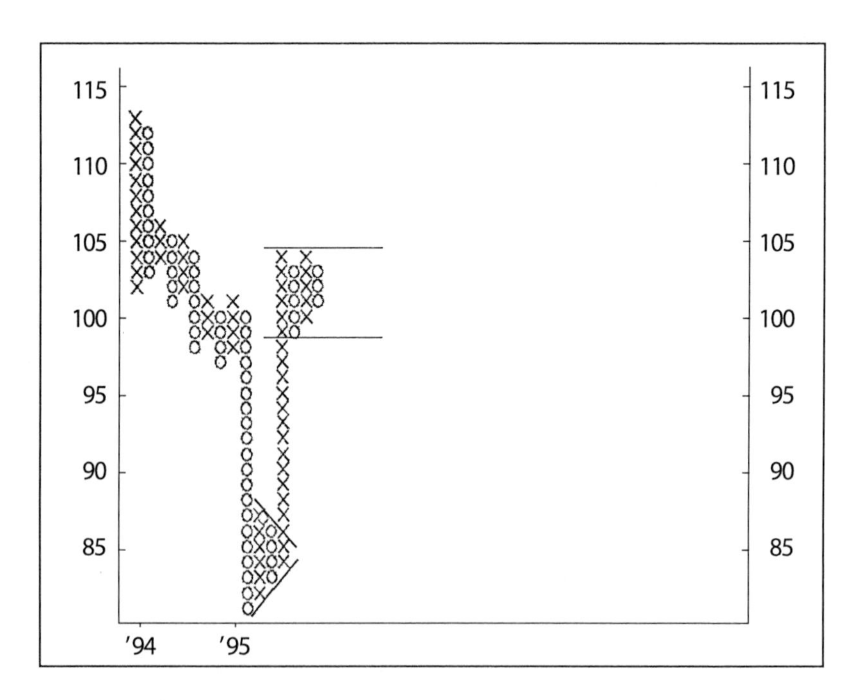

圖 103：美元兑日圓 1994 至 1995 點數圖

圖 103 是美元兑日圓自 1994 至 1995 年的點數圖，以收市價計，每一個「×」或「○」均代表 1 個日圓，而轉勢的數目則為 3 換言之，這是一個「三點轉勢圖」。

由於每一個「×」或「○」是代表 1 個日圓，所以若市價未達 1 個日圓，其小數點數據將被撇除。

此外，點數圖上，每次轉行都必須三個「×」或「○」的逆勢運動，即要超過 3 日圖，才算是個趨勢的完結。

點數圖在即市走勢方面的應用，與日線圖或周線圖相同，以下引用美元兑日圓的 30 分鐘走勢圖作一説明。

圖 104 的點數圖上，每點的幅度為 0.10 日圓，而所選用的轉勢數目為三點，即每 0.30 日圓以上之逆勢波動可轉一行。

由圖來看，美元兑日圓上試 104 日圓後，在高位徘徊，並出現一個雙頂的形態，103.60 的雙頂跌破後，確認了轉勢。

轉勢之後，美元兑日圓在 102.80 至 103.50 日圓營造一個水平三角形，待 103.00 日圓三角形下限下破後，跌勢才繼續下去。

三角形突破後，美元由 103.00 下跌至 102.00 日圓才見支持，並出現另一個橫向整固形態，形成下降三角形。

另一個拋售美元的引發點在 102.00 日圓出現，美元下跌至 100.20 日圓才正式告終，下跌達 1.80 日圓。

在底位，美元兑日圓再次出現一個十分明顯的轉勢形態——頭肩底，頸線 101.00 在。美元向上突破後，最高升上 102.25 日圓，其升幅剛好等於由頭肩底的底部至 101.00 日圓頸線的幅度。

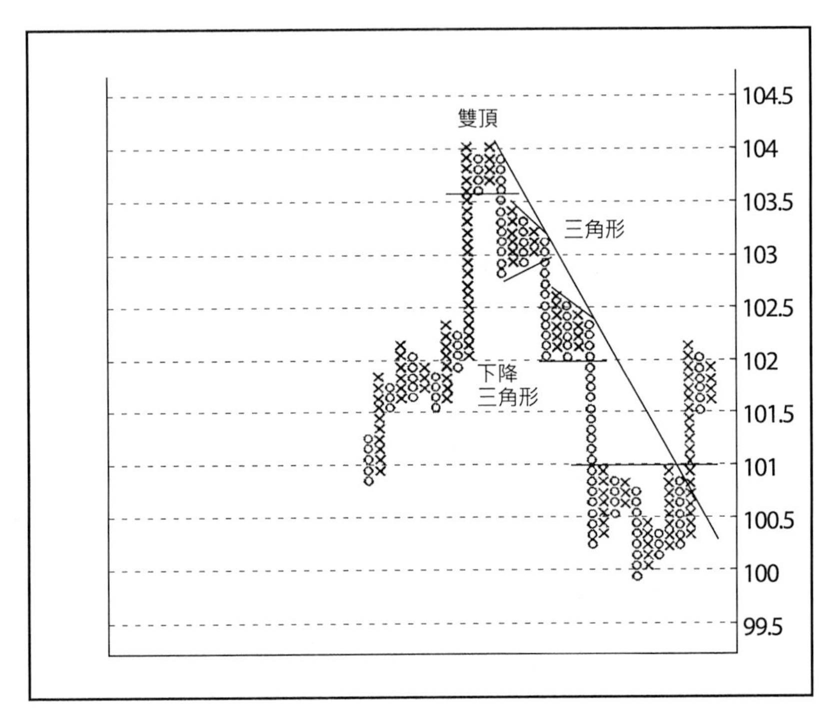

圖 104：美元兑日圓 30 分鐘點數圖

由即市圖可見，點數圖確有清楚展示趨勢的功效。

11.3 45度趨勢線

在點數圖的分析上，有一個獨特的分析方法，是其他圖表分析理論所沒有的，就是 45 度趨勢線。

所謂 45 度趨勢線，意思是指在點數圖上，45 度線經常成為市場的趨勢支持或阻力。點數圖上每轉一行，其實都是一個小型的轉勢，但在一個趨勢之中，每一行「×」及「○」之間高低相差一點，從而逐漸形成一個上升或下跌的趨勢，並出現 45 度的上升或下跌斜度。將這條 45 度線向未來延伸，便可預測未來的市場支持或阻力。

點數圖的 45 度線有別於江恩理論的 1 × 1 線，因為江恩的 1 × 1 線所分析的是時間與價位之間的關係，而點數圖所分析的則是每次市勢逆轉所累積形成的市場趨勢，並沒有時間因素在內。然而，兩者都得出 45 度的趨勢，大有異曲同工之妙。

由圖 105 的美元兑日圓 30 分鐘圖來看，市場上幾個即市中途整固形態都在 45 度線上形成支持 / 阻力。

特別要注意的是，美元兑日圓在 99.90 開始反彈，就是沿著一條 45 度線向上攀升，直至向上突破 101.00 日圓阻力，才大幅上升。

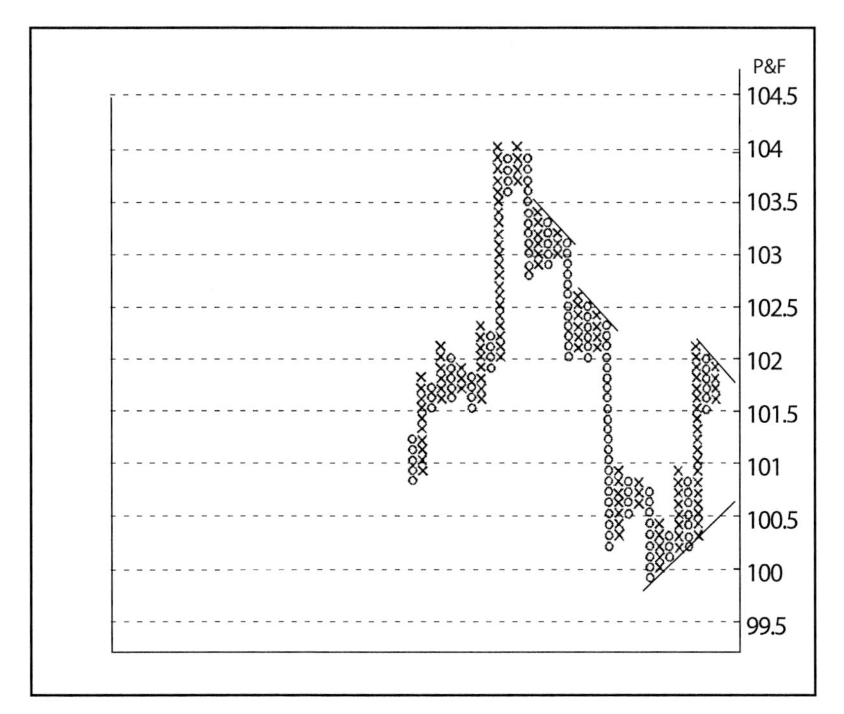

圖 105：美元兑日圓 30 分鐘點數圖

11.4 垂直數算與橫向數算

點數圖對於市勢還有兩種獨特的預測方法，是其他分析方法所缺乏的，就是點算「×」「〇」的數目，以預測未來市勢的幅度。在這方面的分析，分為垂直數算及橫向數算：

（一）垂直數算

點數圖上，市價突破之前高點，發出買入訊號，則其預期的上升幅度可以根據發出買入訊號一行「×」的數目計算。若此行共有十個「×」，則其預期目標的計算方法是由該行最低的「×」的價位，加上 10 個「×」的 3 倍。

舉例（圖 106）：假設該行「×」的最低位為 101.20，全行共 7 個「×」，而每個「×」代表 0.10，轉勢點數為 3，則目標為：

$$101.20 + (7 \times 3 \times 0.10) = 103.30$$

同樣地，若點數圖上，市價下破之前低點，則其預期的下跌幅度可以根據發出沽出訊號的一行「〇」的數目計算。若此行共有 5 個「〇」，則其預期目標是由該行最高的「〇」的價位，減去 5 個「〇」的 2 倍

舉例：假設該行「〇」的最高位為 104.60，全行共 5 個「〇」，而每個「〇」代表 0.10，則目標為：

$$104.60 - (5 \times 2 \times 0.10) = 103.60$$

上述的買入訊號中，數目是乘上 3 倍，而沽出訊號則是乘上 2 倍。

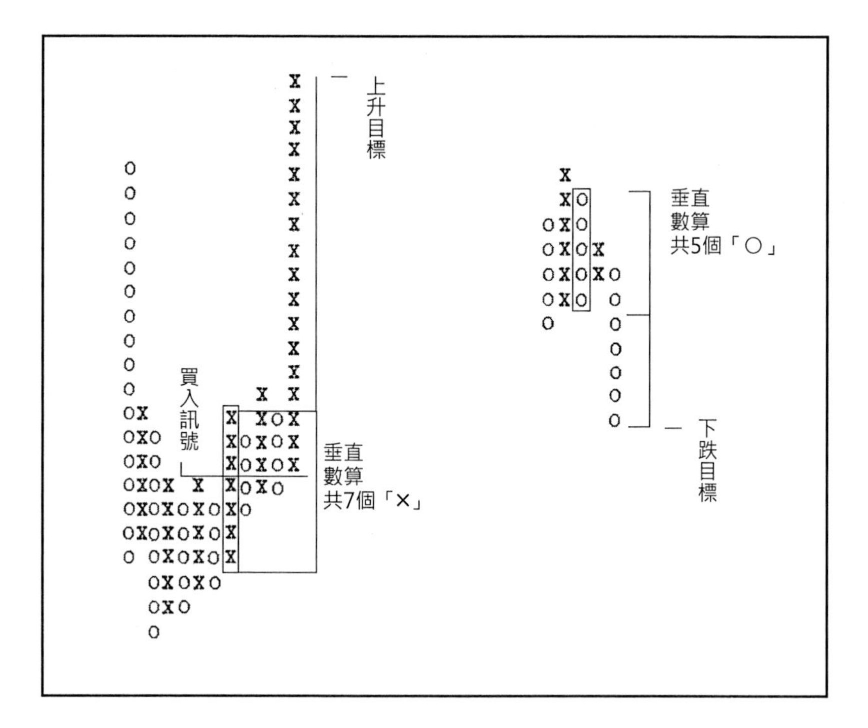

圖 106：點數圖的垂直數算

(二)橫向數算

所謂橫向數算，意思是如市價橫向整固了一段時間，在整固形態中的橫向幅度，往往便是市場價格突破支持或阻力後的運行幅度。

在橫向點算的過程之中，有幾點需要留意：

1) 橫向點算「×」及「○」的數目時，必須以整固形態內最闊的幅度為準。

2) 在選擇以一行作橫向點算時，應揀選「×」「○」排列最密的一行。

3）在橫向整個形態之中，盡量選擇整固形態中央價位中最密的一行，以作橫向數算。

在計算上升或下跌目標時，我們可以由所作橫向數算的一行開始，依從市價突破整固形態的方向，量度上升或下跌目標。

換言之，點數圖的橫向數算預測法甚有江恩理論的四方形理論意味，橫向的幅度等如垂直的幅度，形成一個四方形。

點數圖中預測市場出現突破後的升跌的幅度，其中上升的幅度可以下面的資料計算：

1）橫向數算的行數價位

2）橫向數算所得的數目

3）每點「X」或「○」所代表的價位

4）每次轉向所定的數目

其公式是：目標 (1) ± (2) × (3) × (4)

其中的「+」是代表上升目標，「-」是代表下跌目標。

舉例（圖 107）：假設美元兑日圓在 102.00 至 104.50 間徘徊，形成橫向整固的形態。橫向數算的「X」「○」數目為 7 個，橫向數目之價位為 103.00，而該即市點數以每點代表 0.10 日圓，並以三點轉勢美元兑日圓見頂回落，發出買入美元訊號的話，量度的目標將為：

103.00 - (7 × 0.10 × 3) = 100.90

上面的量度目標將可作為買賣時的重要參考。

```
      7
  ─────────
     X
     X0
0X X X0
0X0X0X0  ──────┐
0X0X0X0        │
0X0X0X0        │
0 0 0 0        │
      0X       │
      0X0      │
      0X0      │
      0 0      │
        0      │  7X3
        0      │
        0      │
        0X     │
        0X0    │
        0X0    │
        0 0    │
          0    │
          0    │
          0    │
          0    │
          0    │
          0  ──┘
```

圖 107：點數圖的橫向數算

點數圖的垂直及橫向數算對於即市走勢預測十分有效。以下引用美元兑日圓的例子作一説明。

圖 108a 顯示，美元兑日圓於 11 月 3 日高見 104.20 日圓後大幅回落，至 11 月 9 日，低見 99.85 日圓，下跌共 4.35 日圓。圖 12.6b 為美元兑日圓小時點數圖，每個「×」及「○」代表 0.10 日圓，而轉勢的格數為 3 點。

從垂直數算的方法來看，美元兑日圓在 103.90 至 102.90 一段出現沽出訊號，共 11 個「○」。若由 103.90 的高點計算，其垂直數算的目標應以下面的公式計算：

103.90 - (11 × 3 × 0.10) = 100.60

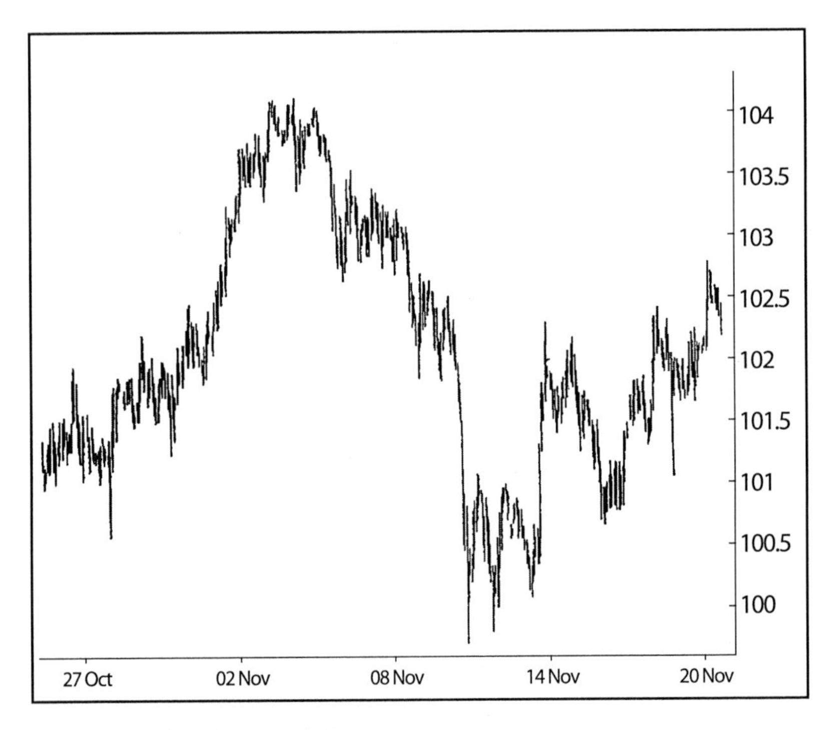

圖 108a：美元兑日圓小時圖

依照上面的公式，垂直數算的目標應為 100.60 日圓，而實際上，市場在 11 月 9 日到達該目標。

美元兑日圓在 11 月 9 日見底後，在低位徘徊三天，形成一個點數圖的頭肩底形態，之後價位沿著 45 度線上升，於 100.90 突破頸線後出現買入美元訊號。

從橫向數算的角度來看，美元兑日圓在 100.40 水平共出現 6 個「X」及「O」，其量度上升目標可以按以下公式計算：

100.40 + (6 × 3 × 0.10) = 102.20

現實中，美元兑日圓在 11 月 13 日上破 101.00 頭線後，即市上升至 102.35，到達上升目標。

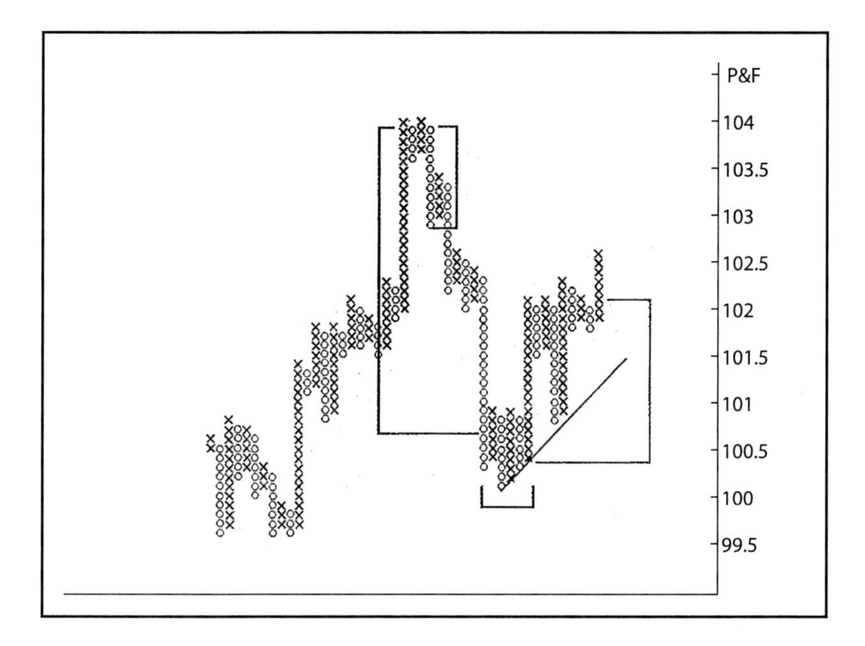

圖 108b：美元兑日圓小時點數圖

11.5 點數圖即市應用

對於點數圖的即市應用，以下引用美元兑某貨幣由 11 月 5 日至 21 日的走勢作另一説明。

美元於 11 月 14 在 1.4150 至 1.4220 之間形成了一個上落的徘徊區，漸漸形成一個小型的雙頂形態，這個雙頂頸線在 1.4140。14 日尾市時美元下破 1.4140，最低見 1.3985。

從圖 109 之點數圖來看，在 1.4150 至 1.4220 的整固區中，橫向數算的數目為 6 個，而下跌的起點在 1.4190，每一個「○」所代表的是 0.0010，故其下跌目標為：

1.4190 - (6 × 3 × 0.0010) = 1.4010

事實上，美元下跌至 1.3985 才完成是次跌勢。

美元在 11 月 15 日至 20 日形成一個雙底的形態，其橫向數算的數目亦有 6 個，若由 1.4020 起計，每一個「X」代表 0.0010，其量度的上升幅度應為：

$$1.4020 + (6 \times 3 \times 0.0010) = 1.4200$$

結果，美元大幅上揚，最高見 1.4250，超額完成 1.4200 的上升目標。

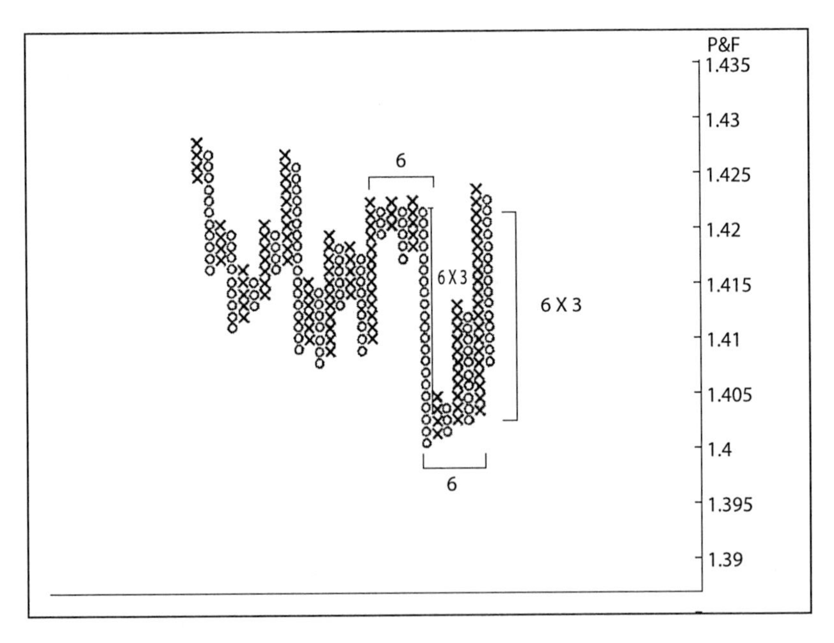

圖 109：美元 30 分鐘點數圖

11.6 點數圖的種類

點數圖最基本的製作方法是以收市價的升跌作為計算的基礎。若以 30 分鐘圖 (圖 110a) 來看，即以每 30 分鐘的收市價升跌製作點數圖，而在 30 分鐘期間的波動自然省卻掉。這種點數圖的製作方法有利有弊，利者是可以清楚反映市場趨勢，而弊者則難以清楚反映該 30 分鐘內高位所測試過的的支持或阻力位。此外，若於 30 分鐘內出現快速的市勢，則以收市價為基礎的點數圖將難以及時反映市勢的轉變。

有見及此，目前有幾種改良的點數圖可供應用：

1) 最高價點數圖
2) 最低價點數圖
3) 加權收市價點數圈 (亦即高、低、收市價三者的平均數)
4) 高低價點數圖

在上面第一至第三種的點數圖中，其製作方法大致上與傳統的收市價點數圖相同，在此不贅。至於第四種高低價點數圖 (High-Low Range Points & Figures Chart)，則是以高低價的幅度去判斷轉勢。

若該高低價點數圖是以三點轉勢，在圖 110b 美元的 30 分鐘點數圖中，每格代表 0.0010，則若該 30 分鐘低位較前 30 分鐘高位低於 0.0030，便表示轉勢出現，點數圖可另轉一行。相反，若該 30 分鐘高位高於前 30 分鐘低位 0.0030，亦表示轉勢，點數圖可另轉一行。

高低價點數圖在應用上與傳統的收市價點數圖十分接近，兩者都從市場所形成的形態分析市場的趨勢。

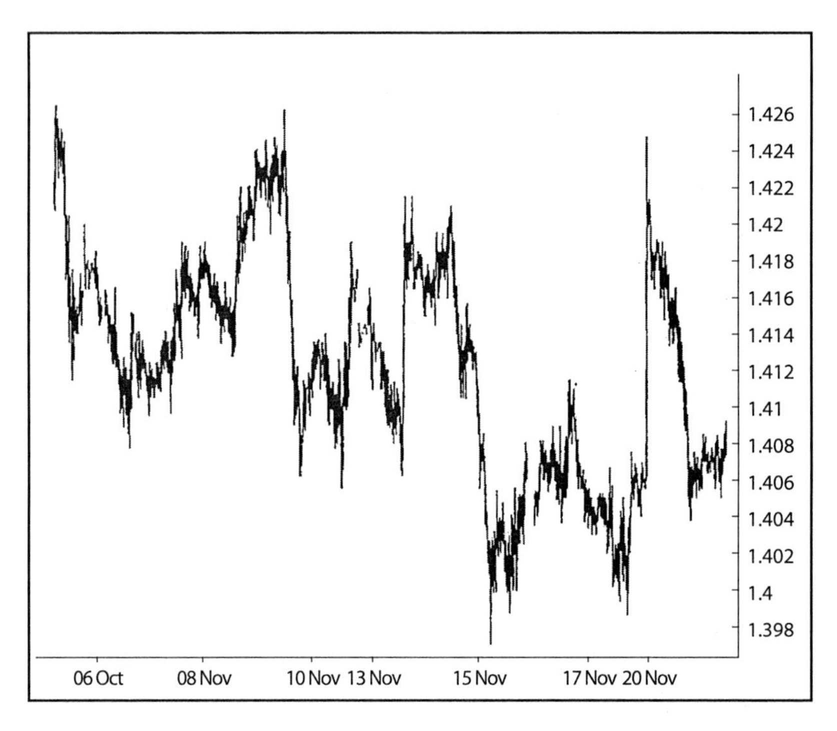

圖 110a：美元 30 分鐘圖

從圖 110b 美元在 11 月 9 日至 21 日的高低價點數圖中可見，點數圖上轉行的次數頗密，其形態較近似柱線圓的形態。大家可以明白，同樣是以每格 0.0010 為單位，兩者亦為三點轉勢，收市價點數圖比高低價點數圖較為簡化。換言之，高低價點數圖的簡化程度，處於柱線圖與收市價點數圖之間。

高低價點數圖的分析方法大致上與柱線圖分析一樣，其中包括：

1) **轉向形態**——例如雙頂 / 雙底、頭肩頂 / 頭肩底等等

2) **中途整固形態**——例如三角形、長方形或旗形等形態

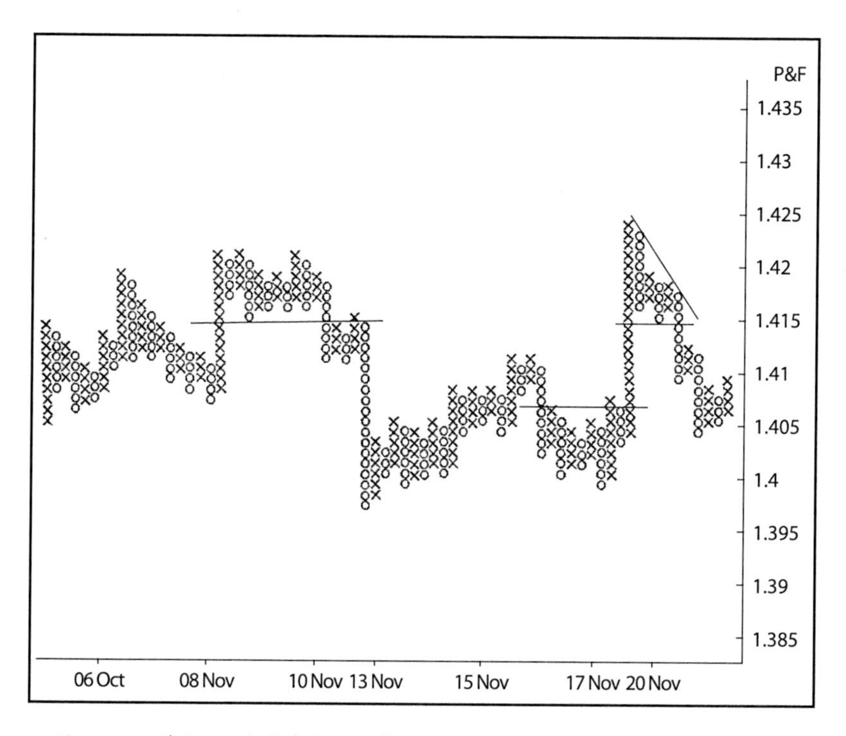

圖 110b：美元 30 分鐘高低價點數圖

應用方面，在圖 5.8b 的美元 30 分鐘高低價點數圖上，美元在 1.4150 至 1.4200 出現一個雙頂的回落。

此外，美元在 1.3980 至 1.4050 之間亦出現一個小型的頭肩底形態。

最後，美元彈升至 1.4250 高位後，出現下降三角形的轉向形態。

上列三項的入市全部由突破頸線所引發。

11.7 止蝕盤的擺放

點數圖在應用方面的原理已經介紹過，至於在買賣止蝕盤方面，究竟應如何釐定呢？

1) 首先，我們必須清楚界定市勢的方向，再作止蝕盤的訂定。一般而言，在點數圖上判斷市勢的方法十分簡單，若市勢向上，則點數圖應企於 45 度線區 (45° Bullish Support Line) 之上；若市勢向下，則點數圖應維持在向下 45 度線 (45° Bearish Resistant Line) 之下。若市價突破這些 45 度線，最保守的策略是止蝕平倉。

2) 點數圖上的其他上升軌及下降軌亦有一定判斷市勢的作用。若跌破這些支持或阻力線亦應止蝕平倉。

3) 若投資者根據點數圖上的轉向形態入市，例如價位突破頭肩頂 / 底形態或雙頂 / 底形態的頸線後 順市勢入市，則止蝕盤可設置於以下兩個價位水平之一，視乎投資者可承受的風險程度而定：

   a) 點數圖上，價位突破頸線，並發出買入訊號的一行的末端

   b) 點數圖上，轉向形態的頂部或底部之外

總的來説，無論是圖表上的止蝕盤或金額方面的止蝕盤，都對即市買賣的風險管理極為重要，不可不用。

12

市場輪廓
Market Profile (MP)

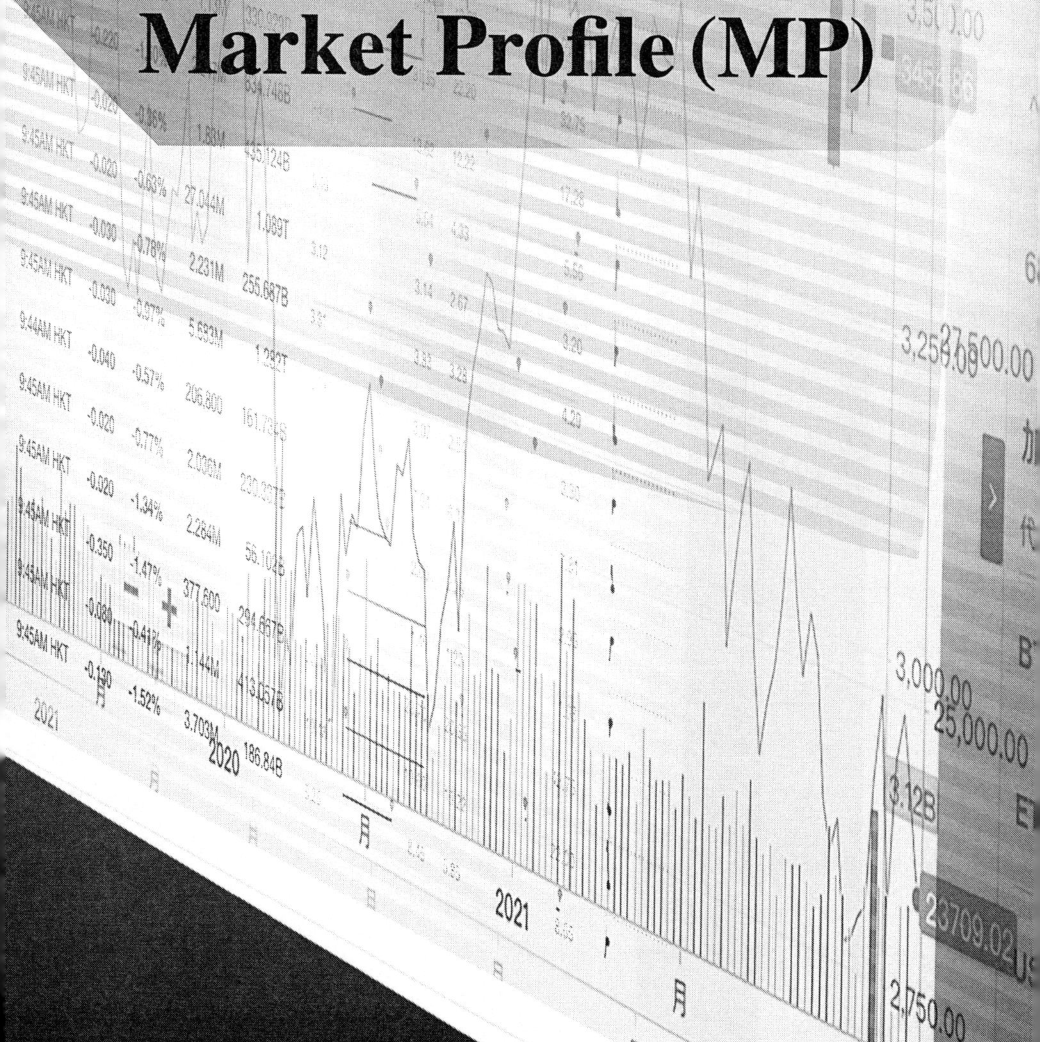

市場輪廓(Market Profile, MP)(簡譯四度空間)的即市走勢理論，極之強調市場開市時的表現，認為從首個小時市況的表現，當天市況已可見端倪。

在第二章，筆者曾經詳細介紹「保歷加通道」(Bollinger's Band)的分析方法及應用。該分析方法假設金融市場的走勢是由不同的趨勢所組成，而在這些趨勢的平均值周圍，是金融價格的隨機波動。

12.1 MP圖的統計學基礎

保歷加通道的上下限是以收市價的標準差(Standard Deviation)作為量度的單位。一般而言，保歷加通道的上下限是由收市價的20天移動平均數上下加減2倍或2.5倍的標準差而成。

統計學告訴我們，如果在平均值附近的數據分布是常態的話(Normal Distribution)，則有99.74%的機會收市價是處於平均值正負3個標準差之內。若我們選用2.5個標準差作為保歷加通道的上下限幅度，則我們見到收市價處於通道上下限裡面的機會便有98.76 %。

換言之，假設金融價格在其趨勢的平均值上下波動是常態的話，則最佳投資買賣的方法便是在保歷加通道上下限高沽低買。所謂常態的數據分布，通常會出現於上落市之中，而在「MP」的分析理論中，即稱之為「平衡市」的即市類型。

上述應用，便是說明技術分析家如何應用金融價格的隨機活動而獲取利潤。

在即市買賣裡面，我們十分容易體會得到金融市場的隨機性；在即市中作走勢的預測，往往較作中、長線走勢預測更為困難。然而，在即市的走勢中釐定買賣策略亦並非不可能，只要我們能夠掌握即市中價格分布的形態，我們便可按照其中出現的不同或然率而釐定適當的買賣策略。在這方面，相信「MP」分析方法能將上述理論發揮得淋漓盡致。

MP 的分析方法，是將交易日每一個即市交易價格，放在當天最高到最低價之間的幅度之上，從而展現價格分布的形態。一般而言，有百分之七十的交易日所出現的價格分布形態都展現出類似常態分布 (Normal Distribution) 的形態。換句話說，有百分之七十的市況都是上落市，而且價位愈接近當天的價位平均數，交易愈頻密。圖形上，上落市會形成一個鐘形 (Bell Shape) 的形態。

統計學上如果當天價格分布形態是純正的常態，則價位集中在平均數上下大約一個標準差，便等於當天交易價格有 68.26% 會出現於該幅度之內，亦即大約是在 70% 左右。是故，若當天是無趨勢市，在 70% 之外高沽低買多數有利可圖。

12.2 MP 圖的製作方法

在 MP 即市圖中，其設計是以時間價位機會 (Time Price Opportunity, TPO) 作為構圖的基本單位，並盡量以不同的符號代表當天市況的特點。

簡單來說，MP 圖類似一天的半小時圖，每一個半小時按開市後的先後次序以英文字母來代表，每一個英文字母代表一個特定的價位幅度，稱之為 TPO (見圖 111)。

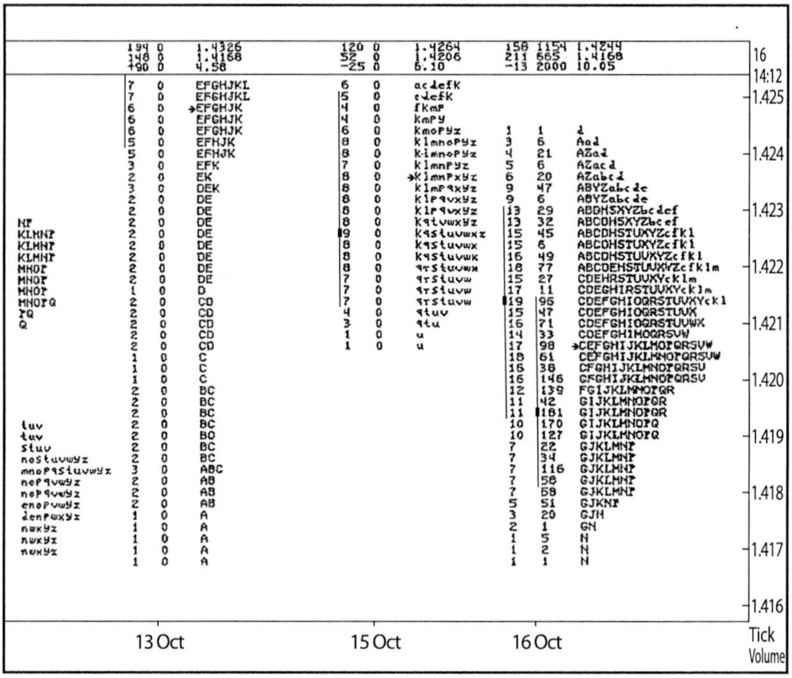

圖 111：美元 30 分鐘 MP 圖

舉例來說，若當天開市後的第一個半小時高低所造過的幅度為 40 點，而我們所定的 TPO 代表幅度為 5 點，則在開市後第一個半小時，MP 圖上便出現 8 個字母 A，代表開市後上落所見過的價位區域。當市場進入開市後的第二個半小時，市場上落的幅度為 30 點，則 MP 圖上所出現的便有 6 個字母 B。如是者，字母順序按每半小時代表不同的時段，形成市場的即市走勢圖。

最後，MP 圖的形成是將市場的時間軸除去，並將每一個 TPO 向左邊按水平線橫移，從而展現出當天買賣最頻密的價位水平。即市 MP 圖上，市場買賣最頻密的區域稱為「價值區域」，是當時大部分投資者認同的合理交易價格。

MP 圖所紀錄的即市資料最為詳盡，價位方面的統計包括：

1） 當天價位高低幅度的中間價

2） 當天價位的最高及最低價

在成交量的統計方面，MP 圖應用有兩種數據，其一是合約成交量，亦即市場實際在某位位交易的合約數量；其二是跳價成交量 (Tick Volume)，即某價位在報價機出現的次數。該數字雖然並不代表該價位的實際成交數目，但卻可反映市場在某價位交易的活躍程度，可作為市場對某價位認同程度的指標。在選用何種成交量時，主要視乎可以得到的交易資料而定，並無一定準則。

在成交量的統計設於價位幅度的邊（見圖 112），以數字代表該價位水平當天累積的成交量數目。一般來說，成交量最大的

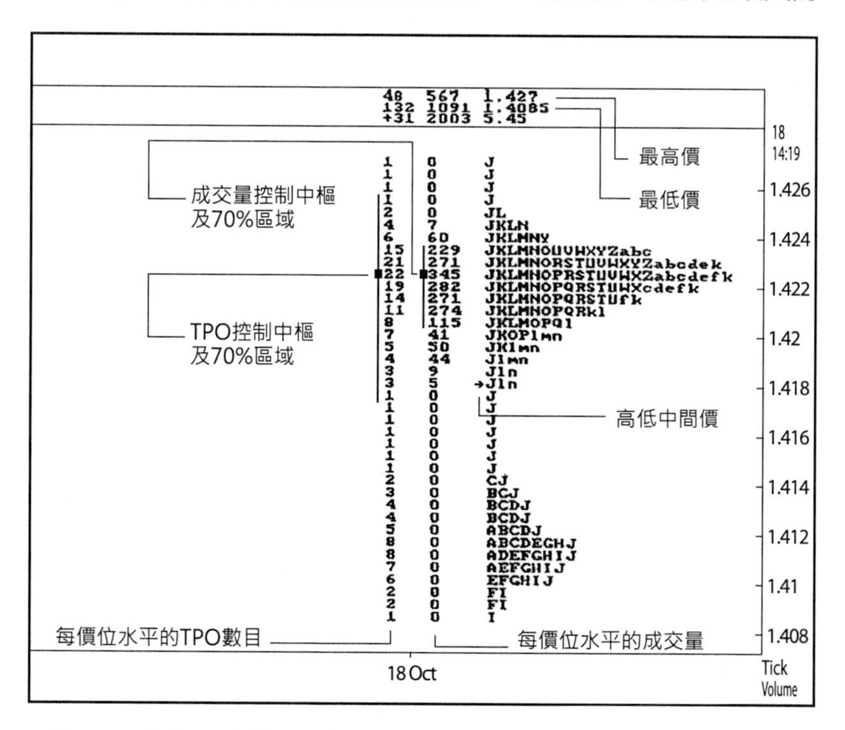

圖 112：美元 30 分鐘 MP 圖

價位會處於市價幅度的價值區域內，成交量最大而又最接近中間價的價位，稱為成交量的控制中樞(Volume Point of Control)。此外，在成交控制中樞上下的直線是指示成交量佔 70% 的區域。

12.3 控制中樞

在 MP 圖上，除了有成交量的價值區域統計外，尚有 TPO 的統計。

TPO 的統計置於成交量統計的左邊(見圖 112)，是計算當天在該價位水平上，共出現 TPO 的數目。在這個統計上:

1) TPO 累積數目最大的價位水平稱為 TPO 控制中樞 (TPO Point of Control)，若在幾個價位水平上 TPO 的累積數目相同，則以最接近中間數的價位為 TPO 控制中樞。
2) 在 TPO 控制中樞上下的直線，是指 70% TPO 所處的價位區域。

如是者，價位、成交量與 TPO 的即市分布便一目了然，無所遁形。

究竟控制中樞在即市走勢分析中有何應用價值呢?其主要作用是用以判斷當時市況是偏好還是偏淡。

若當天在控制中樞之上的 TPO 數目，較控制中樞之下的數目為多，則表示市場在控制中樞之上的交易較為活躍，市場當時較為認同的價值在控制中樞之上(見圖 113)。

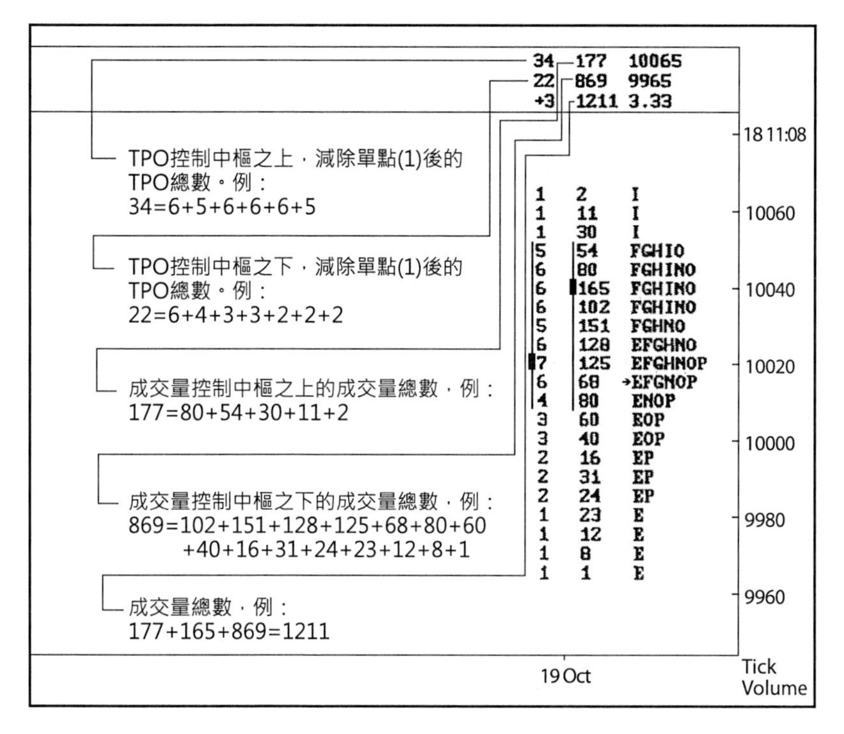

圖 113：恒生指數 MP圖

若其後市場價格下跌至控制中樞之下，則表示沽家已經獲勝，市價跌至價值區域的下面，當天市勢偏淡。

相反，若其後市場價格繼續向上發展，拋離在控制中樞之上的價值區域，則市況偏好。

12.4 支持阻力一目了然

MP 圖在即市應用上有幾點值得注意：

1) 以價值區域之中的控制中樞作為即市的支持及阻力位。換言之，在即市買賣中，前一至兩個交易日的價值區域中的控制中樞，通常都是市場買賣最頻密的價位，亦即有不少投資者在此水平入市，若其後市價偏離了昨日的控制中樞價位，表示不少人在此水平「失手」，遭遇帳面上的損失，只要當天價值回到這些價位水平，有不少這類投資者便會急於平倉，以求打和。因此，在控制中樞的價位上，市場將會出現逆市的買賣力量，使這價位水平成為市場的支持及阻力位。在不少情況下，市場的全日最高點或最低點便是發生在對上一個交易日的控制中樞價位上。

2) 當市價出現單邊市，市價拋離當天價值區域，並在圖表上出現單點 (Single Point)，亦即該價位只有一個 TPO，那只要之後半個小時交易不回到此單點價位，便大致可以確定，市場已經上破或下破了阻力或支持，市場將出現趨勢。而這個單點價位，亦成為日後市場的支持或阻力。

3) 當市場下跌至低位後即出現急促的反彈，或在高位出現快速的下跌，在 MP 圖上會出現買入或沽出的尾部 (Buying or Selling Tail)，即表示市場已經見底或頂，投資者急於逆市買賣，確定市場已到了重要支持或阻力位。所謂買入或沽出尾部，意指在高位或低位出現連續幾個單點的 TPO。

12.5 運轉因子與交易協助因子

在路透社的 MP 圖上（圖 114），有兩個統計指數，可以幫助我們有效估計當天市況的升跌。其一稱為運轉因子（Rotational Factor, RF），其二是交易協助因子（Trade Facilitation Factor, TFF），分別置於 MP 圖的左下角及右下角。所謂 MP 圖的運轉因子，乃是計算當天市場的方向，若是正數的話，表示市場有上升的動力，若為負數，則市場的方向為向下。

事實上，運轉因子 RF 的計算方法與衛奕達（W. Wilder）的動向指數（Directional Movement Index, DMI）同出一轍。運轉因子 RF 是計算每半小時 TPO 比前半小時為高或低的幅度，從而計算累積的升降動力。

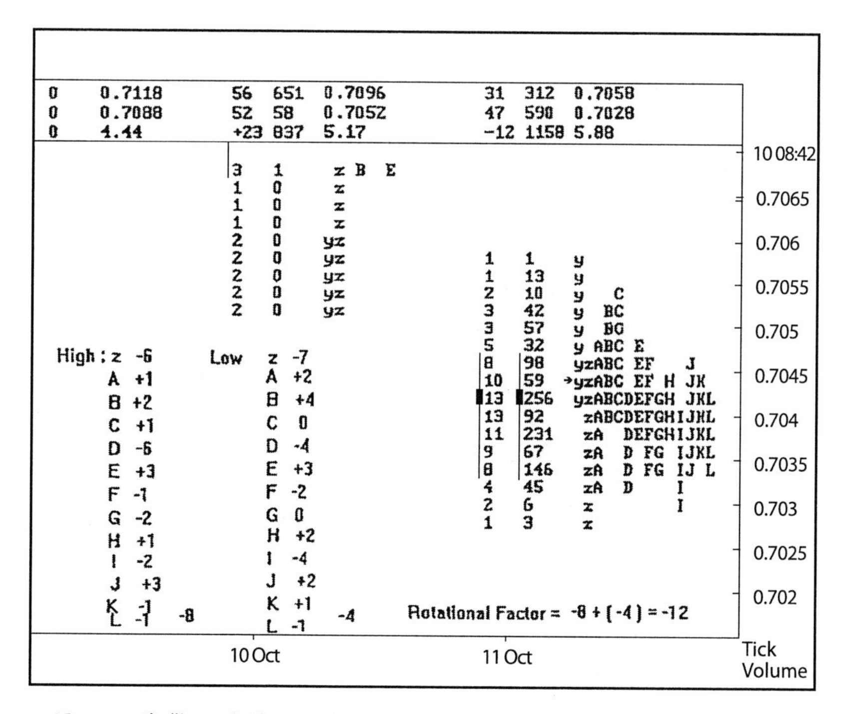

圖 114：期貨 30 分鐘 MP 圖

舉例而言，10 月 11 日期貨的 MP 圖中，若將其圖表回復為半小時圖（圖 114），則 RF 可以容易計算出來。圖中 Y 段代表美國開市後第一個半小時的價位上落幅度，到第二個半小時（即 Z 段），價位下跌，Z 段的高點比 Y 段的高點下跌 6 個 TPO；此外，Z 段的低點比 Y 段的低點下跌 7 個 TPO。換言之，Z 段的 RF 便為 -13。

到第三個半小時 (A 段），市況略為反彈，A 段高點比 Z 段高點上升 1 個 TPO，而 A 段低點比 Z 段低點上升 2 個 TPO，RF 共 +3。如此類推，至收市時，RF 的累積數字為 -12，表示市況出現向下的趨勢。

除了運轉因子外，MP 圖的另外一個指數——交易協助因子，則判斷市場當天即市出現單邊市的機會。

TFF 的作用是及早指出市場的動量，若 TFF 數值愈大，市場動量便愈小；相反，TFF 數值愈小，市場動量便愈大。TFF 的公式如下：

$$TFF = \frac{\text{TPO 總數}}{\text{價位幅度中 TPO 的垂直數目}}$$

「TPO 總數」的意思是指在 MP 圖上出現的英文字母數目。「價位幅度中 TPO 的垂直數目」則是指由當天價位高位至低位垂直向下數所得到的數目。

舉例：期貨的 MP 圖（圖 115），以 0.0002 美元為一個 TPO 的單位。當天高低價波幅為 0.7028 至 0.7058，幅度共 0.0030 點，垂直 TPO 數目為 15 個，另加 1 個 TPO 為頭尾數，共 16 個 TPO。

至於 TPO 總數，則為當時出現的 TPO 總數，亦即 MP 圖上最左一項的 TPO 統計中的總數，共 94 個。因此，TFF 為 94 除以 16，亦即 5.875，代表了當天的動量。TFF 所代表的動量多寡，必須與之前幾天的數字作比較才有意思。

運轉因子 (RF) 與交易協助因子 (TFF) 對於我們了解當天市場即市的變化作用甚大。在這方面，主要有助及早判斷當天是一個上落市還是一個單邊市。

若當天開市後一個半小時，即 MP 圖已經進入第三個時段，此時，當天的 TFF 較前數天的同期數字為大，則表示當天開市後價位維持在窄幅內徘徊。其後，若 RF 數字快速上升，則表示當天市況開始出現上升的動力，當天便有可能出現一次單邊市。

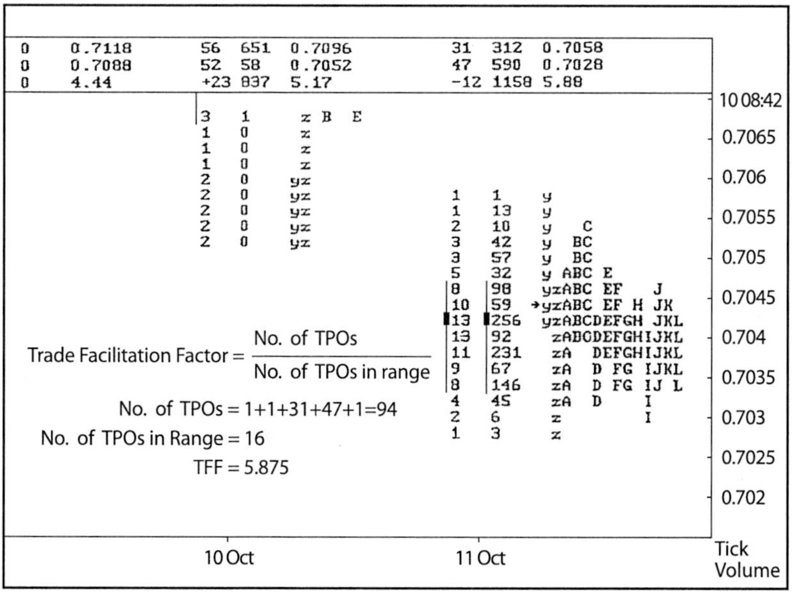

$$\text{Trade Facilitation Factor} = \frac{\text{No. of TPOs}}{\text{No. of TPOs in range}}$$

No. of TPOs = 1+1+31+47+1=94

No. of TPOs in Range = 16

TFF = 5.875

10 Oct　11 Oct　Tick Volume

圖 115：期貨 30 分鐘 MP 圖

若當天到收市前 1 小時，MP 圖上的 TFF 較前數天的數字為大，則表示當天最後可能以上落市告終，因為推動市勢的大戶始終未見露面。

若當天開市後一個半小時後，MP 圖上的 TFF 較前數天同期的數字下跌，則表示當天早段市況已見動力，若此時 RF 急升，則表示市場方向明顯，有機會發展成為一次單邊市。

若當天開市一個半小時後，MP 圖上的 TFF 較前數天同期的數字下跌，RF 接近 0，則表示大戶開市時已互相角力，力量不相伯仲，當天的市況有可能發展成在波幅中上落的平衡市或中立市，價位以上下波動的上落市告終。

12.6 開市平衡階段

在 MP 圖上，通常開市後的第一及第二個半小時的交易是以另一種顏色代表，以將此一段時間分別出來。開市第一個半小時通常稱為 A 段時間，以字母「A」代表其 TPO，而第二個半小時通常稱為 B 段時間，以字母「B」代表其 TPO。上述總共 1 小時，稱為開市平衡階段 (Initial Balance)，或可稱為 A B 階段。

MP 的即市走勢理論，極之強調市場開市時的表現，認為從首個小時市況的表現，當天市況已可見端倪。

顧名思義，開市後第一個小時被稱為「開市平衡階段」，是因為一般而言，第一個小時的交易多為好淡力量平衡的階段，市場的趨勢有待開市 1 小時之後才會出現。雖然上述的看法亦無普遍性，但卻可正確描述在開市後一段時間內的買賣心態。

在開市後的一小時內，持倉過市的投資者經過一夜的思考後多會作出行動，一或平倉獲利，一或止蝕離場，之後，投資者都會稍作觀望以確定市勢。

對於即市炒家而言，在這段時間的參與率比例較大，因為他們買賣的合約較少，成交容易；至於大戶方面，由於買賣的數量較多，多會在市場最為活躍的時候買賣，通常會在「開市平衡階段」之後。

開市平衡階段對於觀察市勢相當有啟示性：

1） 若開市平衡階段的幅度細小而成交量又少，則反映市況買賣兩閒，市場可能發展成牛皮上落市。相反，若開市平衡階段的幅度細小而成交頗大，則反映一開市後即見好淡爭持，只要買賣其中一方取勝，當天均會出現強勁的單邊市。

2） 若開市平衡階段的幅度頗大，成交增加，而 A B 段結束時，價位企於當天價位的中間價附近，一般表示當天買賣盤已急於入市，好淡爭持，最後造成頗大的價位波動幅度。由於 AB 段結束時價位的位置仍接近中間價，表示當天好淡友旗鼓相當，最終可能發展成上落市。

3） 若開市平衡階段的幅度頗大，成交增加，而 A B 段結束時，價位接近當時全日高點或低點，將表示市場已是一面倒，當天市況大有機會成為單邊市。

4） 若開市平衡階段的幅度頗大，但成交低落，而 A B 段結束時，價位接近當時最高或最低價，亦接近開市價，將表示市場已試完支持或阻力，出現買入或沽出的尾部，引發單邊的市況。相反，若 A B 段結束時，價位與開市價處於一頭一尾，而成交低落，則表示市場仍在測試支持或阻力，之後市況會出現調整，以上落市告終。

12.7 MP 圖的即市分析

MP 圖在即市買賣方面可以有以下三種角度的分析：

1）價值區域的轉變

2）買賣幅度的轉變

3）成交量的轉變

對於價值區域的轉變，我們可以簡單地從 TPO 的分布情況清楚觀察得到。當天市況若只出現一個鐘形的 MP 圖，表示當天的買賣力量大致均等，價值的結構並未出現轉變。

相反，若當天的市況出現兩個鐘形的 MP 圖，則表示當天的價值出現結構性的改變，後市可能出現一個新的趨勢。最後若當天的市況出現強勁的單邊市，MP 圖上難以觀察到鐘形的價值區域，則表示當天市況尚未找到新的價值區域，當天的趨勢多數尚未完結。

對於買賣幅度的轉變，我們可以比較當天開市平衡階段的價位高低幅度以及之前幾天的同期波幅。若當天幅度出現明顯的擴張，並拋離當時的價值區域，將表示當天的市況可能出現單邊的趨勢市。相反，若當天的波幅與之前幾天的買賣幅度相約，則表示市況可能繼續上落市的局面。

至於成交量的轉變方面，若當天開市平衡階段結束後，成交量較之前幾天同期的成交量大增，則表示當天的市況可能出現大戶好淡爭持，最後市況出現一面倒的單邊市。

12.8 MP 圖的即市應用

MP 圖最先在美國芝加哥期貨交易所（CBOT）發展，以分析即市期貨走勢之用。若我們將上面的分析方法應用在外滙、貴金屬、商品市場上，我們可考慮以下的修正：

將 24 小時外滙市場分為亞洲、歐洲及美洲三大時區以作分析，具體的時間如下：

亞洲市：8:00am 至 3:00pm

歐洲市：3:00pm 至 12:00am

美洲市：8:30pm 至 4:00am（夏）或 5:00am（冬）

由於在三大時區，市場的參與者有所不同，故不同市場會有不同的買賣形態。將不同時區的買賣分別出來，可以讓我們清楚分辨出不同地區的投資者的買賣取向。

圖 116 是 10 月 27 日的美元兑某貨幣 MP 圖，以 24 小時為一個整體。由圖可見，當天的買賣價值區域集中在 1.3900 至 1.3960 的水平，但高低波幅則處於 1.3850 至 1.4030 的 180 點子幅度之內。MP 圖上，除了一個鐘形的價位分布外，可供進一步分析的資料甚少。

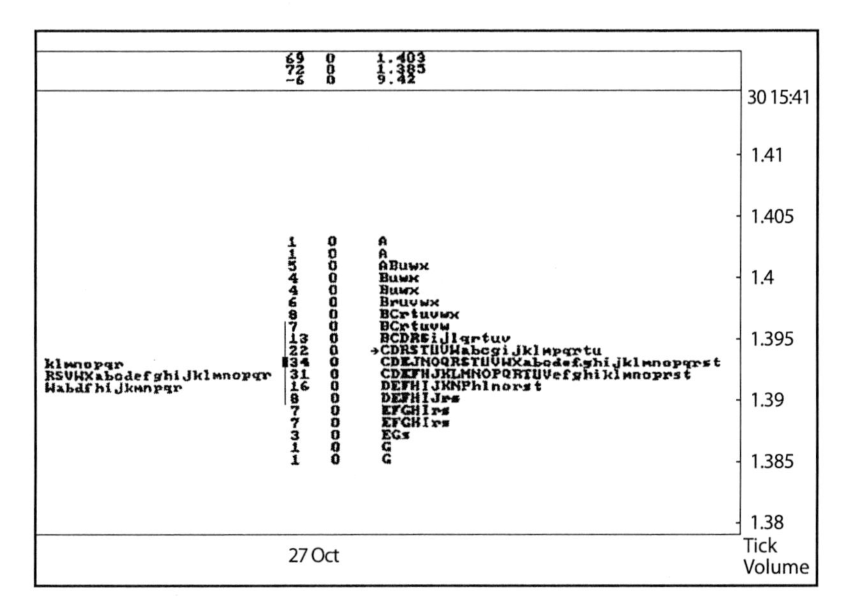

圖 116：美元 30 分鐘 MP 圖

然而，若我們將上面 24 小時的價位變動分割為三個市場，則可以進一步了解不同市場的變化，以至不同時區的投資者對於價值的不同認同程度。

亞洲市的買賣幅度甚細，一般會在 50 點子之下，而 MP 圖上，多數出現的是一個鐘形的平衡市況，買賣力量大致平衡。整體而言，亞洲市場的價值區域甚少出現變化，而是承接美洲市所形成的價值區域。不過，如果在亞洲市場時，市場已經出現兩個鐘形的單邊市，而高低價位的幅度大幅增加，將表示當天市況可能出現大單邊市。

到歐洲市價格的結構便經常出現變化，買賣幅度亦會擴大，反映歐洲市場的力量已有力改變市場的價值區域。

至於到美洲市時，市場的趨勢更見明顯，亦會相當反覆，倫敦市場所認同的價值區域未必能夠在紐約市維持。

舉例而言，以下列出 10 月 27 日，三大時域中美元的波幅及其市場形態以作比較：

時域	高低幅度	市場形態
亞洲市	1.3915 至 1.3950	平衡市
歐洲市	1.3850 至 1.4030	平衡市
美洲市	1.3870 至 1.4080	向上單邊市

若當日的市場價值結構由美洲市開始出現改變，則未來一段時間要留意的，便是美洲市在關鍵價位上的變化。

10 月 27 日是星期五、當天亞洲市場中(圖 117)，美元的走勢相當平靜，在 1.3915 至 1.3950 之間上落，圖形上形成一個鐘形的平衡市。

到歐洲市時(圖 118)，買賣的幅度首先下移，下破 1.3915 的亞洲市低位，最低見 1.3850，到達一周以來亞洲市的低位後出現買入尾部(兩個單點 TPO)，並回升至其價值區域 1.3890 至 1.3950。

值得注意的是，歐洲市所形成的價值區域，大致上為亞洲市的高低價幅度，反映歐洲市早段，滙市的價值結構並無出現變化。直至後期價位才上破亞洲市高位 1.3950，上試 1.4010 高位。1.4010 的價位本身亦是歐洲市前一個交易日的價值區域，成為歐洲滙市的美元阻力。

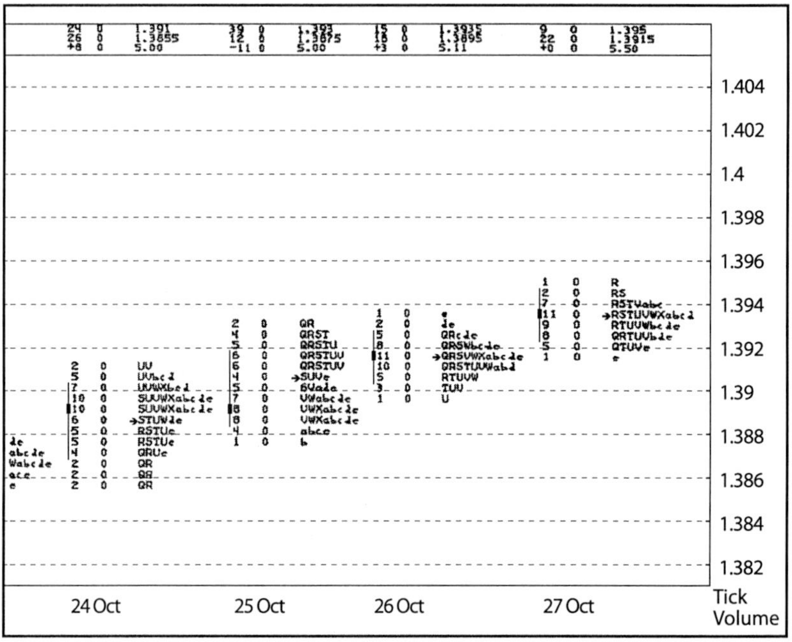

圖 117：10 月 27 日亞洲滙市

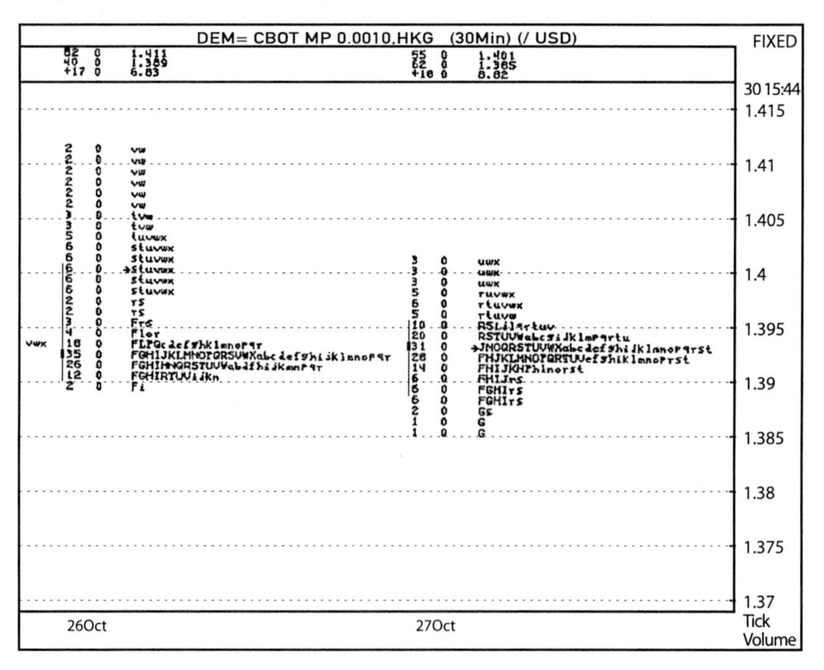

圖 118：10 月 27 日歐洲滙市

若以美洲市的角度來看（圖 119），則情況更見清楚。美元紐約開市後已由全日低位開始單邊市式的上升，到倫敦收市後，美元突破 1.4010，最高升上 1.4080 的全日高位，並在 1.4050 左右收市。值得留意的是，亞洲市的價值區域下限為 1.3900，至美洲市仍然有效。

此例子中，美元由亞洲市及歐洲市的平衡市轉變而成美洲市的單邊市，在當天的市況之中，究竟 MP 圖能否說出及時的單邊市訊號呢？

在當日的亞洲市時，MP 圖上的交易協助因子 TFF 為 5.50，與之前三個交易日的數字相若，反映亞洲市動量並無出現改變。至於運轉因子 RF，數字則為 0，表示市場毫無方向感。是故，當日是一個典型的牛皮市，價值結構未見變化。

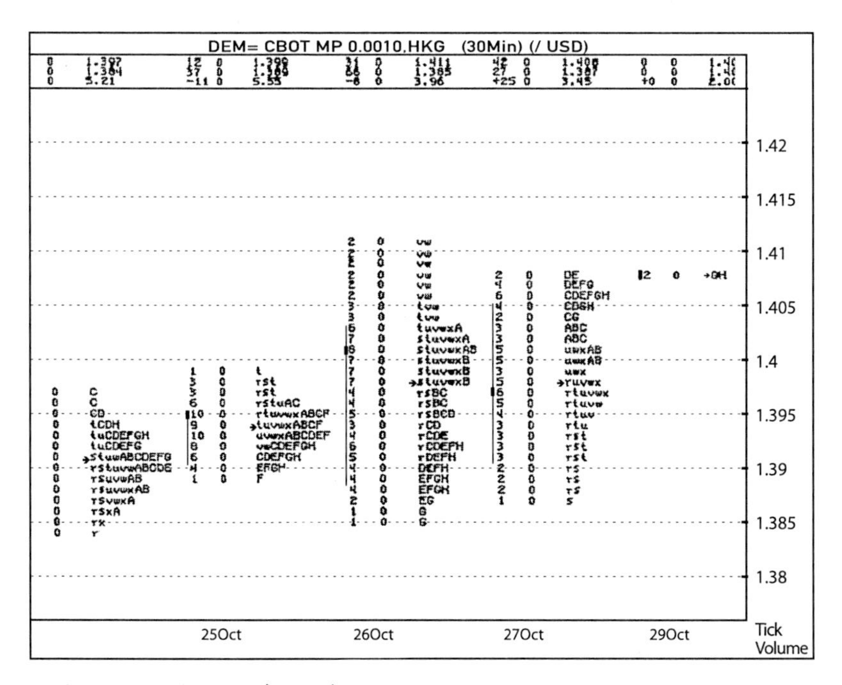

圖 119：10 月 27 日美洲滙市

到歐洲市時，MP 圖的 TFF 由前一個交易日的 6.83 上升至 8.82，反映動量仍然有限，而 RF 則由 +17 上升至 +18，表示市勢較為利好。上述的數字亦能夠正確描述當日歐洲市的情況，就是較為偏好的向上變形平衡市。

真正給予我們單邊市的指示者，乃是美洲市的 MP 圖。在 10 月 27 日之前三個交易日，TFF 的數字變化為 5.21、5.55 及 3.96，而當天的數字則為 3.45，表示當天動量十足。此外，當天 RF 的數字為 +25，比之前兩天的 RF 數字 -11 及 -8 都大得多，反映當天向上的市勢明顯，再加上當天市價向上突破前一個交易日的 TPO 控制中樞 1.4010，發出了單邊市出現的訊號。

綜合而言，MP 圖的即市買賣方法主要著眼於以下三點以判斷市場即市的變化：

1) **圖表上的形態**——價值區域的變化
2) **價位的幅度**——開市平衡階段的價位幅度與即日的高低價位幅度
3) **成交量表現**——以每一段時間的成交量變化判斷市場的活躍程度

若投資者能夠準確掌握上述三項變數，對於即市買賣將會甚為有利。總括來說，MP 圖在即市的應用上極之有效，且為目前眾多的圖表分析上，記錄最多市場資料的一種分析方法，投資者可以根據即市資料的變化以決定投資買賣的策略。

不過，MP 圖有利亦有弊，利者是 MP 圖對於市場的資料觀察入微，投資者可掌握即市買賣的先機，但弊者是資料太多，若互相未能明顯配合，反而會妨礙投資買賣的決定，將效率降低。是故，即市投資者在應用 MP 圖時，最好經過一段時間的細心觀察，慢慢發展出一套入市及控制風險的策略，然後才作實戰的應用。

MP 的分析方法講求的是靈活應用，順從市勢的發展變化以作買賣。因此，嚴格來説，即市買賣者所講求的是市場的機會率，而非市場的預測，讓市場告訴你市勢的方向，不應太過固執於對市勢的看法。

13

反作用通道

「反作用趨勢買賣系統」自動辨別趨勢市或上落市的方法其實就是利用兩條買賣通道進行，當市價突破外通道時，系統假設市況進入趨勢市，買賣訊號以追隨趨勢方式進行，利用跟隨性止蝕的方式買賣。若市價突破內通道，但未破通道，則系統假設市況為上落市，實行以「高沽底揸」為出入市策略。

最理想的即市或短線買賣系統究竟是怎樣的呢？首先，這系統必須能審時度勢，自動能夠分辨出上落市或趨勢市。若是上落市，系統能夠自動發出「高沽低揸」的訊號；若是趨勢市，系統又能夠自動發出跟隨趨勢買賣的訊號。

13.1 一般性即市買賣系統

這種買賣系統是否天上有地下無？非也．衛奕達（W. Wilder）在《技術買賣系統的新觀念》（*The New Concepts In Technical Trading System*）一書裡面，便曾經探討過這一個問題，並寫成了「反作用趨勢買賣系統」（The Reaction Trend System）。所謂「反作用」（Reaction），乃代表市況橫向上落的局面，而趨勢（Trend）則代表市況方向感為鮮明的市況。顧名思義，上述系統是專門處理兩種截然不同市況的。

令筆者感到奇怪的是，在衛奕達芸芸眾多的分析工具中，如相對強弱指數（RSI）、動向指標（DMI）或拋物線時間 / 價位系統（Parabolic Time / Price System），都在技術分析領域中受到歡迎，但「反作用趨勢買賣系統」卻鮮為人知。筆者認為，「反作用趨勢買賣系統」乃是一項經過深思熟慮的優良系統，特別適用於短線買賣，是其他分析指標所不及的。

這套系統的主要分析概念如下：

1） 加權收市價

2） 兩條買賣通道

3） 市場升跌規律

4） 出入市技巧

13.2 兩條買賣通道

「反作用趨勢買賣系統」自動辨別趨勢市的上落市的方法甚實非常簡單，就是利用兩條買賣通道進行，當市價突破外通道時，系統假設市況進入趨勢市，買賣訊號以追隨趨勢方式進行，利用跟隨性止蝕的方式買賣。若市價突破內通道，但未破擴通道，則系統假設市況為上落市，實行以「高沽低揸」為出入市策略。

最重要的是這條通道如何釐定。這個方法以加權收市價(Weighted Close)為中心，計算加權收市價的公式，是將交易日的高低及收市價相加再除以 3：

$$WC = (H + L + C) \div 3$$

a） 內通道的計算公式如下：

$$HB1 = WC + (WC - L)$$

$$LB1 = WC - (H - WC)$$

內通道的上限 HB1 主要取低位至加權收市價一段幅度加在加權收市價之上。而內通道下限 LB1 則從加權收市價減去高位至加權收市價一段幅度而成。

b) 外通道的計算公式如下：

HB2 = HB1 + (H - L)

LB2 = HB1 - (H - L)

外通道上限 HB2 是內通道上限加上高低波幅，而外通道下限 LB2 則是內通道下限減去高低波幅。

13.3 升跌規律 BOS

在「反作用趨勢買賣系統」裡面，除了利用內通道及外通道作為衡量市勢發展的指標外，上述系統亦利用市場升跌規律作為入市或出市的依據。

衛奕達主要將市場升跌的規律分為三個：B、O 及 S，即買入 (Buy)、離開 (Off) 及沽出 (Sell)。

1) 在一個上升趨勢中，最低點的交易日為 B 交易日，第二天為 O 交易日，第三天為 S 交易日，如此類推循環不息，第四天為 B 交易日，第五天為 O 交易日，第六天為 S 交易日。

2) 在一個下跌趨勢中，最高點的交易日為 S 交易日，第二天為 B 交易日，第三天為 O 交易日，而第四天為 S 交易日，跟著依照這個循環，第五天回到 B 交易日，第六天為 O 交易日，第七天為 S 交易日等等。

13.4 買賣策略

顧名思義，B 交易日的意思是「買入」，S 交易日的意思是「沽出」。入市買賣時，除了參考內通道及外通道外，入市必須根據市況的升跌規律，缺少其中一樣都不行。

若市況未破外通道，系統假設市況是上落市，可實行高沽低揸的策略，入市策略如下：

1) 若市價到達內通道下限，而又在 B 交易日，可入市揸貨

2) 若市價到達內通道上限，而又在 S 交易日，可入市沽貨

在「反作用趨勢買賣系統」，買賣主要根據內通道及外通道去界定上落市或趨勢市，而入市及出市則根據三天市場升跌規律── B、O 及 S 交易日去決定。

(I) 上落市好倉策略

1) **入市**： 若市價到達內通道下限，而當天為 B 交易日，則入市持好倉。

2) **平倉**：a) 若當天為 O 交易日，市價上升至內通道上限，可將好倉平倉。

b) 若當天為 S 交易日，但市價無法上升至內通道上限，則在當天收市時將好倉平倉。

c) 入市當天不予平倉，除非下破外通道下限。

3) **反倉**：a) 若當天為 S 交易日，市價上升至內通道上限，可反倉沽空。

b) 若市價下破外通道下限，在任何一個交易日均可反倉沽空。

(II) 趨勢市好倉策略

1) **入市**：若市價上破外通道上限，在任何一天均可入市持好倉追貨。

2) **平倉**：假設市況趨勢不變，可以順勢買賣，並以跟隨性止蝕位保障所得利潤；止蝕位放在前兩天之內的最低位。

3) **反倉**：在趨勢市內永不反倉，忌逆市買賣。

在「反作用趨勢買賣系統」裡面，淡倉策略乃是好倉策略的相反，現將淡倉策略詳列於下：

(III) 上落市淡倉策略

1) **入市**：若當天為 S 交易日，而市價到達內通道上限，則入市沽貨。

2) **平倉**：a) 若當天為 B 交易日，但市價未到達內通道下限，則在收市時空倉補回。

b) 除非市價上破外通道上限，否則不應在入市當天平倉。

3) **反倉**：a) 若市價在 B 交易日到達內通道下限，則可反倉改持好倉。

b) 若市價破外通道上限，則應將空倉止蝕，轉而持有好倉。

(IV) 趨勢市淡倉策略

1) **入市**：若市價下破外通道下限，則入市建立沽倉。

2) **平倉**：並以跟隨性止蝕方式順勢買賣，止蝕位放在前兩天的最高位上。

3) **反倉**：由於在趨勢市中的重要原則是順勢買賣，因此不作反倉。

若止蝕位被觸及，買賣策略將重新回到上落市的模式運行。

上面已介紹過「反作用趨勢買賣系統」的好倉及淡倉買賣策略，究竟買賣成績如何呢？衛奕達曾進行了一次模擬買賣，利用 Soybean Meal 1977 年 5 月期貨由 1976 年 5 月至 1977 年 3 月的一段時間進行分析，所得結果如下：

1) 買賣盈虧次數：

獲利　：36 次
損失　：20 次
共買賣：56 次

獲利對損失次數的比率為 9:5，約 2:1。

2) 買賣盈虧點數：

獲利　：174.70 點
損失　：75.50 點
淨賺　：99.20 點

獲利對損失點數的比率為 2.31:1，即平均獲利的點數是損失的 2 倍多。

13.5 反作用通道系統的批評

從上述的數字去看，「反作用趨勢買賣系統」的成績頗為不俗。不過，該系統亦並非全無缺點。

「反作用趨勢買賣系統」的目的，是希望設計一個「一般性」的系統，可以同時處理上落市及趨勢市兩種市況。以下筆者嘗試討論一下該系統的弊處：

1) 這系統的缺點其實正是這系統的目的，就是試圖假設市場的常態為「上落市」，除非市況突變，成為「趨勢市」，才改變買賣的方式。這亦即是説，在市場上的主流買賣策略是「高沽低揸」，直到招致損失止蝕，才證明市況是由「上落市」轉變為「趨勢市」。這是一個重要的假設，決定買賣的成敗。那為甚麼不假設「趨勢市」是常態，而「上落市」是其突變呢？事實上，衛奕達的其他系統，如拋物線時間價位系統也是以此為基本假設。

2) 買賣的二分法問題。在此系統上，「上落市」與「趨勢市」的判斷方法就是「買賣損失」，除非買賣遭到損失，到達止蝕位，否則仍以「高沽低揸」為買賣策略。這種做法等於沒有分析，因為我們先假設一種入市方法，若招致損失便自動轉換另一種方法，若這種方法又招致損失的話，則買賣策略又轉回原先的方法：這個策略是源於一種市場的二分法：上落市及趨勢市。但現實市場是否能以上述兩種市況的分類便清楚界定呢？若市場是一個流動多變的地方分法又是太過簡單，而買賣策略只根據這兩種市場假設去釐定，又會否太過生硬，不能切合市場的實際情況呢？若市場處於趨勢市及上落市之間的模糊區域，買賣策略又應如何釐定呢？

3) 「反作用趨勢買賣系統」的優點是同時處理趨勢市及上落市，但主要的缺點亦同樣出現在這點之上。因為該系統所用的方法是止蝕及反倉的買賣方法，故止蝕的損失不能過多，亦不能過少。止蝕位放得太遠，一次意外足以致命；若止蝕位太近，根本難以清楚界定上落市或趨勢市。如何釐定止蝕及反倉位，便是制訂買賣通道的學問。但是，上下買賣通道的計算，究竟如何合理化呢？除了方法上的使用外，這種計算方法是基於甚麼原理衛奕達始終未有交代。

4) 衛奕達的出入市買賣策略是基於市場的三天升跌規律，即 B、O 及 S 三種交易日。不過，這種市場假設是否過分完美呢？經驗告訴我們，市場的升跌未必經常以 BOS 的形式循環不息地運行，其中會受到供求關係及不同市場消息所衝擊而改變其買賣規律。

5) 最後一個問題是，跟隨趨勢買賣的止蝕位的擺放。衛奕達的系統是放在前兩天內的最高或最低之外。不過，這種止蝕位的使用要視乎市場的槓桿情況，以目前孖展或期貨買賣來看，一個趨勢市的兩天高低波幅已可達 400 多 500 點子，止蝕的風險已經過大。因此，這種止蝕位的擺放方法若應用在孖展或期貨買賣上，實有修改的必要。

13.6 其他即市反作用通道

在衛奕達的「反作用趨勢買賣系統」裡，他提出了兩個「反作用」的買賣通道，作為市場高沽低揸的支持及阻力位。不過，衛奕達的公式只選擇了眾多「反作用」通道的其中兩種而已。其實，反作用通道可以由以下的多種公式計算：

下面 1 及 2 是處理（WC - L）及（H - WC）與加權收市價及最高 / 最低位的關係：

1）
$$HB1 = WC + (WC - L)$$
$$LB1 = WC - (H - WC)$$

2）
$$HB2 = H + (WC - L)$$
$$LB2 = L - (H - WC)$$

除此之外，米奇通道（Mike Base Channel，是相類似反作用通道的方法，詳見第二章。）亦有其他計算方法，乃是處理全日高低波幅（H - L）與加權收市價及最高 / 最低位的關係：

3）
$$HB3 = WC + (H - L)$$
$$LB3 = WC - (H - L)$$

4）
$$HB4 = H + (H - L)$$
$$LB4 = L - (H - L)$$

上面第二條公式其實亦等於第三條。此外，衛奕達的外通道計算公式如下：

5)

$$HB5 = WC + (WC - L) + (H - L)$$

$$LB5 = WC - (H - WC) - (H - L)$$

若依照衛奕達的計算邏輯，應尚有一條通道，以處理與最高 / 最低位的關係：

6)

$$HB6 = H + (WC - L) + (H - L)$$

$$LB6 = L - (H - WC) - (H - L)$$

總括而言，「反作用通道」共有六條。

利用加權收市價及最高 / 最低位去計算市場的作用與反作用，十分適宜用於即市買賣方面，其中對牛皮上落市特別有用。不過，對於趨勢明顯的市況，則應避免逆市而為。

有些情況下，市況裂口高開或低開，明顯是受到隔夜市場消息或其他突發性因素所影響，基本因素出現改變，因此，市場的作用與反作用便未必依照上一個交易日的高低位及加權收市價所計算出來的通道運行。有見及此，在計算「反作用通道」時，可考慮利用當天的開市價作為計算的核心，而非上一個交易日的最高、最低或加權收市價。由此，我們可以得到三條「開市價反作用通道」，公式如下：

7) 當天開市價 O，加減上一個交易日的 (WC - L) 或 (H - WC)：

$$HB7 = O + (WC - L)$$

$$LB7 = O - (H - WC)$$

8) 當天開市價 O，加減上一個交易日波幅 (H - L)：

$$HB8 = O + (H - L)$$
$$LB8 = O - (H - L)$$

9) 當天開市價 O，加減上一個交易日的波幅 (H - L) 及 (WC - L) 或 (H - WC)：

$$HB9 = O + (WC - L) + (H - L)$$
$$LB9 = O - (H - WC) - (H - L)$$

依從上面的計算方法，「反作用通道」應更接近當天市況發展的規律。

13.7 反作用通道的應用

以下嘗試利用美元兌某貨幣的價位，示範「反作用通道」的應用。

美元兌某貨幣於 1 月的價格資料如下：

日期	開市	最高	最低	收市
1 月 7 日	1.6370	1.6395	1.6290	1.6375
1 月 8 日	1.6370	1.6497	1.6350	1.6455
1 月 11 日	1.6360	1.6395	1.6245	1.6310

1 月 7 日，美元的全日波幅為 1.05 點子，若利用 1 月 7 日的資料計算 1 月 8 日的市場反作用，根據上述的公式，共有五條通道：上限為 1.6417、1.6458、1.6500、1.6522 及 1.6563。結果，1 月 8 日最高見 1.6497，剛到達第三條通道上限。這個阻力位，乃是 1 月 7 日的高位 1.6395 加上當日波幅 0.0105 而成。

1 月 8 日，美元的波幅為 147 點子，所計算的「反作用通道」下限為：1.6371、1.6287、1.6224、1.6203 及 1.6140。結果，1 月 11 日美元兌某貨幣進入調整，美元最高見 1.6395，與第一條通道下限 1.6371 相差 24 點，而全日最低為 1.6245 與第四條通道 1.6224 相差 21 點子。這個價位乃是根據以下公式計算而成：

$$LB4 = WC - (H - WC) - (H - L)$$

「反作用通道」有一特點，就是以加權收市價 WC 為計算市場反作用的核心。不過，由於 WC 乃是全日最高、最低及收市價的平均數，而非市場所見的價位，對於市場人士來說，心理上高位、低位及收市價是較為重要的市場焦點，因此，選擇市場高位、低位及收市價作為計算反作用的核心，是有其重要性的。

基於上述原因，我們可以利用上一天的收市價，作為計算當天市況反作用通道的核心，得到三條「收市價反作用通道」：

1) 上一個交易日 C，加減上一個交易日的（WC - L）或（H - WC）：

$$HB1 = C + (WC - L)$$

$$LB1 = C - (H - WC)$$

2) 上一個交易日 C ，加減上一個交易日的波幅 (H - L)：

HB2 = C + (H - L)

LB2 = C - (H - L)

3) 上一個交易日收市價，加減上一個交易日的波幅 (H - L) 及 (WC - L) 或 (H - WC)：

HB3 = C + (WC - L) + (H - L)

LB3 = C - (H - WC) - (H - L)

以下再以 1 月美元兑某貨幣的滙價資料，討論收市價反作用通道的應用。美元兑某貨幣的開市、最高、最低及收市價如下：

日期	開市	最高	最低	收市
1 月 8 日	1.6370	1.6497	1.6350	1.6455
1 月 11 日	1.6360	1.6395	1.6245	1.6310
1 月 12 日	1.6325	1.6350	1.6245	1.6310
1 月 13 日	1.6365	1.6385	1.6210	1.6230
1 月 14 日	1.6185	1.6280	1.6155	1.6250

1月8日，美元兑某貨幣見近期高位 1.6497，之後進入調整，利用收市價反作用通道計算 1 月 11 日的市場反作用，乃是極佳的選擇。

1 月 11 日的三條收市價反作用通道上限分別為：1.6539、1.6602 及 1.6686。但由於當日開市在 1.6360 裂口下跌，市場並未能到達上面幾個阻力。而開市價通道的三條下限則為 1.6392、

1.6308 及 1.6245。極之湊巧，1 月 11 日的高位為 1.6395，與第一條下限 1.6392 只相差 3 點子，最低位為 1.6245，剛到達第三條下限，分毫不差；而收市為 1.6310，與第二條下限 1.6308 只相差 2 點子。

若以 1 月 13 日的資料計算，1 月 14 日的第一條收市價通道的上下限分別為 1.6295 及 1.6120，而實際上 1 月 14 日的高低位為 1.6280 及 1.56155，波幅在第一條通道之內。

13.8 區間機會分析

目前，在外滙及期貨市場中，應用「反作用通道」作買賣者大有人在，其中不少炒家將反作用通道買賣方法改良作為即市買賣的根據，值得參考。

J. T. Jackson 在 *'Detecting High Profit Day Trades in the Futures Markets'* 一書中，介紹了一種按反作用通道的即市買賣方法，稱為區間機會分析（Zone Pattern Probability Analysis, ZPPA）。這種分析方法，將每一個交易日的價位水平按不同的公式分為六個區間，並以歷史價位在不同區間之表現，作出全面的統計，從而找出每天不同即市買賣策略所可能得到的成功機會率。

即市炒家每天只要利用昨日高、低及收市價，計算當天不同的價位區間，再觀察昨日收市價與當天開市價的相對關係，便可評估每日買賣策略的成功機會。

Jackson 用五條公式計算五個價位水平，從而將當天交易日的價位分為六個區間，這五條公式為：

UB1 = (2WC) - L

UB2 = WC + UB1 - LB1

WC = (H + L + C) ÷ 3

LB1 = (2WC) - H

LB2 = WC + LB1 - HB1

在上述公式中：H 是昨天最高價；L 是昨天最低價，C 是昨天收市價；WC 是加權收市價；LBl 及 LB2 是第一下限及第二下限；UB1 及 UB2 是第一上限及第二上限。

Jackson 的六個價位區間，是根據以下方式劃分：

區間 1　——　第二下限之下的價位

區間 2　——　第一至第二下限之間

區間 3　——　加權收市價至第一下限之間

區間 4　——　第一上限與加權收市價之間

區間 5　——　第一上限至第二上限之間

區間 6　——　第二上限之上的價位

根據市價在各個區間表現的統計，從而計算價位在不同區間之中所得到的支持或阻力，即市買賣將更為理性化。

不過，若單從上面的統計，並不能給予我們更為精確的入市買賣策略，我們必須將上面的統計數據，按市況的發展作為條件，以收窄我們的焦點。Jackson 認為，在作價位區間機會分析之前，必須根據兩個重要資料作為統計的條件，包括：

1) 昨天收市價所處的價位區間

2) 即日開市價所處的價位區間

理論上，昨天收市價所處的價位區間共有六個可能，而即日開市價所處的價位區間同樣有六個可能。因此，我們需要作出統計的共有 36 個市場處境。

對於每一個市場處境，所作的統計是：

1) 價位到達某一個價位區間的機會率 (Zone Reached)。
2) 某價位區間成為當天最高價區間的機會率，亦即區間阻力機會率 (Zone Resistance)。
3) 某價位區間成為當天最低價區間的機會率，亦即區間支持機會率 (Zone Support)。

Jackson 對於市場價位區間的統計主要根據以下三點進行：

1) 市價到達某價位區間的機會率。換言之，要統計的是價位曾經到達某價位區間的機會率。
2) 區間阻力。其意思是，在第一至第五價位區間內，當天最高價所處區間的機會率。至於第六區間，由於無上限，因此第六區間阻力定義為價位曾到達第六區間，但收市價收在第六區間之下。
3) 區間支持。其意思是，在第二至第六價位區間內，當天最低價到達的機會率。至於第一區間，由於無下限，因此第一區間支持定義為價位曾到達第一區間，但收市價收在第一區間之上。

綜合來説，對於即市買賣的 36 個市場處境，每一個處撓都以一個 6 × 3 的矩陣以紀錄每一個區間的機會率。

價位區間機會分析方法，旨在根據市場昨天收市價及當天開市價在不同價位區間的形態，以統計可能出現的買賣機會，從而達到高回報、低風險的即市買賣。

在實際買賣決策過程中，投資者既可純粹應用統計或然率作出買賣的策略，但亦可以其他的統計作為入市的參考，再配合即市圖上的技術指標如：移動平均線、相對強弱指數或隨機指數等，以作入市的根據。

不過，配合多種分析方法決定一個買賣的策略，實際上有利有弊，利者是確認市場的趨勢，入市時有多一點的理據支持。弊者則是，在即市買賣中，入市點對於風險回報的控制影響甚大，入市時間越遲，風險回報的比率便相應下降，對即市炒家不利。

此外，即市買賣講求的是簡單明確的決策，太多分析條件反而拖慢決策的過程，這點甚需三思。

以下引用一實際例子，予以説明。

美國 IMM 12 月份期貨於 10 月 2 日收市報 0.7021，在 10 月 3 日於 0.7029 開市。根據反作用通道，10 月 3 日的六個價位區間為：

區間 6 —— 0.7062 之上
區間 5 —— 0.7041 至 0.7062
區間 4 —— 0.7018 至 0.7041

區間 3 —— 0.6997 至 0.7018

區間 2 —— 0.6974 至 0.6997

區間 1 —— 0.6974 之下

按照 Jackson 的分類，期貨於 10 月 2 日在當天的區間 3 收市，10 月 3 日在當天的區間 4 開市。在這種市場處境下，Jackson 的統計顯示當天以上落市的機會較大，有三分之二機會價位會在區間 2 至 5。事實上，當天區間 5 出現阻力的機會達 68%，是一個沽空機會，結果，0.7040 成為當天之高位，與區間 5 的 0.7041 水平極接近，之後期貨反覆下跌至區間 1（見圖 120）。

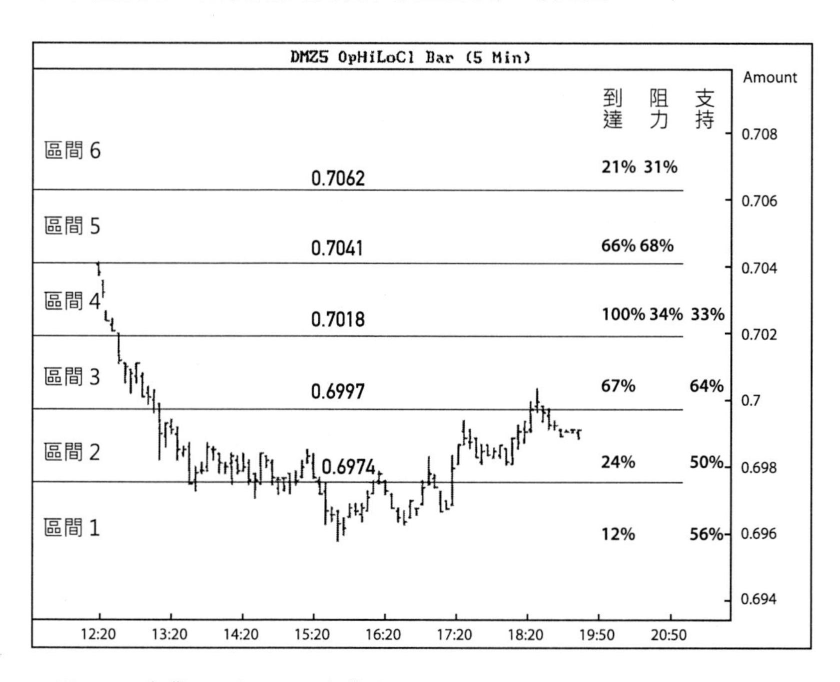

圖 120：期貨 10 月 3 日 5 分鐘圖

當價位跌至區間 1 時，統計顯示這種市況至此區間的機會只有 12%，而此水平成為支持的機會有 56%。結果，期貨在區間 1 見底反彈（低位為 0.6957），並於區間 2 之內收市，收市價為 0.6991。

以下繼續引用期貨的例子，以說明 Jackson 的價位區間機會統計方法。

10 月 3 日，期貨在 0.6991 收市為當天價位區間 2 之內。到 10 月 4 日，期貨在 0.6980 開市，最低見 0.6953，最高為 0.7015，收市時報 0.6997。

依照 10 月 3 日的價格資料（開：0.7029；高：0.7040；低：0.6957 及收：0.6991），我們可以計算 10 月 4 日六個價位區的水平：

區間 6 —— 0.7079 之上
區間 5 —— 0.7035 至 0.7079
區間 4 —— 0.6996 至 0.7035
區間 3 —— 0.6952 至 0.6996
區間 2 —— 0.6913 至 0.6952
區間 1 —— 0.6913 之下

根據 Jackson 的分類，其情況是 10 月 3 日在區間 2 收市，10 月 4 日在區間 3 開市，其統計結果見圖 121。

依照 Jackson 的統計，區間 2 的支持機會為 64%，而到達機會為 58%，應為最理想的入市吸納水平。若價位到達區間 5，其成為阻力區的機會達 79%，而到達機會有 26%，是理想的沽出水平。

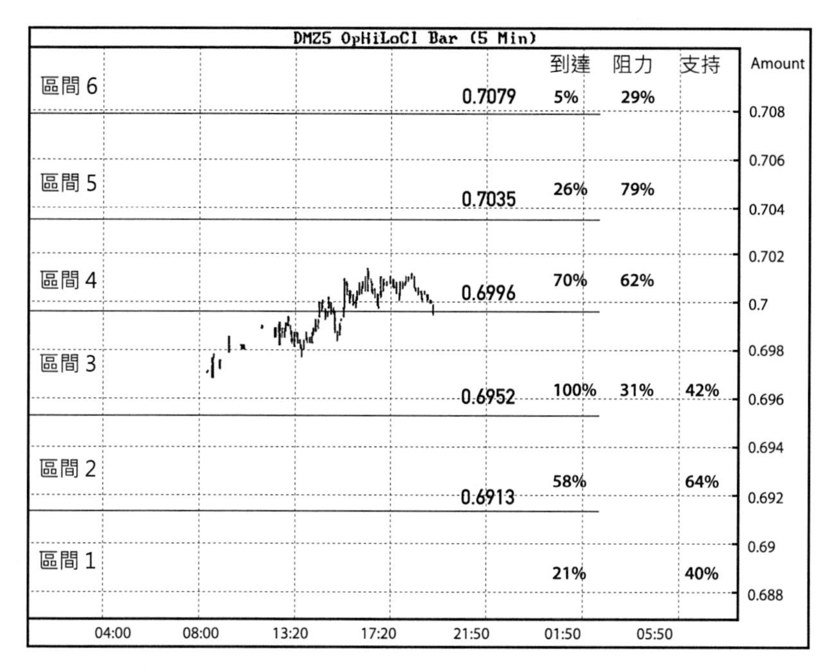

圖 121：期貨 10 月 5 日 5 分鐘圖

結果，價位最低到達 0.6953，剛在區間 2 之上，而最高到達區間 4，到達機會最高，收市則為 0.6997，剛在區間 3 之上。

在區間機會分析法之中，我們需要引用大量的統計資料去判斷即市買賣時某價位區間的機會率，然而，問題是究竟機會率要到何種水平才可以算是值得入市呢？Jackson 在這方面有一些提示：

1） 對於保守的即市炒家，有 70% 或以上機會勝算的才選擇入市
2） 對於較為進取的即市炒家，有 60% 或以上機會才選擇入市
3） 若機會率在 50% 至 60%，則即市炒家必須有其他技術指標的輔助才可以入市
4） 若機會率在 50% 之下，即市炒家應避免入市

除此之外，在區間到達的機會率上，Jackson 建議 30% 或以上的到達機會為佳。在這方面，筆者的補充是，對於一些開市後即以限價單買賣的投資者，Jackson 的 30% 標準是重要的。因為市況到達某區間的機會愈小，限價單成功執行的機會亦愈小，是故區間到達機會應以 30% 之上為佳。

不過，若即市炒家是全日觀察市場價位變化的話，則區間到達機會愈小，則該區間便更有可能成為市場全日的最高或最低水平，若能配合區間的支持及阻力統計機會，則即市可能會捕捉到逆市買賣的入市點。

對於價位的區間機會，通常有兩種做法：

1) 若區間的支持或阻力機會率偏高，可作高沽低買的買賣策略，亦即英文所説的 Buy on Weakness、Sell on Strength 的上落市炒賣方法。

2) 若區間的支持或阻力機會率偏低，可作高買低沽的追市買賣策略，亦即英文所説的 Buy on Strength 及 Sell on Weakness。

至於入市價與止蝕盤的擺放，Jackson 的策略是利用資金止蝕的方式(Financial Stop)，亦即是説，先計算止蝕盤的價位水平，以及可損失的資金或點數，然後推算入市的價位。一般而言，止蝕盤會放於入市價位區間之外數點子的水平。

舉例而言，價位區間機會分析顯示，區間 2 會有頗大機會成當天市況的支持，可在此水平買入，而止蝕盤可置於區間 2 之下 5 點。若即市炒家每次可冒的風險為 40 點，則其入市價便應為止蝕盤之上的 40 點，或區間 2 下限之上的 35 點。

對於即市炒家，每次買賣的風險控制異常重要，因為買賣次數愈多，買賣失誤的損失亦會積少成多，長遠而言對炒家的盈虧影響很大。

Jackson 的價位區間機會統計，除了可作為高沽低揸的上落市買賣策略外，區間機會的統計更可令即市炒家預先警覺單邊趨勢市的來臨，從而轉向採用高買低沽的追市買賣策略。

若價位在開市之後進入低支持 / 阻力機會率的價位區間，則買賣策略上可按市勢方向買入或沽出，直至下一個價位區間為止。

若限價單在價位進入低支持 / 阻力機會率的區間後的 5 點執行，則止蝕盤的擺放應在上一個區間之內，至於價位的幅度應為若干，則要視乎即市炒家每次買賣可承受的風險而定。若所願意承受的風險為 50 點，則止蝕盤便應在區間線之上或下的 45 點。

依照上述原則買賣，即市炒家一般可以有效地控制所承受的風險，令買賣更為理性。

其實，在擺設止蝕盤方面，即市炒家應較有技巧：

1) 要留意價位區間的幅度去決定止蝕盤的位置。若區間的價位幅度太細，止蝕盤的位置便不應超越對上一個區間線的水平。

2) 對於止蝕盤的幅度要有一定的考慮。要知道止蝕盤愈接近入市價，上蝕盤被市場波動所觸及的機會便愈大，因此止蝕盤應在市場每個波動的平均幅度之外。

即市買賣的最後一個，亦是最重要的一個策略是如何平倉獲利。平倉獲利看似容易，但其中卻大有學問；平倉過早會眼白白將可以得到的利潤送掉，平倉過慢，亦會讓已經得到的利潤溜走。怎樣才是最適當的平倉水平呢？

在這方面，有三種不同的策略：

1) 即市炒家可待價位到達高支持 / 阻力機會率的價位區間時平倉。

2) 若入市後，市勢的方向沒有明顯的高支持 / 阻力機會率的區間，則可到收市時才平倉。

3) 若即市炒家打算將所持倉盤過夜，最好有以下兩點守則：

   a) 過夜倉盤的方向必須順著市場的趨勢

   b) 過夜倉盤必須是已經有利可圖的倉盤，否則，即市炒家應考慮在收市前平倉

當然，在上面三種策略中，即市炒家可以長短皆用，即三分之一倉盤按第一種策略買賣，另外三分之一則持倉至收市，最後的三分之一作過市的買賣。然而，最重要的仍然是看當天市況可給予的機會而定。

Jackson 在即市價位區間統計上做很多工夫，但實戰應用時，上述統計只能作為一種部署，至於能否成功將買賣策略執行，以至成功獲利，仍然由市況去決定。以下筆者將期貨由 10 月 6 日至 11 日四個交易日的價位區間統計與實際市況作一比較，以了解區間機會分析的應用。(見圖 122)。

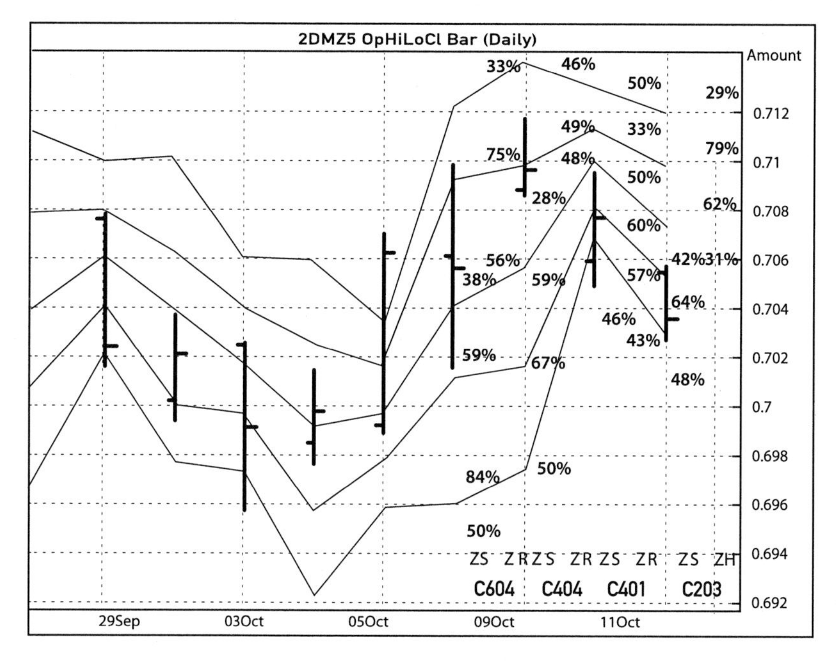

圖 122：期貨日線圖與價位區間

10 月 6 日：昨天在區間 6 收市，當天在區間 4 開市。依照統計，當天最佳的買賣策略是：

1） 區間 2 買入 (84% 機會支持)；或

2） 區間 5 沽出 (75% 機會阻力)。

結果，當天可成功在區間 5 沽出，待收市時獲利 (收市在區間 4)。

10 月 9 日：昨日在區間 4 收市，當天在區間 4 開市。依照統計，當天的最佳策略是在區間 2 買入。結果，當天市況牛皮，並無入市機會。

10 月 10 日：昨天在區間 4 收市，當天在區間 1 開市。根據統計，當天可在區間 3 沽出 (60% 機會阻力)。結果，當天的高位果然在區間 3，而收市則在區間 2。

10 月 11 日：昨天在區間 2 收市，當天在區間 3 開市，根據統計，當天的買賣策略應在區間 2 買入或區間 5 沽出。結果當天全日低位稍破區間 2，然後在區間 3 收市，在區間 2 買入的倉盤遭到止蝕。

14

論技術分析方法

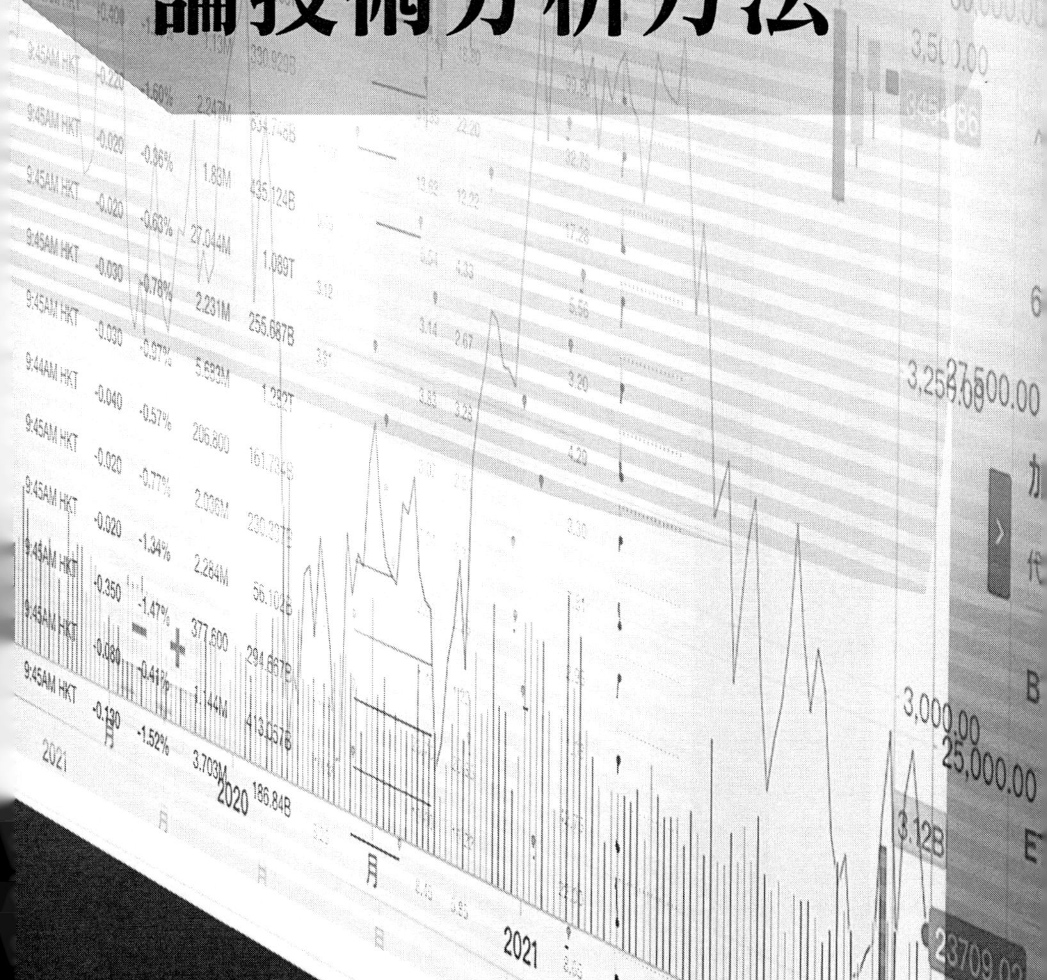

一般人對於技術分析都有一種錯誤的理解，以為技術分析家能預知未來，因此他們的分析便是未卜先知，是否按其預測作投資買賣，視乎個人對分析家的信任。其實用「睇相」的方式閱讀技術分析評論，是完全走錯了方向。

首先，技術分析家並無第六感或超能力，因此分析者的評論無論如何「實牙實齒」，都只是按分析者的經驗及方法而作出，一切均按或然率制定而已。

但到讀者閱讀時，很多人便將「或然」來一個信心的跳躍而成「實然」，投資買賣的決策只經過「心」，而未經過「腦」。

因此，若事後證明分析者正確估計市場走勢，分析者便被讀者捧上高天，可是一旦分析者幾次錯誤估計市況，便會遭遇群眾的唾棄，萬劫不復。之後，群眾又尋找新的測市明星，周而復始。

若分析者與讀者都以這種心態自處，對人對己皆無好處。

筆者認為，一份優秀的技術分析評論，主要目的並不在於引導讀者依照分析買賣，而是在於幫助讀者思考及了解市場的狀況及重要的變數，從而令讀者有效評估市場風險及回報。

筆者一直強調，技術分析的研究並非尋找市場現實，因為市場的現實無法可以掌握得到。技術分析的任務是要利用「代模」(Paradigm)製造各種「概念」，嘗試去解釋市場的活動，從而根據這些「概念」之間的邏輯，對市場走勢進行預測。

一套技術分析的方法，實際上是一套「代模」，分析者將所觀察得到的市場現象，用各種「概念」予以歸納，再根據這個「代模」的邏輯預測走勢。這套「代模」成功與否，在乎以往有多少準確的預測記錄。

換言之，我們將觀察所得的現象，作何種「概念」的歸納，決定了我們所選擇的分析代模，而這種代模亦決定了我們對市勢看好或看淡。

因此，當我們利用技術分析的概念時，要特別小心，因為我們將市場現象歸納為某種「概念」，便直接影響我們選擇了某種觀察市勢的方法，而這個方法便會影響我們的買賣策略。

試舉一例。市場流行使用「超買」及「超賣」的概念，若我們仔細研究超買 / 超賣的概念是用在甚麼場合時，大家便會發覺超買 / 超賣主要是處理上落市的情況。換言之，我們說目前市場超買，即表示我們認為市勢是處於上落市，那麼邏輯上，買賣策略當然是高沽低揸，以逆市買賣為主。

在本書的開始，我們提及多種分析的觀念，這些觀念在我們分析應用上有莫大的幫助，然而到了最後，我們仍要對這些觀念進行反思及批判，以了解這些觀念的盲點及限制，從而使我們的視野更清晰。在技術分析的範疇裡，我們有幾種不同的分析代模，不同的代模對市勢的認識有不同的含義，若讓不同代模的概念互相混合使用，分析市勢便會混淆不清。以下嘗試總結幾套概念及其含義：

(a) 支持與阻力

這一組概念將分析者的注意力集中在市場的作用與反作用的價位水平上，其含義是，這些市場的作用與反作用可以計量得到，因此，可以在這些水平上作逆市買賣。但這種分析代模的缺點是自相矛盾。

舉例說，一名經紀說：「今日股指跌破 24000 點，下試 23000 點關口。」這種對市場的描述耳熟能詳，但細想一下，這是一句自相矛盾的語句，既然 24000 點是支持，又為何會跌破？能夠跌破的「支持」是否可以說是「支持」？此外，支持的含義是市價難以超越此水平，買賣的策略上應可以在此水平博反彈，或者在該水平上平空倉。事實上，「支持」或「阻力」的突破，將表示有一批投資者「做錯邊」，必須止蝕離場。止蝕離場的原因，是誤認為某些水平不應跌破，而這正是以「支持」及「阻力」概念分析市勢的錯謬之處。

利用「支持」及「阻力」看市場走勢之所以大行其道，是因為分析者經常可以從圖表上看到市勢如何在「支持」位上反彈，或在「阻力」位前回落。不過，這種看事物的方式忽略了一點，就是市價在支持位上反彈之前，曾跌破很多個「支持」位，這正是這個分析代模的盲點所在。

當我們仔細思考技術分析的概念時，便會發覺我們常用的概念經常是自相矛盾，模糊不清的。這些詞組的語意通常是互相對立，非黑即白，幫助分析者將混淆的市況二分，從而理解市場的走勢。這些對立的詞組包括：「支持」、「阻力」；「超買」、「超賣」；「收集」、「派發」；「反彈」、「回吐」；「上落市」、「趨勢市」等。

我們選用對立的詞組形容市況，實質上是選擇了一個分析的代模，這個代模對市況有既定的假設，幫助我們汲取應該汲取的市場信息。另一方面，亦將一些不與代模概念相容的信息過濾掉，這正是我們認知市勢時所經歷的過程。

以下再舉一例。

(b) 超買與超賣

這一套詞組常應用在技術分析指標上，通常設計者會界定指標到達多便是超買，多便是超賣。大家試細想這套詞組的意義：市場的活動是買賣，超買或超賣的意思是過度買入或過度沽出，那這個語意是甚麼？市場到這個超買階段，大部分投資者已經超額買入，市場隨時出現拋售。試問這個技術指標的設計公式如何可以得知大部分投資者的倉盤情況？若然技術公式無法得知，則設計者便是跳躍式地強用了「超買」、「超賣」的詞組。其假設是市場乃一個相對封閉的體系，資金是固定的。然而現實世界裡，國際熱錢流竄，市場的流動資金經常變動。

(c) 收集與派發

收集 (Accumulation) 與派發 (Distribution) 是用以分析大戶買賣活動的一對詞組。當市場下跌至某階段，市場評論者會說目前市場正處於「收集」階段，意思是雖然市價正在下跌，但市場大戶正在低位不斷吸納，市場隨時見底回升。評論者說目前市場正處於「派發」階段，意思是雖然市價正在上升，但市場大戶是托高市價來出貨，當大戶派貨完成，市價便會見頂回落。

這種評論多出現在市場處於高位大上大落或在低位大幅波動的時候。言下之意，是評論者認為市場的起跌，完全由大戶所操縱。

當大戶認為市場處於低位的時候，大戶會愈低愈買，直至市場的拋售壓力完全消失，然後大戶會大手吸納，將剩餘的空倉挾掉，扭轉市場下跌的趨勢。

另一方面，當大戶認為市場高處不勝寒，希望將手上所持的大量好倉獲利，則會用大量資金將市價推向新高，然後在高位大量拋售，以收派發之效。

「收集」一詞假設了大戶有無限量資金，可以將市場所有的拋售力量照單全收，因此，投資者不要相信眼前市價的下跌，市場隨時來一個大幅反彈。「派發」則假設大戶要推高市價，只需要少量資金，卻又可以在頂部大量沽貨而不會大幅推低市價。以上是否市場真像，值得商榷。

我們分別討論過技術分析中幾個常用的詞組，包括「超買」、「超賣」;「支持」、「阻力」及「收集」、「派發」，各詞組背後都代表著一套分析市場走勢的方法與觀點。「超買」、「超賣」的概念背後含義是市場只不過是上上落落，基本買賣的策略是高沽低揸而已。

「支持」、「阻力」的概念背後含義是市場是由一級一級的支持及阻力位所組成，基本的買賣策略是等候在支持及阻力位上下買賣。

「收集」、「派發」的概念背後含義是市場由大戶所操縱及控制，基本的買賣策略是要了解成交量與價位起跌之間的關係，以判斷大戶的活動，從而跟隨大戶的買賣方向入市。

分析家根據以上對市場走勢的假設，設計了大量技術分析指標，例如不少波動指標（Oscillators），便以「超買」、「超賣」作為研究分析的目標。戴上「超買」、「超賣」的分析「眼鏡」，投資者自然對市場的支持及阻力位視若無睹。關注市場的支持及阻力位的投資者，會十分著緊某些水平是否突破，以決定市場向好或向淡。整體而言，投資者並不會理會現時大戶的活動，成交量的信息通常會被過濾掉。

以「收集」、「派發」作為認識市場基本架構的投資者，卻會十分關注市場成交量、好友指數、大戶活動等因素，而市場的「超買」、「超賣」或「支持」、「阻力」的意義便會減至最低。

鑑於以上的討論，讀者必須認識分析概念的局限性，投資買賣才會有所突破。

市場炒賣的傳統智慧是：

第一，嚴守買賣紀律；

第二，勇於止蝕。

嚴守買賣紀律的精神何在？實質上，嚴守紀律是忠於所使用的分析代模，若所用的代模一直能有效地解釋市勢發展，則我們便假設這套分析代模能夠一直適用於該市場，而買賣策略亦不會胡亂加以改變。

勇於止蝕的智慧，則強調自我否定，當一直使用的分析代模已無法再解釋當前市勢發展時，分析者便要勇於摒棄該種分析代模，並以另一種分析代模取代之。

在市場上因投機買賣而招致重大損失的投資者，其主要錯失不在於有否運氣，而在於將一套分析代模當為客觀的市場真理來使用。因此，投資者若未能自覺地了解分析代模的局限性，便往往會用買賣資金去證明其分析代模的真確性，而非利用分析代模去幫助他們獲取利潤，這正是反客為主的做法。

事實上，不少投資者在市場炒賣，表面的原因是希望獲利，但更深層的原因卻可能是自我肯定，或者證明所沿用的分析代模的真確程度。

因此，筆者在分析市勢發展的時候，經常會以兩套分析互相比較，以避免過於偏重於一面的看法。

筆者認為一套分析方法的好與壞，在乎方法的開放性。能夠靈活考慮每種市況的可能性，才能作出客觀的投資決策，順勢而為。不過，太過「靈活」卻又會變成毫無準則，與單純的臆測無異。如何在以上兩者之間取得平衡，實需要一種反省的能力，說到底，就是不讓「自欺」駕馭自己。

有時，個人的「自欺」十分容易察覺得到，當投資者與市勢對抗，金錢上的損失已足以叫人深切反省。

不過，很多時集體的「自欺」卻難以察覺，甚至是難以抗拒。當一個投資者經過深思熟慮，對市勢有所看法的時候，若身旁的人眾口一詞、眾腔一調的採取相反的看法，並且身體力行，瘋狂入市，而當時市勢又似乎與眾人的看法一致，人人一副暴發戶的嘴臉時，任誰也會對自己深思熟慮的看法有所動搖，進而「跟大隊」瘋狂入市，這就是所謂的「羊群心理」。集體「自欺」在投機市場上尤為普遍，在市場見頂的時候，價位往往大幅飆升，成交量大增，一下子將餘下的「羊群」都引入市場，而這時正是摸頂的時候。

因此，當最後一個相反理論者都轉軚跟隨大隊的時候，反其道而行必有斬獲。

不少人批評技術分析是一種近乎「自欺」的「自我完成」(Self-fulfilling) 分析，亦即是說，當市場人士都認為某些水平為重要的支持或阻力時，市價若打破了這些水平，市場的倉盤便會蜂擁而至，急促推動市價，令這些水平真正成為支持及阻力位。

筆者在某程度上認同上述的說法，然而，筆者亦不認為以上的批評會令技術分析失去意義，因為技術分析本身只是反映市場的期望及集體心理狀態之於價格方面的影響，圖表只可說是一種買賣的歷史紀錄而已。技術分析家利用歷史價格數據的分析，只希望了解市場歷史的方向。套用以上的例子，圖形出現的支持及阻力，僅記錄投資者在某些水平的買賣心理。

不過，當圖表分析大行其道的時候，投資者便套用圖表理論的觀念——「支持」及「阻力」來概念化投資大眾在某些買賣水平的表現。當然，投資者將某些水平概念化後，會根據這個看法盡其所能以獲取最大的利潤。這種獲利的行為，一方面如以上的批評所述，強化了某些水平的重要性，但大家亦應留意，大戶的獲利行為卻是反其道而行，利用眾人認同的支持及阻力位來造市，最後反而弱化了某些支持及阻力的重要性，令這些水平失去意義。

技術分析的支持及阻力位觀念，雖然可強化市場在某個價位水平的波動，但大戶的造市亦能反過來令某些支持及阻力位失去意義。結果，支持及阻力位只反映投資者在某些水平的買賣意欲而已。

從以上的討論，對傳統的型態分析或波浪理論的數浪方法，亦有類似的批評。批評者指出，圖表的型態會受到圖表分析者的主觀意願影響，「當你希望看到甚麼型態，你便可以看到甚麼型態！」

對於上述的批評，筆者亦深切認同，往往圖表分析出錯，是由於個人的主觀有意無意的偏見所致。這點經常令初涉波浪理論者遭受最大的挫折：當你判斷一個升浪完結的時候，你永遠可以數出五個上升浪。

當然，不止技術型態分析有此現象，一般人要面對未知的將來，但又要作出某種評估或計劃時，都無可避免會遇上主觀偏見的問題。因此，問題並不在於主觀與否，而是在乎分析者的分析系統是否前後一致，每一個考慮點是否都有客觀的標準去界定。其中最重要的是，分析系統能否提出一個否證的能力，亦即是説， 無論分析結論正確與否，都必須有十分明確的界定。例如，波浪理論裡的數浪原則，調整浪不應低於推動浪，4 浪底不應低於 1 浪頂，3 浪不應是最短的波浪，都是一些十分明確的對錯界定方法，因此止蝕位亦容易擺放，市場的風險或回報都有明確的計算。

技術分析在乎否證能力，其重要性是有一個客觀的標準去界定對錯。對的時候，讓利潤滾存累積下去，但看錯了的話，這個客觀的標準亦可以指示投資者趁早止蝕、避免與市勢對立。

所謂客觀的標準，並不是指百分之百界定市勢，在大幅波動的市況裡，有時這些標準亦未必可以百發百中，界定好淡市勢。這個標準實際上只是建基於或然率上，即在大部分市況中，這個標準都對好淡市勢有所界定，但利用這些標準的唯一理由，是要應付投資買賣的需要。所以投資者不應將技術分析的理論神話化，看為是玄妙無比、永恒不變的真理。筆者的傾向是把技術分析看成一種工具，以幫助投資者去界定市場的波動，從而用有限的風險去博取較大的回報。

因此，我們並不需要爭論技術分析是否真理。技術分析只是將市場價格的歷史歸納，並利用一些概念去加以解釋，並進行預測。它的預測能力，成為技術分析存在的唯一基礎。亦即是説，當某種分析方法不斷出錯，或者令人感到模稜兩可，無法作出有效判斷的時候，這種分析方法便自然會被淘汰，也無人再會去爭論這種分析方法是否真理。因此，一些歷史愈長的技術分析理論，受考驗的時間愈久，若至今仍然為人所樂用的話，則其可靠性極高。這些理論包括：傳統型態分析、江恩理論、波浪理論等。

一套有效的市場分析理論應具備甚麼元素呢？筆者認為有以下幾點：

(a) **解釋能力：**若某些分析理論宣稱有效，則這套理論必須能夠大量解釋市場的走勢，解釋的範圍愈大，理論的可用性愈高；

(b) **局限條件：**若分析理論能夠解釋所有市場現象，包羅萬有，然而，卻無法説明分析理論的局限條件，則該理論便只是形而上的哲學而已；

(c) **預測能力：**若一套理論解釋了所有走勢，卻無法作出市場走勢的預測，這套理論便失去有效性；

(d) **自我否證：**若市場的走勢分析理論沒有自我否證的能力，則這套理論便永遠自圓其説，無法供分析者作實際應用。

換言之，一套理論是否有效，解釋及預測能力固然重要，但有否一個機制，以在當理論失效時保護應用者，則成為理論可用與否的基礎。

若我們應用以上四點衡量我們目前分析市場走勢的方法，相信很多理論都會遭到否定。然而，我們應用上只能在不完整的理論中尋找較為可取的而已，因此，市場分析是一個千錘百鍊、不斷自我完善的過程。一分耕耘，一分收穫，最終我們必然可以在投資市場上享受到應得的回報。

參考書目：

1) Steven B. Achelis, *Technical Analysis from A to Z*, Probus Publishing, 1995.

2) Richard W. Arms Jr., *The Arms Index (TR/N)*, Dow Jones-Irwin, 1989.

3) William Blau, "Stochastic Momentum", *Technical Analysis of Stocks & Commodities*, January 1993.

4) John Bollinger, "Using Bollinger Bands", *Technical Analysis of Stocks & Commodities*, February 1992.

5) Steve Briese, "Tracking the Big Foot", *Futures*, March 1994.

6) Kent Calhoun, Evaluating Your Parameters", *Futures*, October 1994.

7) Robert W. Colby and T. A. Meyers, *The Encyclopedia of Technica/ Market Indicators*, Dow Jones-Irwin, 1988.

8) Bill Cruz, "Don't Make These Common Mistakes", *Futures*, October 1994.

9) Guido J. Deboeck(editor), *Trading on the Edge: Neural, Genetics, and Fuzzy Systems for Chaotic Financial Markets*, John Wiley & sons, 1994.

10) A. J. Frost & Robert R. Prechter Jr., *Elliott Wave Principle*, New Classics Library, 7th ed., 1995.

11) Thom Hartle, "Moving Average Convergence / Divergence (MACD) " *Technica/ Analysis of Stocks & Commodities*, March 1991.

12) Perry J. Kaufman, *The New Commodity Trading Systems and Methods*, John Wiley & Sons, 1987.

13) Jeremy G. Konstenius, "Trading the S&P with A Neural Network", *Technical Analysis of Stocks & Commodities*, October 1994.

14) Louis B. Mendelsohn, Using Neural Networks for Financial Forecasting', *Technical Analysis of Stocks & Commodities*, December 1993.

15) Humphrey B. Neill, *The Art of Contrary Thinking*, Caxton Caldwell, 1963.

16) Martin J. Pring, "KST and Relative Strength", *Technical Analysis of Stocks & Commodities*, November 1992.

17) Martin J. Pring, *Technical Analysis Explained*, McGraw-Hill Co., 3rd ed., 1991.

18) Raymond Rothschild,Understanding Exponential Moving, *Stocks & Commodities*, August 1992.

19) James W. Stakelum, "Designing a Personal Neural Net Trading System", *Technical Analysis of Stocks & Commodities*, January 1995.

20) Robert R. Trippi & Efraim Turban, *Neural Network in Finance & Investment*, Probus, 1994.

21) J. Welles Wilder, Jr., *New Concepts in Technical Trading Systems*, Trend Research, 1978.

22) Deniz Yuret & Michael de la Maza, "A Genetic Algorithm Syslem for Predicting the OEX", *Technical Analysis of Stocks & Commodities*, June 1994.

23) *1994 Guide to Computerized Trading*, Futures, 1994.

24) *Computrac Manual*, Computrac Software, Inc., 1992.

25) *Metastock Professional*, Equis International Inc.

26) *Reuter Technica/ Analysis - User Guide*, Reuters Ltd., 1992.

27) Walter Bressert, *'The Power of Oscillator / Cycle Combinations'*, W. Bressert & Associate / Cycle Watch, 1993.

28) Alexander Wheelan, *'Study Helps Point & Figures Technique'*, Traders Press, 1990.

29) Enc Jones, R. Dalton & J. Dalton, *'Mind Over Markets'*, Probus, 1993.

30) Welles Wilder, Jr., *'The New Concepts in Trading System'*, Trend Research, 1978.

31) J. T. Jackson, *'Detecting High Profit Day Trades in the Futures Markets'*, Windsor Books, 1994.

編目

書　　　目：技術分析原理——應用技術指標決定市場趨勢

作　　　者：黃栢中

回應可傳至：pcwonghk@hotmail.com

出　　　版：寶瓦出版有限公司

出版公司電話：+852-55425000

出版公司電郵：info@provider.com.hk

出　版　地：香港

出版日期：2023 年 8 月 1 日

國際書號 ISBN：978-988-75675-8-5

定　　　價：港幣 $265.-

尺　　　寸：闊155 X 長 230 X 厚 19.7 (毫米)

書本重量及頁數：635 克，內文 424 頁

書本類型：投資 / 股票 / 外滙 / 期貨 / 商品

Title: Principals of Technical Analysis – Applying Technical Indicators to Determine Market Trends

Author: Wong Pak Chung

Feedback to author: pcwonghk@hotmail.com

Publisher: Provider Publishing Limited

Tel. No. of Publisher: +852-55425000

E-mail Address of Publisher: info@provider.com.hk

Place of Publication : Hong Kong

Date of Publication : 1 August, 2023

ISBN: 978-988-75675-8-5

Price: HK$265.-

Dimension (mm): 155(w) X 230(l) X 19.6(h)

Book weight / pages: 635g / 424pages (text)

Book categories : Investment/ securities/ forex / futures/ commodities